商店叢書 ⑦

金牌店員內部培訓手冊

陳宇梓/編著

憲業企管顧問有限公司　　發行

《金牌店員內部培訓手冊》

序　言

　　這本《金牌店員內部培訓手冊》是一本專門「針對店員工作而撰寫的實用工具書」，內容以實用、實務為主，將理論技巧與實際經驗相結合，再加上顧問師的實際輔導精華，加以彙編而成，適合店員、商場幹部閱讀。

　　「開店要賺錢，關鍵看店員」，在零售業競爭越來越激烈的今天，店員作用越來越為商家所重視。店員是商家終端競爭中重要的競爭力量，短兵相接中，誰的店員銷售能力強，服務水準高，誰就能在市場競爭中佔據主動地位。

　　店員不同其他的工作崗位，店員的工作繁重且瑣碎，既要為顧客提供諮詢服務、銷售溝通技巧，又要照顧好自己的商品貨架，…………店員要具備各種必要的能力素質，才能在零售終端競爭中勝出，成為一名金牌店員。

　　店員素質是否優異？店員服務是否貼心？店員販賣技巧是否高明？都會影響到一個商店（或專櫃）的興隆與否！

　　當作者在撰寫《店長操作手冊》一書出版後，反應熱烈，台灣眾多企業團體購買作為店長（或儲備店長）的培訓教材，但另有眾

多企業後續反應「缺乏店員培訓教材……」；於是針對商店培訓的寶貴經驗，我開始撰寫有關「店員在銷售服務上應有的技術與觀念」之實用書。

美國「哈佛商業雜誌」的研究報告指出，「再度光臨的顧客」可為商店帶來 28%～80%的利潤。而吸引他們再次光臨的因素，首先是「服務品質的好壞」，其次是「產品本身」，最後才是「產品價格」，而獲致「服務好壞的評價」，則決定在於店員、櫃台人員。

世界最大的沃爾瑪百貨總裁指出，「百貨業唯一的差別在於對待顧客的方式不同」，一語道破天機！指出了「店員的重要性與獨特性」。零售業是一個以人為本的行業，對顧客提供顧問式、導向式的服務，協助顧客挑選到真正滿意的商品，是注重服務和細節的行業，這當中，站在第一線的店員，扮演著很重要的角色。

這本書 2017 年 1 月出版，針對培訓店員而撰寫，內容強調實用性，書內所提之技巧、方法，實用性高，對提升店員能力有很強的操作性。讀者若能將這本《金牌店員內部培訓手冊》與《店長操作手冊》，合併閱讀，效果將會更明顯。

本書內容共分 17 章，內容涵蓋店員各種必要的工作，如工作流程、櫃台陳列、商品盤點、與顧客的溝通、服務工作、與客戶的初步接觸、介紹產品、促銷技巧、處理客戶異議、促成交易、附加銷售、與客戶做永遠的朋友、處理顧客抱怨等。本書蒐集店員日常工作中最容易疏忽、最容易出錯的問題，通過講解，對店員進行專業培訓，改善店員的業務水準，不斷提升店員業績，使店員能成功地從激烈的競爭中脫穎而出。

本商店系列叢書共有 50 餘本，上市以來，感謝眾多企業團體訂購本書，希望這本《金牌店員內部培訓手冊》的出版，對於商

店（或企業）有提供實際參考之裨益，並祝讀者業績百尺竿頭、更進一步！

作者寫於台灣 日月潭 2017 年 2 月

店長操作手冊（增訂第六版）　　　金牌店員內部培訓手冊

《金牌店員內部培訓手冊》

目　錄

第 1 章　店員的職責與規範 ╱ 10

1、店員的角色 ··· 10

2、店員在櫃台的工作職責 ····································· 13

3、店員的工作規範 ·· 14

4、店員的銷售意識 ·· 19

5、店員應瞭解商店工作規定 ······························· 22

6、工作前要備妥工作用品 ··································· 29

7、店員要瞭解促銷活動 ······································· 33

8、店員交接班的工作規程 ··································· 34

9、營業結束後的收尾工作 ··································· 38

第 2 章　店員的商品知識與技能 ╱ 41

1、店員如何獲取商品知識 ··································· 41

2、店員要培訓 ··· 45

3、店員要持續進修學習 ······································· 47

4、店員提高 10 倍業績的公式 ────────── 50

第 3 章　店員的肢體語言 / 52

1、店員的穿衣學問 ────────────── 52
2、店員的外觀儀容 ────────────── 55
3、店員如何運用手勢 ───────────── 62
4、店員在商業活動中的站姿 ──────── 64
5、店員在商業活動中的坐姿 ──────── 67
6、店員在商業活動中的走姿 ──────── 68
7、迎賓與送客的禮儀 ───────────── 70
8、接待顧客的語言 ────────────── 72

第 4 章　店員的工作流程 / 78

1、不要把壞情緒帶到工作場所 ─────── 78
2、營業前的準備 ─────────────── 79
3、店員的工作流程 ────────────── 84
4、店員營業時的銷售工作 ─────────── 89
5、營業結束後的結賬工作 ─────────── 91
6、做好每日的銷售記錄 ──────────── 94
7、商品的驗收工作 ────────────── 97
8、店員如何處理客戶換貨 ─────────── 99

第 5 章　店員的櫃台陳列工作 / 102

1、商品在櫃台的陳列原則 ─────────── 102
2、商品的陳列工作流程 ──────────── 106
3、在有效範圍內陳列商品 ─────────── 110

4、商品陳列的方法 ---------------------------- 113

5、櫃台的商品理貨技術 ------------------------ 116

第 6 章　店員的盤點工作 / 122

1、店員盤點前的準備工作 ---------------------- 122

2、選擇合適的盤點方式 ------------------------ 124

3、盤點過程中的工作 -------------------------- 126

4、盤點的後期工作 ---------------------------- 128

第 7 章　店員與顧客的溝通 / 130

1、店員要懂得身體語言涵義 -------------------- 130

2、店員要懂得聆聽 ---------------------------- 134

3、耐心詢問，問出顧客需求 -------------------- 141

4、店員的溝通能力 ---------------------------- 144

5、店員與顧客的溝通三步驟 -------------------- 149

6、店員的推銷技巧用語 ------------------------ 154

第 8 章　店員的服務工作 / 163

1、做好商品的銷售服務工作 -------------------- 163

2、伶牙俐齒不等同於服務 ---------------------- 167

3、掌握顧客服務的技巧 ------------------------ 170

4、充分發揮個人魅力 -------------------------- 175

5、發自內心的微笑服務 ------------------------ 179

6、讚美顧客的技巧 ---------------------------- 183

7、店員的服務意識 ---------------------------- 191

第 9 章　與客戶的初步接觸 / 195

1、以精彩的開場白引發客戶的興趣 ⋯⋯⋯⋯⋯⋯195
2、開場白一定不要談及銷售 ⋯⋯⋯⋯⋯⋯⋯⋯197
3、從孩子入手消除客戶的戒心 ⋯⋯⋯⋯⋯⋯⋯198
4、透過主動發問讓客戶無法保持沉默 ⋯⋯⋯⋯200
5、要雙向溝通，不要「獨白」 ⋯⋯⋯⋯⋯⋯⋯202
6、接近顧客的 5 大原則 ⋯⋯⋯⋯⋯⋯⋯⋯⋯⋯205
7、平時演練如何接近顧客 ⋯⋯⋯⋯⋯⋯⋯⋯⋯208
8、掌握接近顧客的要領 ⋯⋯⋯⋯⋯⋯⋯⋯⋯⋯209
9、接近顧客的 8 種方法 ⋯⋯⋯⋯⋯⋯⋯⋯⋯⋯212
10、接近顧客的關鍵 ⋯⋯⋯⋯⋯⋯⋯⋯⋯⋯⋯⋯214
11、接近顧客的時機 ⋯⋯⋯⋯⋯⋯⋯⋯⋯⋯⋯⋯217
12、用顧客喜歡的方式接近他 ⋯⋯⋯⋯⋯⋯⋯⋯220
13、接近顧客，誘導顧客說話 ⋯⋯⋯⋯⋯⋯⋯⋯223
14、誘導顧客開口三妙法 ⋯⋯⋯⋯⋯⋯⋯⋯⋯⋯224
15、秩序漸進的誘導客戶說話 ⋯⋯⋯⋯⋯⋯⋯⋯228

第 10 章　店員如何介紹產品 / 230

1、店員介紹產品的技巧 ⋯⋯⋯⋯⋯⋯⋯⋯⋯⋯230
2、介紹產品的八種方法 ⋯⋯⋯⋯⋯⋯⋯⋯⋯⋯233
3、店員介紹產品的步驟 ⋯⋯⋯⋯⋯⋯⋯⋯⋯⋯235
4、店員要如何演示產品 ⋯⋯⋯⋯⋯⋯⋯⋯⋯⋯239
5、拿、放商品的方法 ⋯⋯⋯⋯⋯⋯⋯⋯⋯⋯⋯243
6、巧妙展示商品的方法 ⋯⋯⋯⋯⋯⋯⋯⋯⋯⋯246
7、有技巧地推銷商品 ⋯⋯⋯⋯⋯⋯⋯⋯⋯⋯⋯252
8、掌握銷售要點 ⋯⋯⋯⋯⋯⋯⋯⋯⋯⋯⋯⋯⋯256

9、運用 FAB 戰術推薦商品 --------------------- 264

第 11 章　店員的販賣過程 / 268

1、顧客購買心理過程八階段 ----------------- 268
2、如何善用銷售技術八階段 ----------------- 272
3、等待顧客時，店員應有的做法 ------------- 276
4、確認商品交易的工作流程 ----------------- 278

第 12 章　店員的促銷技巧 / 283

1、要讓顧客試用商品 --------------------------- 283
2、營造櫃台銷售的有利環境 ----------------- 288
3、要如何配合促銷活動 ------------------------- 294
4、與客戶建立良好的關係 ------------------- 295
5、如何善用顧客檔案加以促銷 ------------- 297

第 13 章　客戶異議的處理技巧 / 303

1、處理顧客異議的原則 ------------------------- 303
2、判斷客戶異議的真假 ------------------------- 305
3、判斷客戶異議的真實意圖 ----------------- 307
4、破解異議顧客的表面藉口 ----------------- 308
5、把握處理顧客異議的時機 ----------------- 315
6、處理顧客異議的步驟 ------------------------- 317

第 14 章　店員的促成交易 / 319

1、促成交易的 4 項原則 ----------------------- 319
2、注意客戶的購買信號 ------------------------- 321

3、促成交易的 10 種方法 ································· 323

4、不同性格的顧客的成交技巧 ····················· 329

5、客戶總說「隨便看看」怎麼辦 ················· 331

第 15 章　完成交易後的的附加銷售 ／ 333

1、完成交易的最後 4 項工作 ······················· 333

2、商品的包裝檢查 ······································· 340

3、店員的天職是銷售 ··································· 343

4、進行附加銷售 ··· 344

5、額外推銷的五大說話技巧 ························· 347

第 16 章　與客戶做永遠的朋友 ／ 350

1、維護老客戶比贏得新客戶更超值 ············· 350

2、每個客戶身後都藏有 250 個潛在客戶 ······· 352

3、記住客戶的名字和相貌 ··························· 354

第 17 章　處理顧客的抱怨 ／ 357

1、處理售貨衝突的原則 ······························· 357

2、顧客抱怨的原因 ······································· 360

3、未雨綢繆，做好準備工作 ························· 363

4、處理顧客抱怨的步驟 ······························· 366

第 一 章

店員的職責與規範

1 店員的角色

　　店員處於銷售第一線，必須認清本身的工作角色，才能形成創造銷售績效的關鍵人物。

　　在職業的劃分上，店員也屬於銷售人員的範疇。當然，同眾多上門推銷的人員不一樣，店員更多的是屬於「坐堂」銷售，即在你負責的賣場內，接待顧客，服務顧客，銷售你的商品。

　　換句話說，店員就是連接商家銷售活動與顧客購買活動的「橋梁」。一方面，商家需要將其商品推介給有特定需求的顧客；另一方面，顧客需要將他們的特定需求反饋給能滿足其需求的商家。

1. 店員

　　店員擔負著通過自己良好的推銷技巧與服務直接售賣產品的責任，所以一名店員首先是店員，這是店員最基本的角色。在銷售現場，店員必須做好與顧客面對面的溝通工作，向顧客介紹產品，並回答顧客提出的各種各樣的問題，然後協助和誘導顧客做出購買決策，從而

實現最終的產品銷售，完成公司下達的銷售任務。

2.服務員

要想有效地吸引顧客，僅僅依靠整齊的陳列和優惠的價格等手段是不夠的，還要依靠優質的服務來打動顧客的心。在當今激烈的市場競爭中，競爭優勢將越來越多地來自無形服務，一系列微小的服務改善都能有效地征服顧客，壓倒競爭對手，因此每位店員必須時刻牢記自己是為顧客服務的服務員。

顧客選擇到一家商店購物的時候，不僅僅是購買有形的產品，同時還要求產品之外的附加價值——服務。而無形因素比有形因素更重要，服務比價格更重要。

3.顧問

由於產品越來越豐富和同質化的加重，顧客在消費時面臨著越來越多的選擇。對於有些產品例如電器類，顧客在選擇適合自己的產品時還需要一定的專業知識。同時，市場裏的產品魚龍混雜，這更增加了顧客選擇產品的難度，因此就需要店員在顧客選購產品時充當他們的採購顧問。但在商場裏，很多店員在面對顧客的時候，總會滔滔不絕地講自己的產品如何如何好，卻很少顧及顧客的感受，或者從顧客的角度推薦產品。

優秀的店員就是顧客的顧問。他們幫助顧客購買符合其需求的產品，使他們維持購買後的滿足感。優秀的店員能夠充分地瞭解所售產品的特性、使用方法、用途、功能、價值，以及能給顧客帶來的益處，並站在顧客的角度，為顧客提供最好的建議和幫助。

4.理貨員

店員還應當是一名理貨員。在做好產品售賣的同時，店員還要與終端賣場的工作人員一起做好本品牌產品的生動化陳列、售點廣告等終端建設與維護工作，使產品與助銷品的擺放始終整潔、有序，並保持本區域內地面的乾淨，保持售點良好的展示效果，從而給顧客以良好的視覺感受，以促進更好地銷售產品。

5.宣傳員

在銷售產品的同時，店員還擔當了宣傳產品、品牌和企業的任務，把企業的品牌和理念「播種」在顧客的心中。為此，店員在終端不僅要做好 POP、DM 等宣傳資料的分發工作，也要做好宣傳工作，包括宣傳產品、宣傳品牌和宣傳企業等。通過這些宣傳工作來增強顧客對產品、品牌和企業的認知度，擴大產品、品牌和企業的知名度和美譽度，從而建立起顧客對品牌的偏好，進而推進產品的銷售工作。

6.情報員

店員也是打人終端賣場內部的「情報員」，通過將自己收集到的「情報」及時上報給企業，使企業能夠及時做出決策，實現銷售促進等。

7.公關員

作為店員，不僅要與櫃組長、行政人員保持良好的客戶關係，而且還要做好終端賣場內部的公關工作，儘量為企業爭取最有利的資源配置，以促進自己負責的產品銷售。店員還要通過對賣場店員進行銷售模擬與示範，教會店員如何銷售自己的產品，並樹立廠家專業化操作的良好形象。因此，從這個意義上說，店員還是企業的公關員。

8.形象代言人

店員是企業的「形象代言人」。店員是面對面地直接與顧客溝通的，所以自己的一言一行都在顧客的眼中，而且始終代表著商店或者企業的服務風格及精神面貌。因此說，店員是產品、品牌、企業的形象代言人，在工作中要時刻注意自己的一言一行，維護好產品形象、品牌形象和企業形象。

2 店員在櫃台的工作職責

只有明確自己的工作職責，你才能更好地為企業、顧客服務，繼而提升你的銷售業績。店員最主要的工作職責就是銷售商品，但銷售並不是一個簡單的工作。

由於門市店員直接與顧客接觸，是創造銷售績效的最關鍵人物，其一舉一動皆關係著顧客對商店的觀感；而店員從顧客的反應裏，亦可直接獲知商店的利弊何在，所以店員的重要性與日俱增。他不再只是扮演將商品售出的單純角色而已，他更應該是：

1.為顧客作有效的商品組合

隨著生活水準提升，消費意識變遷，商品的設計與生產將走向多樣化。加上市場開放，國外商品紛至沓來，面對比以往更加激烈的競爭，商店　備的功能就不僅只是將商品擺在店裏賣而已，它更應該積極去了解當地的消費特性及競爭店的狀況、動向，以便尋求、開發自屬商品與他店的差異，藉以提高商品競爭能力。

2.為顧客選擇合適的商品

業態細分化後，為了因應不同消費意識與生活品味的顧客需求，商店經營者愈來愈注意販賣型態的調適，例如面對面或自助式的銷售型態，今後，將配合需求的變化，而展開不同的販賣方式，將較以往更令顧客感到滿意。

一般來說，日常必需品大都採取自助式的販賣形態，而選擇性商品、專業性商品，通常屬高價位商品，則宜用面對面的方式，因為這些商品的價值、功能、特性，大都需要透過店員的解說，使顧客能進一步了解，在這種情況下，店員就扮演非常重要的角色，因為他必須負起為顧客挑選合適商品的責任。

3.將商品情報提供給顧客

可透過精心設計的樓面標示、海報或 POP，將有關商品的訊息提供給顧客，尤其是那些具有特殊功能，需要特別介紹的東西。

製作標示、展示牌等應是美工人員的事，但店員應善用這些基礎工作。何謂基礎工作，諸如：簡單的 POP、商品展示陳列等。

4.創造舒適、便利的購物環境

將有關聯性的商品組合在一起，便於顧客的選購，例如超級市場有所謂的「火鍋區」，將各類的火鍋食物集中在一起，方便許多冬天愛吃火鍋的消費者。再加上陳列道具與賣場設施的襯托效果，更顯現出整個賣場的便利。

5.使顧客對商店產生信賴、認同感

社區商店除了擔任販賣商品的角色外，最好能與當地居民的生活打成一片，如幫忙代繳水費、電費等，社區商店更應積極扮演好保姆的角色，定期探訪附近居民，告知新商品訊息，並成為資訊的傳遞站。

3 店員的工作規範

店員的儀容、儀態，店員的工作守則，店員的工作規定等，企業都必須有所明文規範。

零售業的櫃台服務，在售貨過程佔有重要的地位。櫃台服務質量的高低，對消費者的購物心理產生巨大的影響，而服務質量取決於店員對職位職責、服務規範掌握以及對服務技巧的靈活運用情況，將銷售服務技巧運用於櫃台銷售各個環節，是每個店員必須掌握的一門技術。

一、店員的儀容規範

儀容，是指人的外表，包括容貌、服飾、姿態、風度等方面。

店員從事商品銷售服務，每天要與許多顧客打交道，就必須十分注意個人的儀容，講究應有的禮儀，這樣才能在消費者面前樹立起良好的形象，從而提高商業企業的知名度和經濟效益。

1. 店員的著裝要求

著裝要整潔美觀，按要求穿制服。有規模、有制度的商店都有自己的統一服裝。

店員不宜佩戴過多裝飾品。因為制服不僅表示正在工作，而且代表著企業形象。如果制服被刻意修飾，制服的效果就會被沖淡，甚至被抹殺。對於制服，店員要注意愛惜和保護，保持乾淨整潔、不破損、不掉扣子、不變形。

制服工整、整潔是顧客判斷商店服務水準的重要標準之一。

2. 店員的化妝要求

化妝要自然大方，適合自己的行業特點。

店員在工作之前必須進行適當的修飾和化妝，這是尊重顧客的需要，同時也可以增加店員的儀容美。但需要注意的是，女店員的化妝以淡妝為宜，不能濃妝豔抹，髮型宜短、散、直，或微長弱曲，以顯自然、端莊之美。

男店員的修飾應以整潔為主，要經常理髮修面，頭髮要保持清潔，尤其不要留長髮和鬍鬚。另外在工作時間內，店員一般不允許佩戴過多的個人裝飾品，除工作需要外，不要佩戴戒指、耳環、項鏈、手鏈等，以免分散顧客的注意力。

3. 店員的個人衛生要求

要做到勤洗手、勤剪指甲、勤換衣服、勤洗澡、理髮、刮臉，上班前不要吃帶異味、刺鼻（蔥、蒜、腐乳、蝦醬等）的食物，不要飲烈

性酒，以免使顧客產生厭惡情緒。

二、店員應具備的基本條件

身為店員應具備下列條件，才夠資格稱為現代的店員：

1. 誠以待客

零售業屬於服務業的範疇，所以親切有禮的服務不可缺。在銷售的過程中，店員除了將商品賣出外，更應讓顧客覺得錢花得有代價，心理有十足的滿足感。

2. 表現出健康與活力

店員是商店營運的靈魂，所以必須表現出活潑、有朝氣，使人樂於親近，不能垂頭喪氣、無精打采，令人望而卻步。縱使沒有客人上門，也要整理賣場、維持整潔、保持有活力的樣子。

3. 具備銷售技巧

店員的重要基本條件，就是擁有在櫃台招待客戶、販賣商品的能力；沒有銷售，就無法確保商店的生存與成長。

4. 培養良好的記憶力

這可從兩方面來說：一是對顧客的記憶，二是針對商品的記憶。若能從體型、特徵、服飾去辨識來客，甚至掌握其消費特性，就可以在顧客第二次上門時，給予適當的服務，並提供良好的建議，讓顧客有賓至如歸的感受。

此外，對商品庫存量多寡、商品置於何處、補貨及退貨情形，應有清楚認識，才能對商品作有系統的管理，否則顧客一問三不知，豈不貽笑大方。

5. 注意裝扮

店員的穿著、談吐、舉止，影響顧客對商店的第一印象，所以千萬不能奇裝異服、濃妝豔抹甚至有不雅舉止。因此，穿制服應不太強調「個性化」，例如髮型、配飾特別突出等，儘量與其他工作同仁取

得視覺上的協調，此外，制服的衣領、袖口要特別注意清潔，不能以為大家都穿的一樣，而不注意小節。

　　總之，一位優秀的店員，每天在賣場上所接觸的，可能是不同的人、事、物，他必須具有這些從業的要素，並透過親身的體驗與揣摩，在工作當中適應整個環境，同時在交易過程中，針對各種狀況予以有效的處理，圓滿完成銷售工作，並且與顧客建立良好的關係。

三、店員的工作守則

　　在櫃台工作服務中，店員必須遵守以下規則：

　　1. 禮貌待客。優質服務，方便群眾，對待顧客要熱情週到、有問必答，不冷落、頂撞顧客，堅持一視同仁。

　　2. 不進行不正當價格競爭，不隨意漲價，不變相提價。

　　3. 具有良好的商業信譽。買賣公平，老少無欺，明碼實價，保質保量。

　　4. 保持良好的店貌。儀態端莊大方，衣著乾淨整潔，做到店內明淨，商品陳列合理，品種供應齊全。

　　5. 潔身自愛，愛護公共財產。要廉潔奉公，愛護商店商品，不私拿商場物品。

　　6. 遵守商店規章制度。堅守工作崗位，不在工作崗位聊天；不遲到，不早退，不擅離職守。

　　7. 接受監督，有錯就改。歡迎顧客和主管監督，並接受批評指正，做到有錯就改。

　　8. 實事求是。要對消費者負責，介紹商品時不誇大優點，也不隱瞞缺點，要考慮顧客的利益，為顧客精打細算，並主動介紹商品的養護知識，避免顧客因不懂商品的保養、使用知識而蒙受損失。

四、開門準備的規定

1. 整理、清掃

⑴公共部位專人清掃，櫃台內要由各部門自行清掃。

⑵購物袋、發票等備用品要準備充足。

⑶清掃整理櫃台，把備用商品放整齊。

⑷收銀顯示器、POS、商品貨架、試衣室要保持整潔。

2. 牢記顧客預約服務

⑴牢記顧客預約服務。

⑵員工之間互相提醒，加強聯繫。

3. 確定今天的目標

⑴每天思考今天目標是什麼，完成的方法和措施。

⑵今天重點介紹的商品是什麼？是否已掌握該商品的性能、特點。

⑶昨天不知道的事，有疑問的問題，儘早請教同事或主管，尋找答案和解決辦法。

4. 工作時間內電話、手機的使用

⑴禁止打私人電話。

⑵禁止使用私人行動電話。

⑶店員因工作需要打外線電話，請用內線電話通過總機接通對方電話。

五、接待顧客的工作守則

1. 你若要和正在接待顧客的店員講話時，應在該店員接待顧客完畢後進行。如有緊要情況，應利用接待空隙，先和顧客打招呼，然後簡短地敘述事由。

2. 在接待中若有其他店員招呼時，你應接待顧客後才回答。如有緊要情況時，在近處有其他店員的情況下，要請他人幫助代替接待，把接待內容告訴代替的店員，並和顧客打招呼。

如近處沒有店員的情況下，一定要等接待完以後，才能離開。

3. 在接待顧客中，若遇其他顧客招呼時，而接待的顧客馬上就要結束時，要以「我馬上就來，請稍後」等作回答。在接待完前一個顧客後，微笑地對後一個顧客說「對不起，讓您久等了」，然後熱情接待。但當前一個顧客還需繼續接待時，應招呼其他店員加以幫助接待。

4. 店內禁止談私事，如有緊要情況向樓面經理說明事由，徵得同意後，可在櫃台外短時間會面。

 # 4 店員的銷售意識

1. 目標意識

首先，店員要設立明確的可衡量的目標。目標要具有可實現性和一定的挑戰性，並能滿足最關鍵的業務需要。然後，店員需要詳細列出具體步驟，並一步步按照計劃去執行，以達成目標。

同時，店員對自己的目標要有清醒的認識。目標不僅體現在銷量上，也體現在具體的工作內容上，例如終端生動化、品牌形象化、數據報表化、信息及時化、客戶關係穩定化、對手共生化等，這些都要一項一項地落實。

2. 顧客意識

接待好每一位顧客是店員應盡的職責，為顧客提供滿意的服務是店員的最高宗旨。不論在什麼時候，接待顧客都是店員的首要工作。

表 1-1　店員尊重顧客的 9 個方面

內容	具體要求
表達要清楚	音量適中、口齒清晰、儘量使用標準普通話跟顧客溝通，但如果顧客使用當地方言，則應盡可能地配合顧客
有先來後到的次序觀念	要對先來的顧客先給予服務，對後到的顧客應親切有禮貌地請其稍候片刻，不要對其置之不理，也不要先後顛倒
親切地招待顧客	不要刻意地跟在顧客身旁嘮叨不停。左右顧客的意向，影響顧客的選擇，而應當有禮貌地告訴顧客：「請隨意挑選。如有需要服務時，請叫我一聲。」
主動熱情地幫助顧客	如果顧客帶著很多東西，可以告訴顧客暫時把包裹寄存在寄存處，並指明寄存處的方向和位置；如果碰到下雨天。可以幫助顧客保管雨傘
為顧客提供專業化的諮詢	要細心地觀察顧客的需要及心態，並適時地為其提供好的建議，簡短而清楚地做產品介紹，清晰地說明產品的特徵、內容、成分和用途，最終幫助顧客做出滿意的選擇
與陪伴顧客者適當溝通	顧客有時會有同伴相陪，這時店員應該對顧客及其同伴一視同仁，同時跟他們打招呼。這是因為一方面陪伴者會影響顧客的選擇，另一方面陪伴者也可能變成自己的顧客
使用商量的語氣與顧客說話	與顧客交談時，要使用詢問、商量的語氣。例如，當顧客試用或試穿完畢後，應首先詢問顧客滿意的程度，而不是一味地稱讚產品的優越之處
誠懇地對待顧客的抱怨	如果顧客對服務有不滿意的地方，店員應馬上進行解釋，並用自己的話把顧客的意見重覆一遍，注意力應集中在顧客的需求上。店員要學會克制自己的情緒，不能讓顧客的話影響自己的判斷和態度
主動地傾聽顧客的意見	對於顧客提出的意見，不管是好的還是不好的，店員都要主動、虛心地傾聽，儘量使用「嗯！嗯！」或「請講下去」這類詞語，以使顧客知道店員正在認真地聽他講話

　　店員首先要有尊重每一位顧客的意識，不論顧客好看難看、有錢沒錢、要立即購買還是「隨便看看」，都應當尊重他們。即使有的顧客不買任何東西，也要保持親切、熱誠的態度，並感謝他來參觀。

　　必須能詳細、耐心地給顧客講解相關的產品知識及其售後服務等內容。詳細、耐心地給顧客講解是店員的必備服務意識，更是得以順利完成銷售任務的法寶，並且常常獲得出乎意料的業績。

3.品質意識

　　店員要有品質意識，品質包括兩個方面：一方面是產品的品質，一方面是服務的品質。對於產品的品質，店員要保證交到顧客手裏的產品是完好無損的。對於服務的品質，店員要特別注意的是售後服務的品質。許多店員認為顧客交錢就萬事大吉了，其實，在成交之後，店員應當將產品包裝好，雙手交給顧客，歡迎他再度光臨，最好能送顧客到門口或目送顧客離去，以表示期待之意。

4.改進意識

　　店員要有不斷改進、不斷進步的意識，要把顧客的意見、建議與期望都及時傳達給企業，以便制定更好的經營和服務策略，刺激企業生產更好的產品，以滿足顧客的需求。

5.合作意識

　　任何工作都不是單獨存在，都有許多個上下游的合作環節，促銷工作也是如此。店員具有一定的合作意識。既要做顧客的「貼心人」，又要做同事的「貼心人」，盡可能地對同事的工作提供幫助和配合。

6.紀律意識

　　店員要有紀律意識，不能以為不在公司的辦公樓裏就可以不遵守公司的制度。良好的紀律意識是一個人成就事業的最基本素養。任何優秀的店員都能嚴格遵守公司的各項制度和要求。對於店員而言，最基本的紀律要求是遵守店員工作守則。

◀)) 5 店員應瞭解商店工作規定

工作規定明確，作業才能標準化，店內各種工作才能符合基本準則。

商店的工作制度，是店員進行營業工作的基本準則，店員應先把它了解清楚。

一、上下班規定

1.上下班時的有關規定

· 上班要走員工專用門和專用通道。

· 主動出示工作證。

· 不遲到，不早退，不擅自離開崗位。

· 穿規定的工作制服。

· 按工作規定打卡。

· 嚴禁代人打卡。如有發現，嚴格處罰代打卡人和持卡人。

· 上班前禁止喝酒，有事離開櫃台，要向同事講清楚。

· 商場內禁止飲食、吃零食和化妝。

· 禁止大聲喧嘩和來回奔跑。

· 站立服務要姿勢規範、舉止端莊，保持微笑的服務。

· 隨身攜帶筆和紙，記錄顧客的要求、建議和意見。

· 需要調班、公休時經請示主管批准後才能生效，不擅離工作崗位，需要離開時，做好登記方能離開。

· 要熱情待客、禮貌服務。主動介紹商品，做到精神飽滿、面帶微笑、有問必答。無顧客時要整理商品，使其經常保持整潔美

觀。

· 對顧客提出的批評或建議，要虛心接受，不與顧客頂撞、爭吵。

· 做好店內、店外的環境衛生和商品衛生。

· 不准收顧客小費和故意多收顧客的錢。

· 交接班時做到交接清楚、貨款相符、簽名負責。

· 不准提前更衣下班和提早關門、停止售貨。

2.店員服裝的具體規定

男性店員的儀容要求：

(1)服裝：穿規定制服，衣服要清潔，經過整燙，襯衫鈕扣扣牢，禁止挽袖口。

(2)手：始終保持清潔，禁止留長指甲。

(3)鞋子：穿黑色、咖啡色皮鞋，保持整潔，禁止穿運動鞋、拖鞋、草編鞋，飲食部可以穿運動鞋。

(4)頭髮：嚴禁留長頭髮，定期理髮，保持整潔，頭髮不要遮住臉，頭髮禁止染艷色。

(5)裝飾品：食品、飲食部的職工禁止佩戴，其它部門的職工可以戴婚戒（嵌寶石戒指除外）。

女性店員的儀容要求：

(1)服裝：穿規定制服，衣服要整潔，經過整燙，襯衫鈕扣扣牢，穿裙子下擺短的，長統襪、連褲襪一律肉色。

(2)手：始終保持手的清潔，禁止留長指甲，飲食部門職工禁止使用指甲油，其它部門可以用無色指甲油。

(3)鞋子：穿黑色、咖啡色軟膠底鞋，保持整潔，禁止穿運動鞋、拖鞋、草編鞋，飲食部可以穿運動鞋。

(4)頭髮：定期理髮，保持整潔，長頭髮不要遮住臉，不准披肩，頭髮禁止染艷色。

(5)裝飾品：頭飾黑色、咖啡色、藍色均可，在食品、飲品部門禁止職工戴耳環，其它部門職工可以戴婚戒（嵌寶石戒指除外）。

3.休息時間的規定

‧ 休息時間請佩戴休息牌或指定場所休息。

‧ 用餐時應到職工食堂，並保持食堂清潔。

‧ 在商店休息區內用餐時，以顧客優先，先滿足顧客的需要，不可與客戶爭位。

‧ 用餐及休息時間不得在商店內購物。

‧ 外購的物品，必須經警衛在發票上蓋章認可後，從職工專用通道帶入，並存放在指定地方。

‧ 外出必須得到部門主管的同意，並說明要去的地方，所需時間，並在規定時間內返回。

4.關於會客的規定

‧ 店內禁止談私事。

‧ 如有親友來訪，應向部門主管說明事由，得到同意後，方可在櫃台外做短時間的會面。

‧ 工作時間禁止打私人電話。

‧ 禁止使用私人手機等通訊工具。

‧ 店員要打工作電話，必須得到部門主管的同意。

‧ 接待來訪顧客應到指定的會客室，並告知其他同事。

5.關於打烊(結束當天營業)的規定

‧ 送顧客在下班前的 10 分鐘開始。

‧ 嚴禁在有顧客的情況下做任何下班前的準備。

‧ 各櫃台做好整理和清掃工作。

‧ 檢查水、電、火、煤氣等，確保安全。

‧ 準備好明天上班用的各種備用品，例如購物袋、發票等。

‧ 把貨物重新整理、補齊。

‧ 收銀機、貨架、櫃台等保持整潔。

二、上班（進店）

1. 上班要走職工專用門和專用通道，並主動出示工作證。
2. 不遲到，不早退，不擅離崗位，違者按規定處罰。
3. 打考勤卡。
⑴換好制服；
⑵打卡；
⑶卡片正面朝外放回考勤架；
⑷嚴禁代人打卡，如有發現要嚴格處罰代打卡人和持卡人。
4. 關於私人物品帶入商店的規定
⑴私人物品和其它物品應放在更衣箱內保管。嚴禁帶入商場；
⑵大量現金和其它貴重品不得存放在櫃台和更衣箱，如有遺失，
　商店概不負責；
⑶與櫃台商品相同的物品要事前聲明；
⑷工作上所用的物品如果是私人物品，要經警衛認可後才能帶入
　商場。離開商場時要得到警衛的認可。

三、打烊準備的規定

1. 送客
　　店員在櫃台送客位置，應在打烊前 10 分鐘開始，一直到送完最
後一個顧客。記住，打烊業務不是從規定有打烊時間開始，而是要在
最後一個顧客離店後開始。嚴禁在有顧客的情況下進行打烊業務。
2. 店員對商店的安全檢查
　　安全責任者檢查火種和煤、電、水等各種設施，檢查有沒有留在
店裏的顧客，確認完畢，並做好完全檢查記錄。

3.整理和清掃

各櫃台要自己整理和清掃，做好當天的業務總結和第二天開店的準備工作。將垃圾倒入垃圾箱。

四、下班（離店）

1. 更衣要在更衣室內換上自己的衣服，制服放入更衣箱。
2. 打考勤卡。離店打考勤卡，正面朝外放回考勤架。
3. 從職工專用出口處離店。

五、櫃台的紀律

為保持良好的銷售秩序，就要求店員遵守下列櫃台規則：

1. 櫃台紀律規則

⑴店員入櫃台工作前，要穿好工作服和佩戴工號牌。

⑵上班時不遲到，不早退，不無故請假，沒有特殊情況不能隨便調班。需要調班、公休時經請示主管以上批准後才能生效，不擅離工作崗位，需要離開時，做好離工作崗位登記方能離開崗位。

⑶要熱情待客，禮貌服務，主動介紹商品，做到精神飽滿，面帶微笑，有問必答。無顧客時要整理商品，使其整潔美觀。

⑷對顧客提出的批評或建議，要虛心接受，不與顧客頂撞、爭吵。

⑸站立姿勢要端正，不准在櫃台聊天、嬉笑、打鬧。

⑹不准在櫃台內會客、辦私事。當班時間不准購買自己經營的商品。

⑺不准在櫃台或倉庫內吸烟、吃東西、看書、睡覺、閑坐。

⑻主動做好店內、店外的環境衛生和商品衛生。

⑼不准把私人的書包、錢包帶進櫃台和倉庫。

⑽不准收顧客小費及故意多收顧客的錢。

⑾對公物、商品，不亂拿、亂用，散包食品不准亂吃。

⑿交接班時做到：交接清楚，貨款相符，簽名負責。

⒀不准提前更衣下班、提早關門。

⒁下班前，切斷一切電源，鎖好保險櫃和門窗，做好防火防盜工作。

2.收銀機使用規定

商品櫃台設置收銀機收付款，顯示商品銷售金額，彙總商品銷售總金額，監督核對商品銷售情況。

⑴每出售一件商品都必須將金額輸入收銀機，按日銷售彙總，總金額必須和商品銷售日報表的彙總金額相符。

⑵每日繳款時，必須把當日銷售總額列出，然後將記錄紙撕下，連同日報表統一交給收款員。由專人負責核對銷售日報表明細賬是否和記錄紙上的相符，如果有差錯，要立即核對。

⑶在使用收銀機時，不能將收銀機作為計算器使用，隨便將其他數字輸入或做其他計算，如果由此造成明細賬不符，由當班店員負責。

六、處理好與銷售點人員的關係

店員作為廠家派駐商家的「銷售、服務代表」，其關係在廠家，工作場所卻在銷售點，這種獨特的身份特徵決定了店員必須處理好與銷售點中各類工作人員之間的關係，為順利開展銷售產品，贏得環境支援。要處理好與以下人員的關係。

1.處理好與售點管理人員之間的關係

處理好與售點管理人員之間的關係，有利於協調整個促銷活動的展開。

⑴遵守管理規定。店員應該與售點營業員一樣嚴格遵守售點的各

項規章制度，嚴格要求自己。

(2)協商、協調。店員既要服從售點管理人員的管理，又要協調自己促銷活動的順利開展。當售點利益與企業利益發生矛盾時，店員要儘量化解矛盾；遇到自己無法處理的問題時，及時彙報企業相關人員，以便及時解決。

2. 處理好與售點其他營業人員的關係

售點的營業人員包括售點營業員、競爭對手店員及售點的各個職能部門的工作人員。處理好與他們的關係可以順利開展銷售，有利於銷售業績的提高。

3. 處理好與售點中職能部門人員的關係

與售點中職能部門的人員保持良好關係，如財務人員、售後服務人員、後勤人員等，以便減少工作上的阻礙和麻煩。

七、店員進場前，要做好準備

專業店員成功的因素已不是秘密，可以用三個詞概括：準備、準備、準備。

準備好你個人的情緒和專業知識，知道你的商品和價格結構，瞭解你的競爭對手正在做什麼——這是所有成功銷售的必要因素。

1. 不要把私人問題帶入賣場

當你是別家的顧客時，你期望得到及時幫助和禮貌對待——這能表明自己很受重視。不論你在某天心情好壞，你的顧客應受的接待、需求和期望不亞於此。

調整情緒並不總是很容易，尤其是你剛經歷在上班的路上爆胎了，你正處青春期的孩子昨晚與你發生爭吵了，或者你被你的主管冷落了等事情。無論怎麼樣，你的顧客有權得到最好的服務，就如同你在其他的商店得到的服務一樣。

不要指望購物者能顧及你的個人情緒，假如你把壞情緒表露出

來，你自己和公司會給顧客留下不好的印象。無論遇到什麼問題，都表現如常，這是專業銷售的基礎要求。

2.總是看起來很專業

當顧客走進商店，在你跟她說話之前，她已經對環境、商品和你都形成了初步印象。購物者的感受可能受許多超出你所控制事情的影響，例如她的心情、私人問題或者對公司的成見等。所以，盡力做好你自己所能控制的部份非常重要。

商店以及在商店裏提供服務的人需要有一個得體的形象。顯然，看起來需要修整的商店不如展廳和櫥窗整齊、乾淨、明亮的商店吸引人。營業員也需要穿著得體，行動友好，舉止禮貌。

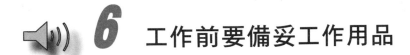

6 工作前要備妥工作用品

工作用品是指「店員在從事工作時」不可或缺的工作用品。它們的特點，在於替店員在其服務過程之中，發揮各種各樣的實際作用。因此，店員平時必須對其認真看待。

在服務工作之中，店員使用最廣泛的工作用品主要有身份牌、書寫筆、計算器、記事簿等等。對其進行使用時，應注意其各自不同的具體要求。

一、身份牌

身份牌，又稱姓名牌、姓名卡，簡稱名牌。它所指的是店員在其工作崗位之上佩戴在身，用以說明本人身份，經由單位統一製作，有著一定規格的專用標誌牌。在工作崗位上佩戴身份牌，有利於店員表

明身份，同時也方便服務對象更好地尋求幫助。

在使用身份牌時，主要有四點注意事項。

1. 規格應當統一

店員所佩戴的身份牌，應由其所在單位統一負責訂制、下發。通常，用以製作身份牌的材料有三種，即金屬、塑膠與硬紙。其基本要求是耐折、耐磨，輕巧。若是以白卡紙製作身份牌，一般應對其進行塑封，或將其套入透明套中。身份牌的色彩宜淡。它的外形應為長方形，具體尺寸多為 10×6，即長 10 釐米，寬 6 釐米，其尺寸不應過大或過小。

2. 內容應當標準

身份牌的具體內容，一般應包括部門、職務、姓名等三項。必要時，還可貼上本人照片，以供「驗明正身」。上述內容，均應列印，而不宜手寫。在一般情況之下，採用中文書寫身份牌時，字體要注意清晰易認，而且大小必須適度。

3. 佩戴整齊

凡單位有佩戴身份牌要求的，店員必須主動遵守。佩戴身份牌的常規方法有三：一是將其別在左側胸前；二是將其掛在自己胸前；三是將其先掛在本人頸上，然後再夾在左側上衣兜上。這是一種「雙保險」的做法。隨意把它別在帽子上、領子上、褲子上，或是將其套在手腕上，都是不允許的。另外，店員隨便換戴身份牌，或者將其戴得歪歪扭扭，亦不符合規定。

4. 完整無缺

在工作上，身份牌乃是店員的個人形象之一。所以在對其進行佩戴時，應認真愛護，保證其完好無損。凡破損、污染、折斷、掉角、掉字或塗改的身份牌，佩戴之後只會有害無益，故應及時更換為妙。

二、書寫筆

在工作之中，店員往往需要借助於筆具來書寫。因此，必須隨身攜帶專用的書寫筆。倘若在必須進行書寫時，找不到筆具，或者趕忙去向他人借用，都是失職的表現。

在工作上，店員最好是同時攜帶兩隻筆，並且應當一隻是鋼筆，另一隻則是圓珠筆。提出這一要求，主要是為了使之符合服務工作的實際需要。

店員平時應隨身攜帶鋼筆，主要是便於書寫正式的條據。在一般情況下，店員隨身攜帶的鋼筆還須灌以藍黑色或黑色的墨水。因為以此兩種墨水書寫的文本、條據，才顯得最為正規。

店員平時還應當隨身攜帶一隻圓珠筆，則主要是為了便於自己在工作之中填寫正規的各類票據時使用。使用圓珠筆複寫票據，不僅容易，而且可以確保字　清晰。此時一般應使用藍色的圓珠筆油。

在通常情況下，不論是書寫文本、收據，還是填寫各類票據，大都不宜採用鉛筆、簽字筆。

店員在工作之中隨身攜帶的筆具，最好在上衣左側衣袋上，或是在上衣內側衣袋上。

三、計算機

在買賣活動中，計算價格必不可少。過去，店員在需要進行有關的計算時，經常採用的是口算、心算、筆算等方法。它們各有利弊，難以確保計算結果的準確無誤。

店員在必要之時，若是能夠取出隨身攜帶的計算器來，以進行必要的計算，則既能節省時間，「鐵面無私」的捍衛雙方的切身利益，又能使雙方高枕無憂，不必因為擔心計算結果不夠精確，而去疑神疑

鬼。所以店員在工作時隨身應攜帶一隻小型計算器。

店員攜帶於身的計算器，不必求其功能齊全，但應保證計算結果的精確。同時，還應力使之小型化。

四、記事簿

在服務工作之中，日理萬機的店員如果打算真正恪盡職守，則凡事就要勤觀察，細思量。對於店員，在工作之中需要自己記憶在心的重要信息，諸如資料、數據、人名、品名、地址、電話、傳真、線索、思路、建議，等等。若是沒有掌握正確的信息處理手段，有時可能會耽誤極其重要的事情。

在現實生活中，能過目不忘的人畢竟太少。「好記性，不如爛筆頭」。其實，只有隨時隨地地將可能忘記的重要信息筆錄下來，對店員才是最切合實際的。

千萬不要信手塗鴉，隨便拿到什麼東西，便把要記的東西寫下來。也不要輕易開口向同行要可作記錄之物，更不要當著外人的面四處亂翻，隨便亂撕。那種做法，只說明自己「無備而來」。

得體的做法是店員應當人人鄭重其事地為自己準備上一本可以隨身攜帶的小型記事簿。這種記事簿，可以自己動手製作，也可以去購買成品。它應當易於書寫和保存，並且大小適度。

使用記事簿時，特別要注意書寫清晰與妥善保存兩大問題。千萬不要亂記、亂丟，不然就很可能會勞而無功。在進行記錄時，最好分門別類，並且定期予以歸納、小結。

7 店員要瞭解促銷活動

促銷活動是促銷的一種形式，是利用一種或多種形式刺激消費者購買商品的時間性遊戲。採用在售賣現場或者非售賣現場的方式，多以增加商品的附加價值為活動的主要刺激方式。

舉行促銷活動是企業進行產品推廣的重要手段，可以幫助企業實現銷售目標，創造利潤。店員應瞭解促銷活動的一些方式和主要內容。

店員需要瞭解的促銷活動內容包括促銷活動的主題、促銷活動的時間、促銷活動範圍、促銷活動的參與條件、促銷活動的方案、促銷活動預算等。

1. 瞭解企業的產品情況，特別是新品上市的促銷活動，一定要讓店員瞭解清楚產品的技術特點、主要性能優點等，以便將產品資訊有效地傳達給顧客，吸引顧客購買。

2. 瞭解當次促銷活動的具體情況，主要包括以下 4 個方面。

①瞭解當次促銷活動的主題，以便在促銷活動中準確地向顧客傳送活動理念，正確引導顧客。

②瞭解當次促銷活動的內容，包括時間期限、範圍、具體條件要求、活動安排等，以便順利進行促銷工作。

③瞭解當次促銷活動過程的每一個環節，以減少不必要的麻煩，增加顧客的滿意度。

④瞭解當次促銷活動的總體目標任務及自己的工作任務，以保證目標的達成，提高自己的銷售業績和收入。

3. 瞭解促銷活動中自己及同事的崗位職責，以便在促銷過程中做到默契配合，順利完成促銷工作。如現場抽獎的促銷活動就需要將人員分為 3 組：現場銷售組、抽獎登記組、獎品發放組等。

4.瞭解促銷品的領用程式、發放原則及管理辦法。

5.對於自己有疑問的地方要及時提出，及時解決，避免在實際工作中發生失誤，影響銷售。

為了不斷地提高自己的產品知識以及各種銷售技巧，店員在平時也要參加各種培訓。

8 店員交接班的工作規程

商店接班工作要踏實，工作準備要仔細，店員才能有條不紊地交接、進行櫃台銷售工作。

一、交接班會議

1.班前會

班前會是交接班的重要內容，是本班次與上一班次工作銜接的必要過程，因此必須重視。班前會的主要內容有：

⑴店員儀容的互相檢查； ⑵各崗位職責、工作紀律的重申；

⑶當天應該注意的主要問題； ⑷公司有關新指示的傳送；

⑸店員有關事情的彙報(或申請)。

2.班後會

班後會於打烊後由當班班長召開，班後會的主要內容有：

⑴當天工作的總結與檢討； ⑵銷售工作情況的檢查和彙報；

⑶顧客抱怨、投訴的整理； ⑷銷售日報表的整理；

⑸收銀彙報與整理； ⑹次日工作應注意的事項；

⑺其他日常工作的規範整理。

二、交接班的工作

　　一般商店都實行兩班制營業方式，從 9：00～22：00，營業時間長，為了保證店員的工作時間和休息時間，採取中間交接班的方法。

　　實行交接班制度是為了滿足消費者的需要而使店員的勞動時間不至於過長。各店根據實際情況和營業規律合理安排輪班。無論採取何種方法，上下兩班都要履行交接班手續。交班店員應把他在工作中的所銷貨物名稱、數量、價格、貨款和所剩餘貨物的數量，以及進貨、退貨、發票、票證等，清楚地填寫在交接單內，並協同接班店員一一核對，經接班店員檢查無誤後，交班店員方可離開商店。

　　店員實行交接班制度，從表面上看雖然是增加了工作量，但卻有許多好處。可以分清交接班店員的責任，加強每個人的責任心，避免差錯發生，即使發現差錯也容易核對查找。交接班時的商品點查、銷售數量的核對以及銷貨款的計算都為營業結束後的結賬工作提供了方便，並為開店後的盤點工作節省了時間，提高工作效率。

1. 實行店員售貨收款的交接班方法

　　店員在交班時，應該把所經營的商品整理、清查、盤點，把銷貨款和銷貨票清查並核對，做到貨款、票款兩相符，填寫在交接單內。把整理清點清楚的商品數量、品名、價格等項目填寫在交接單內，並把當班時的進貨、驗收、商品登記以及商品變價等情況記入交接單。接班的店員要根據交班店員所填寫的交接單內的內容，逐項核對，檢查無差錯後，交接店員雙方在交接單上簽名或蓋章。如發現問題要及時查找原因，對不可彌補的差錯，交班的店員應負全部的責任，在交接單中註明，並向相關主管彙報，作出處理決定。

2. 實行收款台收款的交接班方法

　　實行貨款分開，集中收款的商店，售貨店員在交接班時，只清點商品和發貨票及餘留發票。基本流程與實行店員售貨收款的交接班方

法相同，只是少了銷售款的交接。收款的店員在交班時，要清點整理銷貨款，並與收款單核對正確。接班的收款員要核對收款單和發票，並計算出交班收款員應收的貨款，並進行核對。

票款相符，雙方即可在交接單上簽名或蓋章，否則要分清責任，查找原因，及時處理解決。在交接時不能影響正常的現場銷售工作。

在交接班過程中，如果貨款的溢缺與票證不相符時，接班店員應協助交班店員查找原因；不能及時查到原因，除了記入交接單外，還要報告上級，並在月終或盤點時填報商品盤點處理表，請示店長處理。

3.店員交接班前的五件事

(1)工作交接

商店應當定時召開班前會，統一安排佈置工作。在進行工作交接和佈置時，店員一定要專心致志，一絲不苟。

具體要求，可被歸納為「一準」、「二明」、「三清」：「一準」，是要求店員準時地進行交接班；「二明」，是要求店員必須做到崗位明確、責任明確；「三清」，則是要求店員在進行工作交接時，錢款清楚、貨品清楚、任務清楚。

(2)留言

實行兩班制或一班制隔日輪休的店員，遇到調價、削價、新品上櫃以及當天未處理完的事宜，均要留言告知次日當班的同事，提醒注意和協助處理。

(3)更換工裝

在正式上班之前，店員必須按照規定更換服裝。

更換工裝必須在班前進行，切莫在工作崗位上當眾「表演」。更換工裝必須完全到位，要求在工作崗位穿著的服裝，例如帽子、鞋子、領帶、領花或手套等等，一件不准多，一件也不許少。

(4)驗貨補貨

直接從事商品銷售的理貨員，需要進行的一項重要的工作準備，便是需要驗貨和補貨。

其目的主要有二。一是為了檢查自己負責銷售的商品是否在具體數量上有所缺失，二是為了檢查自己負責銷售的商品在質量上有無問題。在進行驗貨之時，發現商品出現短缺，或商品出現質量問題，如骯髒、破損等等，應及時報告。

⑸檢查價簽

對商品或服務進行標價時，通常要求「一件一簽」。為防止差錯，標價時最好使用打碼機打碼，儘量少用手寫。字跡要大小適度，要使服務對象在距離兩米左右處可以看得清楚。

標價的標籤應採用一致的格式，其內容主要包括「六標」，即必須標有貨號、產地、品名、規格、單位和單價。在具體制作價簽時，要做到「六標」齊全，並還要防止商品與名稱不相符的「錯位」情況。

4.上級交待事項

店員輪班操作，接班者應瞭解上一班人員的工作情形，並主動徵詢上級交待事項，以便工作持續。

5.下班檢討

工作改善的要領，就是要每天檢討工作內容。

每天做相同的工作，最容易使人產生厭煩情緒，這是由於做千篇一律、十年如一日的固定作業，容易使一個人退步的緣故。

「維持現狀，即是落伍」。如果不抱持著「今日勝過昨日，明日超過今日」的想法，鞭策自己前進的話，立刻會成為落伍者。

為使每日的工作、生活日益進步，培養不進則退的觀念實有必要。所以，我們每天雖然做的是相同的工作，但是切切不可忘記提醒自己隨時去尋求更迅速、愉快、有效率的方法。

平時除了自己的工作以外，還要細心觀察自己的一舉一動。對今日、昨日的工作加以比較、分析、研討、綜合，才能達到具有宏大效益的改善，例如：更有效的銷售方法、商品的特殊小故事，如何操作更方便……。

9 營業結束後的收尾工作

當送走最後一位客人，一天的營業工作也就結束了，但是這並不意味著店員可以收拾行裝回家了。營業結束後店員還要繼續做好一些收尾工作，如清點、增補商品、填寫交款單、檢查安全設施等，為今天的工作劃上一個圓滿的句號，也為明天工作的開展做一個準備。站好最後一班崗的店員，才會是一個優秀的店員。

營業結束後的收尾工作是從送客開始的。與開店時一樣，送客從關店前 15 分鐘開始，一直到送完最後一位顧客。不能出現板著面孔接待或催促顧客的現象，即使是下班鈴已響，也要熱情耐心地接待好最後一位顧客，然後準備營業結束的工作。

一般來說結束營業的工作流程大致如下。

第一遍播放溫馨的廣播音樂。

提示顧客本商場營業即將結束，店員須照常接待顧客，沒有接待顧客的店員可以開始清掃地面，將垃圾集中在櫃台角落。

第二遍播放溫馨的廣播音樂。

店員要對貴重商品、服裝及有要求的商品進行清點數量，結賬對數，整理票據工作。必要時應核計銷售額，並填入記錄本。檢查櫃台的缺斷貨情況，並登記在櫃台記錄本上。將貴重商品、計算器、三聯單及其他貴重物品放入指定位置並上鎖。拖、洗地面，關閉倉庫內的電燈，並將門窗關好，上鎖，切斷櫃台所有電器的電源。

第三遍播放溫馨的廣播音樂。

對商品單品進行清點，由櫃台負責人和鄰櫃負責人相互點數簽字確認，並留數在開票台上，以便晚上的夜間防損員查核。

第四遍播放溫馨的廣播音樂。

　　全部門的店員由主管組織集合開晚會，對本日營業情況進行簡短總結，並由防損員檢查是否攜帶商品，最後排隊離開商場。對於有統一制服的商場，店員還要在更衣室內換上自己的衣服，將制服放入更衣箱。

　　營業結束後的工作與營業前的準備工作一樣不可忽視。結束工作做的好壞直接影響到商品部的管理，有可能影響次日的營業。所以，營業的結束工作一定要做好做細，為次日的營業打下好的基礎。

　　店員要做好結束工作，對一天的銷售情況進行全面的檢查、清點和總結，應當特別注意完成以下工作內容。

1. 清點商品

　　當營業結束時，無論是實行售貨兼收款還是集中收款的店員都要全面清點當日所剩的商品數量，計算銷貨款，並與售貨單相核對，檢查有無差錯。要認真核對所售商品與貨款是否相符，核對所剩商品與售出商品的銷貨單是否相符，核對所售商品與收款單是否相符，要確保三核對相符。

2. 填寫交款單

　　營業結束後，當店員把當天所收的貨款或收款單核對無誤後，連同填寫好的交款單一起上交財務部門，結清當天的銷售款。「貨款分責」的商店，店員要結算票據，並向收銀員核對票額。「貨款合一」的商店，店員要按當日票據或銷售額進行結算，清點貨款及備用金，如有溢缺，應當做好記錄，及時做好有關賬務，填好繳款單，簽章後，交給店長或商店經管人員。

3. 報表的完成與提交

　　當店員把當天的所收貨款上交後，還要書面整理、登記當日的銷售狀況（銷售數、庫存數、退換貨數、暢銷與滯銷品數），及時填寫各項工作報表，在每週例會上提交，重要資訊應及時向店長反饋。每次促銷活動結束後需填寫促銷活動報告，在每日、週、月工作例會上提交。記賬和填寫報表有利於清查核對商品，便於發現差錯，並可為月

終盤點做好前期工作。

4.酌情增補貨物

記賬清查完商品後，如果發現某種商品已售完或數量較少，為減輕次日營業前的準備工作量，可適當增補一些商品。暢銷商品如果庫存無貨，應及時向上級主管反映，積極組織進貨，不影響次日的營業，盡可能滿足顧客的需要。

5.整理擺放商品

營業結束後，店員除了做好清查、核對之外，還要把營業過程中擺放錯位或凌亂的商品擺放整齊。小件物品安放在固定的地方，高級物品及貴重物品蓋上防塵布，加強商品養護。對所轄展區、商品、助銷用品及銷售輔助工具進行衛生整理、陳列整齊，並把營業場地打掃乾淨，清除垃圾，將櫃台擦拭一遍，撣去商品上的灰塵，為次日的營業工作做好準備。

6.檢查安全設施

銷售高級商品及貴重商品的商店應檢查展櫃和小庫是否上鎖，同時將票據、憑證、印章以及商店自行保管的備用金、賬後款等重要之物都入櫃上鎖。做好營業現場的安全檢查，不得麻痹大意，特別要注意切斷該切斷的電源，熄滅火種，關好門窗，以避免發生火災和偷盜的行為。在離店之前，還要認真地再檢查，杜絕隱患，確保安全。

7.留言

實行一班制隔日輪休的店員，要把當班時的一些未了事項或價格、商品的變動等情況記錄在留言薄上，告訴下班的同事，提醒他注意並要求他協助處理。

第 二 章

店員的商品知識與技能

1 店員如何獲取商品知識

　　店員為推銷商品，基本條件是要懂得商品知識，並將商品知識轉為銷售重點，有技巧地推銷給客戶。

　　當店員為顧客提供商品時，必須對商品具有相當的認識。一般而言，商品知識包括：商品名稱、種類、價格、特徵、原產地、廠商名、牌子名、素材、設計、顏色、花色、尺寸、使用方法、保養方法、保存方法、流行等等和商品有關的基礎知識以外，其商品的市場性及行情，與類似品及競爭商品之間的比較，關係法規等等的關連知識都涵蓋在內。這些都是店員本身必須具備的重要知識。

一、如何獲取商品知識

　　店員為顧客介紹商品、推銷商品，基本條件是必須懂得商品，並將商品知識轉為銷售重點。

作為消費者，我們在逛商場時有沒有注意到商場的每個店員基本上都是笑容滿面，非常熱情的。其實，店員不能光有微笑的面孔，還必須了解各種商品和服務知識，要做到「賣什麼，就學什麼，就懂什麼」，當好顧客的參謀和幫手。店員在銷售前，首先就應當懂得一定的商品知識。

作為店員，對商品的性能和用途了解得越多，說服顧客的機會才越大，促成交易的可能性也就越大。

1. 了解商品的特性

剛成為店員的李小姐由於對產品不熟悉，常常被顧客問住，因此喪失了很多銷售機會。發現自己的問題後，她認真鑽研自己所售產品，瞭解技術，還專門請教相關的技術人員，弄清楚了產品的構造原理和技術標準，瞭解了日常使用過程中容易發生的問題並找到了相應的解決辦法。

表 2-1　店員需要瞭解的產品知識一覽表

項目	具體內容
產品基本知識	(1)產品的名稱、品牌含義、商標、型號、款式、產地等
	(2)產品的原材料、成份、技術、品質、性能、用途等
	(3)產品的價格、促銷產品的情況等
	(4)產品的售後服務內容、期限、標準及如何安排等
產品基本知識	(5)產品的使用方法、儲存保養方式及注意事項等
	(6)有關產品技術的專業術語，並知道如何以通俗的語言講給顧客，讓顧客明白
產品外延知識	(1)產品的優、缺點，在產品推薦時能夠發揮產品的獨特優勢，並將缺點轉化成優點或者給顧客一個合理的解釋
	(2)產品的賣點，即顧客購買產品的理由。獨特的賣點是顧客購買店員產品而非競爭對手產品的原因
	(3)產品的美譽度、獲得的各項榮譽、流行趨勢、發展態勢等

在對產品進行充分瞭解後，再也不懼怕顧客的問題了，她對顧客提出的產品問題對答如流，在向顧客介紹產品時還能夠教給顧客使用方法和一些小竅門，並且提醒顧客在使用過程中應注意的問題和經常發生的問題。李小姐逐漸成為解決顧客問題的專家，她的顧客也越來越多。

只有充分瞭解產品知識，店員才能更好地進行產品說明和介紹，對顧客提出的問題才能夠給出圓滿的答覆，才能成為顧客的顧問，贏得顧客對產品的信任，進而增加成功銷售的機會。

只有熟悉自己的產品，才不會被顧客的問題嚇倒，才能成為顧客的顧問，繼而增加自己的銷售機會。那麼，如何掌握這些產品知識呢？

2. 了解自己所銷售的商品

了解商品，就要了解顧客是如何來衡量商品的價值的。總體而言，商品的價值由以下五個部份組成：

· 價格：「它比現在同類的產品便宜還是貴呢？」
· 質量：「質量比我現在用的更好嗎？」
· 功效：「它的使用效果比我現在的產品要好嗎？」
· 口碑：「它的生產商信譽好嗎？品牌有名嗎？」
· 服務：「我能享受到稱心如意的服務嗎？」

了解自身產品的最好方法是親自使用產品。

3. 了解競爭品牌產品

要想取得銷售成功，你需要對競爭品牌有一定程度的認識。

你可以運用各種方法去了解競爭品牌產品：留意市場動態、注意收集人們對於競爭品牌產品的使用心得與評價。這樣才可以解答顧客的疑問。

如果你對競爭品牌產品了解不夠，就不要對其妄加評論。顧客會欣賞你實事求是的專業態度。

4. 將「產品特性」轉化為「顧客利益」

店員最大的工作職能就是要學會將產品的特性轉化為顧客的利

益，達成銷售目的。

產品特性：是對產品的客觀描述。

顧客利益：是顧客使用該產品能為自己帶來的好處和幫助。

顧客所關心的不僅僅是產品本身有什麼特點，他們更關心產品能給他們帶來什麼利益。因此，在向顧客講解產品時，切記將產品的特性與顧客的利益相結合，從而引發顧客對該產品的興趣，進而產生購買慾望及購買行動。

當你將產品的特性轉化為顧客的利益時，可以使用「因此、所以」等串聯詞進行過渡，如：「由於這些特性……所以，它可以為您帶來……利益。」

二、要將商品知識轉為銷售重點

我們所獲得的商品知識，可以在為顧客做商品說明時大顯身手。只是這裏不可混淆的是，商品知識和商品說明未必是同樣的。

所謂商品知識，是指與商品有關的所有知識而言，任何一個人說出來都必須是一樣的。

但商品說明則是商品知識的一部份，面對不同的客人一般在說辭上略有不同。為什麼呢？因為同樣的商品，隨著顧客對商品要求的內容不同，對顧客的說明多少要有所差異。譬如說，同樣一件商品，對心中想要「設計漂亮的東西」這樣的客人，就拿設計較精美的商品出來，針對商品設計的優點來做說明；想要「耐用持久的東西」這樣的客人，就拿品質優良的產品給他看，把重點放在品質上詳細說明。

2 店員要培訓

店員為在櫃台推銷成功，必須藉助商品知識，有關商品知識獲得的方法，有下列幾項：

1.接受公司培訓

公司有系統的培訓，給予各種有用的商品知識，傳授推銷重點，是最先、最容易得到的資訊來源。

2.從賣場的前輩那兒學得

關於賣場上的每件商品，從資深店員或上司那裏聽來的說明，較為具體，容易了解。將商品試用一遍，或是拿在手上端詳一下，對那商品的印象也會加深一些。有時當資深店員在向顧客作說明時，可站在一旁，邊聽邊學，也是獲取知識的捷徑之一。

3.從專業書、專家處學得

在賣場中，從每一商品所學得來的知識，雖然較為具體也較易了解，但整體看來，則顯得太瑣碎而沒有一個連貫。要想有條理地把它整理好，就必須借助專業書籍和專家們所說的話。

掌握有關商品的名稱及其特色、構造或機能等專門的知識，不僅對客人說明時較有自信，也可以提供對顧客的生活有幫助的資訊，因而獲得顧客的信賴。

再者，本身擁有充分的專業知識，可推斷出商品的將來性，對新商品的出現可及早預先知曉。

4.參觀工廠或從發表會上學得

參觀工廠可以看見整個製造過程，對了解商品內部的構造及性能有幫助，在做商品說明的時候，無形中增加了許多自信。

參加廠商所舉辦的發表會、展示會，對商品流行的傾向的掌握很

有幫助。

5.從廠商的業務員處學得

從往來中的廠商的業務人員處聽來的商品知識，非常有用處。特別是關於新製品方面的資料。

業務員希望你能替他們多賣出一些，一定樂意多作說明並提供資料給你。詢問他們商品在其他店或其他地區的銷售狀況、流行的狀態、價格的變動等等，都可以獲得珍貴的情報。

6.從報紙或雜誌上學得

從報紙、雜誌上所刊登的「購物指南」或「新產品」欄，以及生活指導方面的記事等，店員必須經常閱讀，時時注意。因為那裏會詳細說明比較具體的選擇方法，及使用注意等事項。

如果店員還沒讀到，也許會被認為是商品知識有所欠缺。

7.自己來使用、研究

想要獲知最正確的商品知識，自己使用看看，是最確實的方法。自己沒使用過的商品，如何能說「這個很好用」就介紹給客人用呢？

商品知識主要以使用方法為重點，主動地去使用看看，體驗一下商品的操作，可說是店員份內的工作。所謂的「使用看看」，並不是指在賣場的一角拿商品稍微試一下，而是在實際生活中成為一名消費者，親自體驗使用某種商品後的感覺。

高價商品或店員不可能使用的商品(例如，男性店員販賣婦人用品的時候，)是無法自己使用研究的。這時可向有使用此類商品的人打聽其使用經驗，便可以補足商品的知識了。

8.從顧客處學得

顧客購買商品的時候，只要不是送人，一定是自己或家人使用。當這位顧客再度光臨時，就可以問他，如「上次真謝謝您的惠顧。」藉此可聽出那件商品的使用狀況及保養的方法等等，應該可以獲得唯有使用過的人才會知道的珍貴情報。如此一來，聽聽顧客商品使用上的意見，不僅可以增加店員們的商品知識，也可藉此傳達給百貨業者

或廠商，如果因而對製品的改善有所助益的話，就等於做了一次優秀的商品調查了。

3 店員要持續進修學習

　　知識就是力量，就是生產力。要成為一個出色的店員，就必須具備與工作相關的許多知識，而商品知識是其中最為重要的一個。商品的基本知識、保養護理知識、計量、故障排除知識等相關的都需學習，那麼如何學好這些知識呢？這就需要運用一定的方法，通過一定的途徑，下面就來解決這個「障礙」。

　　與商品相關的知識有很多，同樣，可以學習的方法、管道也有很多。只通過一個管道想學到所有的知識，那是不可能的，只會固守一種方法的店員也是不明智的。店員要學好商品相關知識應該從兩方面入手，一個是自己，因為自己是學習的主體，沒有對自己的嚴格要求就很難堅持到底；另一個是別人，因為他人是知識的源泉，他人可以給你無窮的力量。

一、從「我」做起

　　在學習商品相關知識時，店員首先要有永不停止的學習意識，不應受外在因素的影響。有的店員總想選一個輕鬆的櫃組，例如自選區，他們認為「自選區多好啊，也不用積極主動地接待顧客，更不用費盡心思地學習商品知識。」但事實上並不是這樣，無論在那個崗位，相關的商品知識對於店員來說都是必不可少的，即使是用不著賣力地向顧客推銷，要解決顧客的疑問也還是需要豐富的商品知識作為保證

的。因此要堅持學習，不要有絲毫的停滯，況且現在的商品更新換代十分迅速，一不留神你可能就已經落後於這個時代了。無論在什麼樣的崗位或環境中，店員學習商品知識的意識是不應減退的。

其次，在工作中經常出現這樣的現象，對櫃組暢銷的商品店員往往掌握較好，但對滯銷的或不經常賣的商品就會有些遺忘生疏。這就需要店員每天抽出一定的時間溫習一下那些並不常賣的商品的知識，當顧客有需要時，你為顧客介紹起來也會得心應手。否則的話，本就難銷的商品恐怕就要變成滯銷，以致最終被淘汰，給商店帶來損失。只有全面地掌握商品知識，才能選擇最適合顧客的商品進行介紹，而且也很大程度上地減少了滯銷。

再者，要從實際操作中深入學習。例如，兩種電磁爐都具有一鍵通功能，就是把水、米放入鍋裏，直接按這個鍵，就能把飯做熟，非常方便。但有顧客反饋××品牌的這種功能的電磁爐子做出的飯糊鍋底，而說明書上對此也沒有介紹。於是這個櫃組的店員就買來了米，當場進行實驗，結果發現兩個不同品牌雖都具有一鍵通功能，但顧客反饋的這一品牌做出的飯的確糊鍋。通過仔細觀察發現，在加熱過程中，這種品牌沒有自動感溫系統，不能根據鍋內水與米的比例將溫度進行自動調整，所以在使用時容易糊鍋。而另一品牌的商品則有自動感溫系統，能將鍋內溫度自動調節。通過實際操作，店員對兩個品牌有了進一步的瞭解，介紹也更有針對性了。有些知識在說明書上是學不到的，要在實際應用中才能發現問題、解決問題，所以店員在銷售過程中也要注意總結經驗，從實際操作中學習到一些獨特的知識，這將非常有助於你下一步的商品推介。

最後，要注意通過多管道學習。瞭解商品知識的途徑有很多，只要大家留心，在工作之餘多看書，讀報，在娛樂的同時也能發現不少相關的知識。例如你是體育用品專賣店的店員，那就應該瞭解一些體育知識。如科比是誰，他穿什麼樣的籃球鞋，網球鞋為什麼這樣設計等等，這些知識都是你應該瞭解的，知道得越多，和顧客的交流越順

暢，在向顧客推薦商品時成功的機會就越大。

二、向別人看齊

「三人行，必有我師」。每個人都有自己獨特的知識結構，都可能在某方面是個專家，在和人交往的過程中也可以學到許多東西，從而豐富自己的商品知識。

店員每天接觸最多的就是顧客，顧客是店員第一個要學習的對象。

特別是對於一些較為專業、價值比較高的商品，很多顧客在購買之前都是查過相當多的資料，有了相當瞭解的，或者有些是長期用戶，經驗非常豐富，這時店員就要抓住機會多聽多問多請教，在推薦商品的同時也豐富自己的商品知識。

還可以向同事學習。同樣的問題可能你沒有遇到，但別的同事已經遇到過並且找到了解決的方案。學習是相互的，取人之長，補己之短，更何況是做同樣工作的，可以借鑑學習的地方更多。

還有一個不應該忽視的學習對象，那就是供應商。作為產品的生產者，他們對產品更加瞭解，是商品知識的源頭，從他們那裏可以學到更為專業的知識。一般店員會發現當供應商或者他們的服務人員講起品牌市場行情及有關商品性能時，都頭頭是道，非常透徹，特別是新商品，賣點特別突出。其實這正是一個學習商品知識的好途徑，店員要利用他們到商店的機會向他們請教，一些產品在店員看來可能沒有什麼特點，不好賣，但是在聽過他們的講解之後，你可能就會發現這款商品的特點和銷售潛力。

4 店員提高 10 倍業績的公式

您現在的銷售收入是多少呢？你可不可能在 10 年之內使收入增加 10 倍呢？聽起來似乎是不可思議。但是，不是說現在一兩年之內增加 10 倍，而是指在 10 年之內增加 10 倍！有個公式叫做 1000%公式，這個公式曾經幫助很多頂尖的銷售人員在短期之內，大幅增加了他們的收入。

首先，1000%的公式是說，讓自己在每週工作中使自己的業務績效增加 0.5%。要求自己稍微注意一下自己的時間管理，稍微推銷勤快一點，多花一點時間，研究同行競爭者，早一點開始工作，晚一點下班，拜訪好一點的客戶。多發揮些創意，多認識一下產品的效益。總之，使自己在每一週內提高 0.5%的工作績效；如此累積下來，你一個月會增加 2%的績效；一年下來你可以提高 20%的收入。當你持續地努力，每年做相同的工作不斷改善自己的工作表現，10 年之內你的績效總共提升了 1000%，你知道嗎？就是這麼簡單！接著呢，要討論決勝邊緣的觀念，要使自己的業績增長 10 倍，並不是要把自己變得 10 倍聰明，付出 10 倍的努力，而是找出關鍵因素，使自己稍微做一些改變，就能使結果倍增。

累積定律告訴我們，所有偉大的成功都是由小處成功——累積起來的。所以，要注意到每一個細微的小事，每一件小事情都有影響，每一個微不足道的努力都有關係。那麼怎麼樣去應用 1000%公式呢？你必須不斷地自我操練以下的七件事。

第一，每天早上花費 30～60 分鐘時間閱讀，不要看報紙雜誌，要看有教育啟發性並且能增長智慧的書籍，如果你每天看 30～60 分鐘跟自己行業相關的書，並且仔細地作筆記，三年內，你就會成為自

己行業中的權威；四年之內，你就是專家了；五年之內，你就成為被社會所認可的專業頂尖人士了！

第二，要回顧自己的工作目標，每天把目標重寫一次，使目標深植入你的潛意識，增加你工作的能量。

第三，預先把一天的工作想清楚，好好地組織跟規劃。

第四，為你要做的事情設定優先順序，有效地利用你的時間，隨時都在做當時最重要的事情，要求自己全力以赴。

第五，隨時聆聽錄音帶。有空就聽，使自己沉浸在不斷充實知識的環境中。

第六，每天拜訪完客戶之後問自己兩個問題。第一個問題，今天我做對了些什麼事？第二個問題，今天那一件事我會以不同的方法來做？回顧自己所做的，真誠地檢討自己。

最後一件事，將每天你所接觸的每一個潛在客戶，都視他為願意跟你簽訂百萬元生意的客戶。都將他視為會深深影響你銷售前途的客戶。如果依照上述步驟不停地努力操練自己，你一定會發現1000%公式在你身上確實地發出效果，使你的收入增加 10 倍！

心得欄 ------------------------------

第 三 章

店員的肢體語言

 **1 店員的穿衣學問**

從店員的穿著，可看出一店的風格，並評定所銷售商品質量的優劣。店內銷售成功始於店員先推銷自己，而店員的著裝則是他們開始推銷自己的第一張牌。

「服裝不能造就出完人，但是第一印象的 80%來自於著裝」，「推銷的成功始於推銷自己」。可見，對於店員來說，要有效地推銷自己，進而成功地銷售產品，掌握一定的著裝原則，是非常有必要的。

著裝的基本要求是乾淨整潔，即要能符合時尚美感，又要能恰當地體現個性風采。

穿著得體的服裝，首先需要了解自身體型的特點，在著裝時揚長避短，展現自己的最佳外形。

在服裝的款式方面，建議店員挑選款式簡明的服裝，因為這樣的服裝比較容易搭配，也會顯得落落大方。對於過於新潮、誇張而又不適合自己的款式，還是避免為妙。

男女店員的穿衣，要莊重而正式。穿衣有技巧，魅力自然來。

一、瀟灑男士穿衣學問

與顧客見面時你可以穿襯衫和西褲，使自己顯得隨和而親切，但要避免穿著牛仔裝，以免顯得過於隨便。

如果是去顧客的辦公室，則一般要求穿西裝，因為這樣會顯得莊重而正式。在所有的男式服裝中，西裝是最重要的衣著，得體的西裝穿著，會使你顯得神采奕奕、氣質高雅、內涵豐富、卓爾不凡。

1. 西裝

選擇西裝，最重要的不是價格和品牌，而是包括面料、裁剪、加工工藝等在內的許多細節。

在款式上，應樣式簡潔，注重服裝的質料、剪裁和手工。在色彩選擇上，以單色為宜，建議至少要有一套深藍色的西裝。深藍色顯示出高雅、理性、穩重；灰色比較中庸、平和，顯得莊重，得體而氣度不凡；咖啡色是一種自然而樸素的色彩，顯得親切而別具一格；深藏青色比較大方、穩重，也是較為常見的一種色調，比較適合黃皮膚的東方人。西裝的穿著也要注意與其他配件的搭配，例如西褲的長度正好觸及鞋面。

2. 領帶

懂得自我包裝的男士非常講究領帶的裝飾效果，因為領帶是點睛之筆。除了顏色必須與自己的西裝、襯衫協調之外，還要求乾淨、平整不起皺。

領帶長度要合適，打好的領帶尖端應恰好觸及皮帶扣，領帶的寬度應該與西裝的寬度相協調。

3. 襯衫

領型、質地、款式都要與外套和領帶協調，色彩上要和個人特點相符合。純白色和天藍色襯衫一般是必備的。注意領口和袖口要乾淨。

4. 襪子

寧長勿短,以坐下後不露出小腿為宜。襪子顏色要和西裝協調,深色襪子比較穩妥,因為淺色襪子只能配淺色西裝,不宜配深色西裝。

5. 鞋子

鞋的款式和質地的好壞,直接影響到男士的整體形象。在顏色方面,建議選擇黑色或深棕色的皮鞋,因為這種顏色的皮鞋是不變的經典,淺色皮鞋只可配淺色西裝,如果配深色西裝會給人頭重腳輕的感覺。休閒風格的皮鞋最好配單件休閒西裝。

無論穿什麼鞋,都要注意保持鞋子的光亮及乾淨,光潔的皮鞋會給人以專業、整齊的感覺。

二、優雅女士穿衣學問

在公司規定下,女性店員一般是穿公司制服的。在不限制的範圍內,可自由著裝,但女性店員仍應注意自己的穿衣,因為它代表著你自己的風格、品性,也代表著公司的形象。

1. 保持衣服平整

皺巴巴的衣服,會讓人覺得你很邋遢,而平整的衣服使你顯得精神煥發,所以應保持衣服熨燙平整。最初購買服裝時,可諮詢服裝店的店員,多選擇一些不易皺的衣料。

2. 襪子顏色要協調

襪子要透明似膚色,與服裝搭配得當為好。夏季可以選擇淺色或近似膚色的襪子。冬季衣服的顏色偏深,襪子的顏色也可以適當加深。

女性店員應在皮包內放一雙備用絲襪,以便當絲襪被弄髒或破損時可以及時更換,避免尷尬。女士切勿穿著勾絲的絲襪,那會使小腿非常「惹眼」。

3. 飾品要適量

巧妙地佩戴飾品,能夠起到畫龍點睛的作用,給女士們增添色

彩。佩戴的飾品不宜過多。佩戴飾品時，應儘量選擇同一色系。佩戴首飾最關鍵的就是要與你的整體服飾搭配統一起來。

　　總之，店員穿著職業服裝必須做到整潔、筆挺、大方。所謂「整潔」，是指服裝必須搭配合理，衣褲無污垢、無油漬、無異味；所謂「筆挺」，是指衣褲不起皺、上衣平整、褲線筆直；所謂「大方」，是指衣服款式簡練、高雅、線條自然流暢。

2 店員的外觀儀容

　　乾淨、整齊、大方、優雅，是男女店員在儀容方面的修飾原則。

　　店員是公司的形象、你的儀容關係到整個服務的質量，店員得體的儀表和溫馨的笑容會給每一個顧客留下深刻的印象，在服務週到的同時也給顧客帶來了美的享受。

　　無論是男性店員還是女性店員，加強自身修養是塑造良好形象的重要手段。建議平時多讀書看報，給人以知書達理、善解人意的印象。同時，你還要注意言談舉止得體大方。這樣內外結合，相得益彰，才會顯得你氣質高雅、魅力無窮。

一、男士儀容重在「潔」

　　男性店員在日常工作中無需化妝，但是需要保持健康、整潔的儀容。作為一個櫃台的店員，如果你臉色蒼白、嘴唇黯淡，會給顧客造成什麼印象？他們可能會擔憂你的健康狀況，進而懷疑你所銷售的商品的功效。

　　由於生理因素的活動量大。男性皮膚比較粗、毛孔大、表皮容易

角質化。同時汗液和油脂的分泌也比較多，會使灰塵和污垢積聚、堵塞毛孔，引起細菌感染，皮膚發炎。因而，男性店員更應該注意「面子問題」。

　　總之，男性店員的儀容重在「潔」，即乾淨整潔。做到這點，能讓自己倍添信心，並以最佳的儀態面對顧客。

二、男性店員應注意的儀容問題

1.乾淨、整潔、大方

　　人們一向都不喜歡與邋遢、不拘小節的人交往。由於男性皮脂的分泌較多，汗腺也較發達，容易產生異味，故應該更加注意講究衛生，勤洗臉、洗髮、洗澡、剪指甲、換衣服，隨時保持身體乾淨衛生，衣飾整潔大方，這樣才能讓顧客願意接近你；另外，抽煙的男士要注意保持口腔衛生，避免煙味太濃。

2.整體格調健康舒適

　　這裏是指鬍鬚、頭髮等對外觀有影響的因素。並非男性店員不能留鬍鬚、長髮，但應保持乾淨，力求將整潔大方的儀容展現給顧客，不能讓人有「滄桑感」。我們這裏建議男性店員不留長髮，髮尾不超過耳根，髮式以線條簡潔、流暢、自然為好，給人以健康舒適的感覺。

3.養成自我保健意識

　　男士平常也應使用基本的護膚品，特別是在皮膚容易乾燥的秋冬季節。如果你皮膚乾燥、嘴唇脫皮，在向顧客銷售護膚品時，何來說服力呢？只有當你皮膚光潔、嘴唇滋潤時，在銷售護膚品時才能給顧客以信心。因此，男性店員要養成自我保健的意識。

三、女店員儀容重在「雅」

　　除了要具備男性店員儀容之「潔」以外，女性店員在儀容方面還

要表現出「雅」來。「雅」是一種由內至外散發出的高雅氣質。

四、女性店員的儀容表現

1.妝容配合氣質

女性店員應該注意，化妝風格要和自己的氣質相近，這樣才能更好地表現出自己的「神」和內在的「雅」來。建議平時多留意一些時尚或化妝雜誌，多學習一些化妝手法。

2.典雅不失清新

女性店員應化妝出典雅又不失清新的職業女性格調，表現出成熟、幹練而又親切的職業形象，讓顧客感到您值得信賴。

3.亮麗而不俗氣

推銷日用化妝品的女性店員，不妨把自己裝扮得亮麗一些，令自己顯得神采飛揚，以此來感染顧客。但要掌握分寸，過度就會顯得俗氣。

4.時尚兼具個性

時尚是現代人對美所達成的一種共識，你要有敏銳的時尚觸角，並從中捕捉適合自己個性的元素，而不要輕易受潮流的影響，潮流不一定適合每一個人。因此女性店員的妝容應該展現出既時尚又和諧自然的美感，這才是「雅」的體現。

總之，修飾儀容要講究協調，即要與店員自身的外貌、氣質、身份以及外部的環境相協調，給人以「淡妝濃抹總相宜」的感覺。

五、店員的儀容修飾

面部儀表修飾也稱儀容修飾。儀容一般意義上講也就是指個人的容貌，即通常人們所說的相貌和長相。這是人際交往中，首先被別人注意的地方，也是首要的視覺形象，進而可能會影響到別人對自己的

整體評價，所以店員一定要注意對自己儀容的修飾。

店員面部修飾的原則有三點，即潔淨、衛生和自然。

1. 潔淨

潔淨對面部修飾來說是一個最基本的原則。因此店員在進行面部修飾時，首先要考慮面容的清潔與否，務必要把保持自己的面部乾淨、清爽當做一樁大事來看。

要真正保持面部的乾淨清爽，公認的標準是臉部無灰塵、無泥垢、無汗漬、無分泌物、無其他一切被人們視為不潔之物的雜質。店員要做好這一點，就要養成平時勤於洗臉的良好習慣。應當著重指出的是，對於廣大店員而言，洗臉絕對不應當被看成僅僅是早上起床後、晚上睡覺前的個人私事。要真正保持自己面部的潔淨，實際上每天只洗一兩次臉是遠遠不夠的。依照常規，外出歸來、午休完畢、流汗流淚、接觸灰塵之後，店員均應自覺地及時洗臉。

在洗臉時，店員一定要耐心細緻，完全徹底，「面面俱到」。眼角、鼻孔、耳後、脖頸等易於藏汙納垢之處，切勿「蜻蜓點水」，一帶而過。

2. 衛生

店員要認真注意自己面容的健康狀況，如果面部的衛生狀態不佳，很容易讓顧客產生抵觸情緒。

面部的衛生，需要同時兼顧講究衛生與保持衛生兩個方面。特別應當留意，要防止由於個人不講究衛生而使面部經常疙疙瘩瘩。可以想像，一位面部滿是癤子、痤瘡或是皰疹的店員，在服務對象的眼裏是什麼形象。

所以店員一旦面部出現了明顯的過敏性症狀，或是長出了癤子、痤瘡、皰疹，務必要及時去醫院求治，切勿任其自然或者自行處理。尤其不要又抓、又撓、又擠，免得因此而「滿臉開花」，讓人慘不忍睹。

此外根據常規，店員萬一面部患病、負傷或是治療之後，特別是

當其面部進行包紮、塗藥之後，一般不宜直接與服務對象進行正面接觸，而是需要暫時休息，或者暫做其他工作，而不能讓其仍「一如既往」地面對顧客以致影響服務品質。

3. 自然

所謂自然是要求店員在修飾面部時要符合人們對自己角色定位的常規標準，不能太過創新，一味地追求時尚新潮，更不能緊迫社會的「流行風」，過於誇張地修飾自己。例如，目前流行一時的貼飾，即將圖形、文字粘貼於面部或身體其他部位的做法，如果出現在一位店員的身上肯定不會讓人苟同的。因此，既要美觀又要合乎常理是店員時刻要牢記的標準。

當然，要求店員面部修飾得自然一些，並非排斥美觀。依照常規，對面部進行適當的美化未嘗不可。但同時要意識到，店員按其工作性質進行面部修飾，最重要的是要「秀於外」與「慧於中」二者並舉。如果只是片面地強調面部的美化，甚至要求店員都去改變自己天生的容貌、文眉、隆鼻、墊腮、吸脂、唇線、割雙眼皮，不僅沒有必要，而且也太苛刻。

心得欄

表 3-1　店員儀表自檢表

內容	性別	部位	具體要求
面部	男性	鬍鬚	鬍鬚要刮淨
		頭髮	不得留怪異髮型，髮際不應超過後衣領
			保持清潔，沒有頭屑，鬢角整齊
		嘴部	保持口腔衛生，牙齒整齊潔白，口中無異味，嘴角無泡沫
		臉部	保持臉部清潔
	女性	頭髮	頭髮整潔，髮式不能太過複雜，長髮要攏起
			絲帶和髮夾的式樣、顏色不能太過華麗
		臉部	不能濃妝豔抹
		嘴部	保持牙齒潔白，無口臭
服裝	男性	西裝	西裝清潔，沒有污漬
			領口筆挺，扣子齊全，沒有線頭
			款式符合時令
		襯衫	顏色和花樣不能過於華麗，若有工作服則統一著裝
			領口和袖口沒有汙跡
			沒有破裂和褶皺
			與西裝搭配得當
			與西裝、襯衫搭配得當
		領帶	清潔，打正領帶
	女性	樣式	樣式與顏色以樸素為好，若有工作服則統一著裝
		搭配	服裝保持清潔，內外裝搭配得當，夏裝不可過於暴露
		紐扣	扣子齊全，裙子和背心的扣子應扣好
胸章	男性		別在正確位置(左胸)上方，保持端正
	女性		別在正確位置(左胸)上方，保持端正
手部	男性	正背面	手部的正背面都要保持乾淨
		指甲	指甲長度適宜
			指甲內沒有污垢
	女性	正背面	手部的正背面都要保持乾淨
		指甲	指甲不能過長
			指甲油的顏色不能太豔麗
鞋襪	男性	鞋子	按照規定穿皮鞋，鞋面乾淨，打油揩亮
			顏色樣式得當，是否穿休閒皮鞋應根據公司規定
		襪子	顏色和花樣不能過於耀眼
			保持整潔，沒有異味
	女性		鞋襪的顏色和樣式不能過於耀眼
			鞋襪保持清潔，沒有破損

表 3-2　店員體態自檢表

內容	具體禮儀要求
站姿	抬頭挺胸收腹，面部朝向正前方，雙眼平視，下頜稍微內收，頸部挺直兩肩放鬆，呼吸自然，腰部直立
	兩個手臂自然下垂，處於身體兩側，手指併攏，手部虎口向前，手指稍微彎曲，指尖朝下（也可採用這樣的手勢：雙手交叉，左手輕輕握住右手的虎口處，然後輕貼在小腹處）
	兩腿併攏立正，雙膝以及兩腳跟分別緊靠在一起
	兩腳呈「V」狀分開，兩腳跟併攏，腳尖分開，兩腳尖之間相距大約一個拳頭的寬度
	髖部提起，將身體的重量平均分在兩條腿上
	女店員還可以採用丁字步，身體重心落在一隻腳上，左腳跟部位於右腳距離腳跟 1/3 的位置
坐姿	正確的坐姿是上半身挺直，兩肩放鬆，下巴內收，脖子挺直，胸部挺起，雙膝併攏，雙手自然地放於雙膝或椅子扶手上
	在回答顧客詢問的時候，應站立或身體微微前傾，體現出對顧客的尊重和服務的誠意
走姿	要抬頭挺胸，不要駝背
	行走時腳尖應向著正前方，腳跟先落地，腳掌緊跟落地
	走路時要收腹挺胸，兩臂自然擺動，節奏快慢適當，展現出一種矯健輕快、從容不迫的動態美
手勢	手勢動作要優雅。如向顧客展示衣服的過程中，抖動衣服的動作要細膩

3 店員如何運用手勢

店員在櫃台販賣商品，要藉助靈巧的肢體手勢，以幫助傳達信息。

在商業服務場合，商品的買賣常通過商業服務人員靈巧的雙手來完成的。從這種意義上說，手勢是一種傳達信息、情感的形體語言。若手勢運用得自然、大方、得體，可以給人含蓄、高雅的良好感觀。

手勢可以分為兩大類：象徵性手勢和說明性手勢。象徵性手勢是一種體肢表現形式。通常是一種泛指。它所指示的對象可能是物體、方向、人物等。服務工作中的手勢均以這種表現形式來規範的。

1.象徵性手勢的分類

第一類：情感手勢，這是用來表達情感態度，使其形象化，具體化的手勢。例如用手放在心口的方式表達關愛和熱心服務等意思。

第二類：指示手勢，這是在商業服務中常用的手勢，它主要用手對具體對象方位、高低、尺寸等加以指向的手勢。

第三類：形象手勢，用來給具體的東西一種估量，以說明其形狀、大小、樣式的手勢。

第四類：象徵手勢，是為了把某種抽象事物概括表達得更清晰而採用的手勢。

在接待服務工作中的手勢，大多為象徵性手勢，這種手勢在接待場合又被稱為規範手勢。

2.手勢的標準

在做規範手勢時，應五指伸直並攏，手臂與手腕保持一個平面，手臂彎曲成 140 度左右，掌心斜向上方，手掌與地面成 45 度角。同時，目視來賓，面帶微笑，充分體現出友善與尊敬。規範手勢按手位的高低又可以分為高位手勢、中位手勢、低位手勢。

　　高位手勢在表現的時候，手勢的高度一般在肩部以上，頭部以下。在商業服務中，常常可能遇見顧客詢問櫃台上的物品或貨物方位的情況，此時，店員可將顧客帶到適當的地段，將手擡到與肩同高的位置，前臂伸直，用手掌指向顧客要找尋的位置並配以簡單的話語加以說明。等顧客表示清楚了，可把手臂放下，然後輕輕退後。

　　中位手勢在表現的時候，手勢的高度一般在腰部與肩部之間。例如，需要進行業務洽談或需要引導客人進入室內，可站在來賓側方，左手下垂，右手從腹前擡起，向右橫擺到身體的右前方，微微注視對方並說：「請進」，待賓客進去後再放下手臂。

　　低位手勢表現的時候，手勢的高度一般在腰部以下。例如，在商業洽談過程中或商業服務的演示場合，服務人員需請來賓入坐時，應先用雙手扶椅背將椅子抽出，然後一隻手向前擡起，從下向上擺動到距身體 45 度處，示意請來賓入坐。

表 3-3　各種情景下的手勢應用

情景	手勢
指示方向時	手指併攏，掌伸直，屈肘從身前抬起，向指引的方向擺去，擺到肩的高度時停止，肘關節基本伸直
為顧客開門時	左手為顧客拉開門，右手五指併攏，手掌押直，由身體一側由下而上抬起，以肩關節為軸，到腰的高度再由身前右方擺去，擺到距身體 15cm，並不超過軀幹的位置時停止
請顧客過來時	五指併攏，手掌自然伸直，手心向上，肘微彎曲，腕低於肘，手從腹部之前抬起，以肘為軸地向一旁擺出，到腰部並與身體正面成 45° 時停止，頭部和上身微向伸出手的一側傾斜，另一手下垂或背在背後
迎接多個顧客時	兩臂從身體兩側向前上方抬起，兩肘微曲，向一個方向擺出；指向前進方向一側的臂應抬高一些，伸直一些，另一手稍低一些

3.手勢運用中常產生的問題

手指不伸直並攏，呈彎曲狀，很不雅觀；

手臂僵硬，缺乏弧度而顯得生硬、機械、呆板；

動作速度太快，缺乏過渡，顯得緊張，不能引起注意；

手勢與面部表情、眼神配合不協調，顯得不夠真誠；

用手指指點點或亂點下頜來代替手勢，顯得沒有禮貌，缺少修養。

4 店員在商業活動中的站姿

儀態，是指人在行為中的姿態和舉止；姿態主要是指人的身體呈現的樣子；舉止則指人在行為中的舉手投足，它們共同構成人的身體語言。如果說，人的服飾構成了人的靜態美，那麼，儀態則是一種動態美。優雅的儀態，是人們美好氣質的重要體現，是良好人格修養的外在形式，它們能傳達出我們的文化內涵和情感資訊。因此，在商業服務工作中就更應注重儀態的美。

最容易表現出姿態特徵的，是人處於站立時的姿勢。雙腿並攏站立者，有可靠、忠厚老實之感；雙腿分開者，腳尖略偏向外站立者則表現出果斷、任性和進取；雙腿並攏，雙腳前後站立者，顯示出雄心、進取和暴躁；站立時一腿直立另一腿彎且以腳尖觸地者，又顯示出一種不穩定的，好挑戰與刺激的特徵。

作為一名商業人員，我們應該使用正確的站立姿勢。男士應顯得挺拔穩重，女士則顯應得優雅端莊，給人一種熱情可靠，落落大方之感。根據商店場合的不同，又可以分為櫃台站姿、開放式貨架站姿、導購站姿。

1. 櫃台的標準站姿

身體離開櫃台約一拳左右，兩手自然下垂，也可在腹前交叉，左手在前握住右手，兩手大拇指疊於掌心內側。男士雙腳分開與肩同寬。同時兩眼注意觀察來往顧客的動向，目光親切自然，主動熱情地招呼客人，使自己能隨時作好迎接顧客的準備。

當顧客來到櫃台並接受服務時，服務人員可採用雙手輕放櫃台，身體略微向前傾的姿勢，使自己更好地同顧客交流並更及時準確地為顧客取物。

2.開放式貨架的站姿

在等待顧客時應以標準站姿站立，雙手自然下垂或交叉於腹前（同櫃台站姿），也可雙手交叉於後背，站立在幾個貨架中間，使自己能兼顧工作的全部範圍，工作時特別注意揣摩顧客的心理，及時、大方、熱情地為顧客介紹商品，在與顧客交流時，保持上體的微微前傾，兩眼注視顧客，表情柔和，語言親切。

3.商品介紹的站姿

以標準站姿站立，女士雙手在腹前交叉，左手前握住右手，兩手大拇指疊於掌心內側。男士雙手在後背交叉，右手在內，左手在外，兩手大拇指置於掌心處，雙腳分開與肩同寬。顧客光臨後可先向顧客行鞠躬禮並主動招呼顧客，同時配合手勢語和表情語使導購工作規範熱情，落落大方。

探脖，歪頭、斜身，弓背，腆腹，撅臀，彎腿，雙手叉腰，兩手抱胸或插入口袋；身體趴在櫃台上或倚靠在貨架上站立；身體晃動或抖腳等站姿，會使人覺得商業服務人員服務時漫不經心、精神不振或態度惡劣等，嚴重影響商業企業的形象。

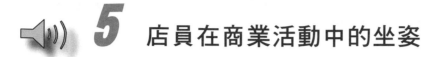

5 店員在商業活動中的坐姿

　　坐是交往活動中最重要的人體姿勢，其包含的意義也非常豐富。人的一生中，坐的時間約佔 1/3，在坐的過程中，性格特點及心理活動的狀態，會呈現出自然的流露，例如，坐時翹起一條腿的人顯示出相當的自信；坐時將腿併攏、將腳平放的人則顯示出坦率、開放或誠實；入坐後就不斷抓頭髮的人，性子急，喜歡速戰速決，易見異思遷；而入坐後不斷摸下巴的人，則流露出了他的煩惱心境。

1. 店員的標準坐姿

　　在商務會談中，應從椅子的側面進入座位，款款入坐，動作要輕柔緩慢、優雅穩重。

　　入坐時應採用背向椅子的方向，右腿稍向後撤，使腿肚貼在椅子邊；上體正直，輕穩坐下。女士入座時，應整理一下裙邊，這樣既可避免因坐下時間過長引起裙邊起皺紋的尷尬現象，又顯得端莊嫻雅。

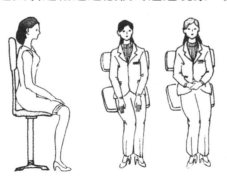

　　入坐後，雙腳並齊，手自然放在雙膝上、椅子扶手上或輕放在桌面上；坐穩後，人體重心向下，腰挺直，上身正直，雙膝並攏微微分

開。女士入座後，雙腳腳跟都要靠攏。在會談過程中，身體應適當向談話者傾斜，兩眼注視談話者，同時兼顧左右兩側的其他人員。

2.店員的沙發坐姿

若商業會談時，雙方需在沙發就坐時，也應注意自己的體態語言。入坐後挺胸、立腰，兩腳垂地後稍微內收，兩膝和兩腳並攏，臀部坐在沙發的 1/3 或 2/3 處，背部不要靠沙發，兩手自然彎曲，手扶膝部或交叉放於大腿中前部。

3.店員應避免的坐姿

店員應避免不好的動作，例如晃腳尖，腳不停地敲打地面，雙膝分開得很開，腿伸的很遠，起坐過猛，坐下後上身不直，左右搖晃，雙腿緊藏在椅子下，坐下後擺頭撓耳或用手不停地撥開眼前的物品，用手抓摸脖子、鼻子、頭髮等，這些坐姿給人以漫不經心、狂妄自大、缺乏涵養、耐心不夠、心理素質差、衛生習慣差等不良印象。

6 店員在商業活動中的走姿

走是最能體現出一個人精神面貌的姿態，一個人的歡樂、悲痛、懶散或進取、失意等狀態，都可從其走路的動作中體現出來。

大步走路且步子富有彈性者，是一個自信、快樂、友善且富有雄心的人。喜歡支配別人的人，走路時傾向於腳向後踢高。性格衝動的人，易向鴨子一樣低頭走路；女性走路手臂擺得越高，越能顯示出精力充沛並且樂觀向上，這樣的女性往往會有成就。

在人的一生中，而且行走多在公共場合進行。作為商場的店員，在交際場合優雅的行姿，既可給人以動態美的享受，又能體現出良好的氣質和風度，展示出員工充分的自信和群體形象。

1. 正確的走姿

其基本要求是從容自如、矯健敏捷，女士婀娜輕盈，男士穩健灑脫。

具體要求是：上體正直，挺胸收腹，精神飽滿；擡頭，下巴與地面平行，兩眼平視前方，面帶微笑；跨步均勻，兩腳之間的距離約為一隻腳到一隻半腳；步伐穩健，自然，有節奏感；走路時腰要用力並向上提；身體重心略向前；邁步時，腳尖可微微分開，但腳尖腳跟與前進方向應幾乎保持一條直線，避免「八字腳」的出現。

女士邁步時，兩腳內側踩一條直線，也叫「一字步」，男士走兩條平行線，也叫「穩重步」；兩手臂放鬆，前後自然協調擺動，手臂與身體的夾角一般在 10 至 15 度。

2. 應當避免的走姿

身體亂晃動，步子太小或太大，雙手插入褲兜或反背後，重心下墜、腆肚、彎腿，走路時東張西望，漫不經心或低頭等。

7 迎賓與送客的禮儀

1. 迎賓的規範

迎賓語言規範的形成，是人們在賣場銷售過程中，反覆實踐形成的，並通過某種風俗、習慣和傳統的行為方式固定下來。

真正的標準迎賓語只有一句話，最多兩句話——問候、歡迎。下面是某服裝專賣店的迎賓範式。

等候顧客：面帶微笑、雙手放前，身體挺直，不可倚靠門框、貨架或銀台；表情自然，面帶微笑，或者表情溫和，雙手交叉自然放於身前。

要點：創造動態店面(賣場)要從店員的明朗表情和「快樂工作的樣子」體現出來。店員要用輕盈的步履、敏捷的動作、愉快的心情投入工作，營造親和的氣氛。

迎賓語：有禮貌地迎賓須使用標準迎賓語，聲音柔和、音量適中——「早上好！歡迎光臨雲裳服飾店！」

和藹、親切的笑容，並有目光接觸，保持適當的姿勢；若有門，則主動幫顧客拉門、點頭示意；觀察顧客、考慮適合顧客的產品；準備開展下一步的工作。如手頭有其他工作，應放下手頭的工作，先迎接顧客。

一句迎賓語有兩個關鍵點：一是對商場、經營品牌形象的傳播，在「歡迎光臨」後面務必加上店名或經營品牌名稱。如「您好！歡迎光臨百佳超市。」二是用態勢語言表達更豐富的內容。

迎賓時，常見的不規範說法有：顧客還沒有進入我們的店面裏來，我們的店員就說「您好，歡迎光臨」,「您好，您買點什麼？」或者「請隨便看看，沒關係。」接待太熱情也會趕走顧客。顧客還沒有

想進門或者剛進門的時候，聽到這樣的話，就會無意識地產生一種被拉進來的感覺。所以說很多顧客為了避免這種感覺他會快速離開。有的顧客甚至會想：你賣東西自然是要給人看的，我不買，就看看。難道你還能把我強留在這裏不成？

2.送客的規範

(1)答謝語

例句：謝謝您的好意！謝謝您的合作！謝謝您的鼓勵！謝謝您的誇獎！謝謝您的幫助！謝謝您的提醒！

客人表揚、幫忙或者提意見的時候，都要使用答謝語。

購物的顧客有時會提出一些貨品和服務方面的意見，有的意見不一定提得對，這時有的店員就喜歡去爭辯，這是不對的。正確的做法是，不管他提得對不對，我們都要向顧客表示：「好的，謝謝您的好意！」或者「謝謝您的提醒！」有時顧客高興了，誇獎店員幾句，店員也不能心安理得，或無動於衷，而應該馬上用答謝語給予回報。

(2)告別語

告別通用的標準語是：感謝您光臨×××超市（店鋪等）。

例句：先生，再見！希望再次見到您！先生您走好！

要使道別的語言，給客人留下美好的回憶。若銷售失敗，我們也要自找台階，自留後路，例如：「歡迎您下次惠顧！」這樣給自己再次推銷留下後路。對於已無法挽回的死局，也不能輕易放棄。若是因為說服顧客的方式不佳造成的，則可以向顧客說：「對不起，佔用了您的寶貴時間，我沒能把產品的優點完全表達出來。如果您有機會，相信您會進一步瞭解我們的產品的。」一個有技巧的告別方式，正是下一次銷售機遇的開始。

8 接待顧客的語言

運用標準販賣話術，可以迅速切入銷售重點，拉近與顧客的距離，完成銷售行為。

1.基本規範用語

接待顧客時的基本規範用語，並不是什麼特別的語言，而是一些簡短的待客用語。

(1)「歡迎光臨、歡迎再次光臨」

在打招呼的同時，必須注意語調應因人而異，如果接待年紀較大的顧客，語調應略為低沉、穩重；接待年紀較輕的顧客，語調應以輕快活潑為宜。在店門口迎候顧客的店員要對來客鞠躬行禮 45 度，並說「您好，歡迎光臨」；站在店內的店員要以禮貌、友善、親切的心態竭誠為顧客服務，對距離 2 米的來客，都應主動點頭，並說「您好」。請記住：微笑可以傳達誠意。

此外，跟顧客打招呼的時機也是很重要的，日常消費品商店應是在顧客一進入店裏的時候；開放式商店應是在和顧客視線交接的時候；超市應是在顧客把商品帶到櫃台結賬的時候。至於「歡迎再次光臨」這句話，是要用在顧客即將離開賣場時，店員表示感謝與再次歡迎的語言。

(2)「好的」

這是店員被顧客呼喚時回答的用語。譬如顧客說「請拿這個給我看一下」，店員應面對著顧客，回答顧客「好的」或是「請您稍等一下」之後，再出示商品。

(3)「請您稍等」

不管顧客等待的時間長短，只要發生讓顧客等待的情況就要說

「請您稍等」，在說這句話之前店員可以簡短地闡述讓顧客等候的理由，例如：「我馬上去庫房查一下有沒有 8 碼半的鞋，請您稍等一下」。就這樣，顧客不僅明白為何要等一下，即使等待的時間稍長一些也不會覺得煩躁不安了。

(4)「讓您久等了」

找到商品後，拿給顧客看的時候要說「讓您久等了」或「很抱歉，讓您久等了」。這句話也可以用在店員包裝好商品交給顧客的時候。

(5)「對不起」

這是對顧客的要求無法做到時對其表示歉意的言語。例如：「真對不起，這種商品剛好賣完，不過，請留下您的姓名和電話，一到貨，我馬上通知您，好嗎？」及時而又坦誠地「對不起」，能夠在很多時候將問題順利解決。

(6)「謝謝您」

這句話可以在接待顧客過程中的任何時候使用，即使對同一顧客使用多次也不用嫌多。此外，當顧客購買完商品要離去時，店員也應該以一種感激的心情向顧客說一聲「謝謝您的惠顧」，送別顧客。

2.語言表達的藝術

語言，是人們思想交流的工具。言為心聲，語為人鏡。店員每天要接待數以百計的顧客，主要是靠語言這種工具與顧客溝通和交流，店員的語言是否熱情、禮貌、得體，直接影響著自身和商店的形象。

如果只是機械地使用禮貌用語而不帶有任何誠意，只會起到相反的作用，影響顧客對商品和服務的滿意程度。因此，店員在接待顧客時，必須要講究語言藝術，提高使用接待用語的技巧。

(1)態度要好

態度是指說話時的動作和神情。在銷售服務中，有些店員受到了顧客的表揚，有些則受到顧客的指責和批評，這是在服務中常發生的事情，主要是由店員的態度和表現引起的。

例如：顧客進店，儘管店員是主動地向顧客打了招呼「歡迎光

臨」，但是，不僅斜眼看著顧客，還面無表情一點笑容也沒有；或者對買了東西之後的顧客說：「謝謝，歡迎再來」，就粗魯地推出商品，身體轉向另一側，一點也沒有感謝的意思。

這些生硬、冷淡的語氣和態度會帶給顧客非常不愉快的感受。如果店員在打招呼時，輔之快步向前，點頭示意、笑臉相迎，那麼給顧客的印象就不同了。所以，主動、熱情、耐心、週到的服務態度，不僅要由口頭語言來表達，還要與其動作、神態互相配合地表現出來，才能達到語言、動作、神態三者的和諧統一，以取得服務態度最佳的效果。

態度也不能好得過分，以過於華麗的言詞對待顧客，不僅不能夠打動顧客的心，還會使顧客對這個店員產生一種「敬而遠之」的情緒。

(2)要突出重點和要點

銷售用語的重點在於推薦和說明，而其他僅僅是鋪墊。因此，店員在接待顧客時，必須抓住重點，突出要點，說話要精練、簡短，以引起顧客的注意和興趣。

如「有7號電池嗎？」「有。」「是永備的嗎？」「是」；或者「有10#口紅嗎？」「請問，您要的是台灣原產的，還是進口貨呢？」「台灣原產的」「有，剛剛到貨」。就這樣，簡單、短暫的一段對話可以用最少的詞語表達出最大的信息量。店員在銷售服務過程中應力求避免囉嗦。三番五次的重覆介紹，只會導致自身精力的過度消耗和嗓音嘶啞。

(3)表達要恰當，語氣要委婉

恰當就是說話要準確、貼切。

如某位顧客買一條圍巾，店員問：「男的，女的？」像這樣的用詞就不是很準確貼切。當然，表達是否恰當不僅體現在接待中的回答上，還貫穿在整個接待過程的交談當中，對一些特殊的顧客，要把顧客忌諱的話說得中聽一些，讓顧客覺得店員是尊重和理解他的。如面對一位胖顧客不要說：「您長得太胖，沒有這個型號」，可換成「身材

較豐滿」、「很壯實」、「很有福態」；說顧客很瘦，不如說「苗條」；對皮膚較黑的顧客不要說「你的皮膚這麼黑……」，應該說「您的膚色較暗」；對想買低檔品的顧客，不要說「這個便宜」，而要說「這個價錢比較適中」。另外，在接待顧客時絕對不能涉及顧客的某些生理缺陷，如果實在避免不了，一定要考慮好措辭。

此外，在說明某些商品時，應儘量選擇簡單、易懂的詞語來進行說明。例如：「這個熱水瓶能裝多少水？」如果回答「可以裝××公升」可能對方一時間對這個單位沒有概念，應該說「可以裝××公升，相當於××瓶牛奶的份量」。

(4)語調要柔和

店員與顧客交談的語氣和聲調是很重要的，語調柔和與否是通過聲音的高低、強弱和快慢來實現的。

同樣一句話，由於語氣、聲調的表達方式不同，效果則會大不一樣。例如一聲「好」字，如果語氣拉長，聲調提高，就會具有相反的作用；接待較忙碌時用高聲而短促地說「等一下」，顧客即會產生反感，嫌店員態度生硬、不耐煩。如果說得輕柔些，就會使人產生舒服的感覺，若是加上「請您稍等一下」，就會顯得很有禮貌。語言中的重音，是一種微妙的表達技巧。

(5)要通俗易懂

首先，要說普通話。尤其對於流動人口多的大、中城市的店員來講，更要做到「說標準的普通話」。

其次，要能聽懂，甚至會講一些地區的方言。因為有些異地顧客的方言非常濃重，可能會一時聽不清這位顧客在說什麼，對待這種顧客，店員一定要有耐心才行。不僅如此，掌握一些外語對於店員來說也是必備的。

最後，在與顧客交談時，千萬不要使用商業專用術語或商品的專業代碼，如說「聚苯乙烯拖鞋」不如說「塑膠拖鞋」能使顧客更好地理解。

(6)要配合氣氛

在上班時間不顧週圍氣氛，總是旁若無人地找同事閒聊天的店員不乏其人，有些是近距離地小聲嘀咕，有些是只要在方圓 3 米內活動的人都能聽到的笑罵，再配合上那一雙雙靈活而令人生畏的眼睛，使得很多顧客不敢上前去自找麻煩，從而導致大部份顧客的流失。

而有些店員在顧客面前使用了禮貌用語，可是當顧客剛一轉身，她馬上就找同事閒聊天或是議論顧客，且言語粗俗，顧客聽到了不僅會感到不愉快，而且最初對這位店員的好印象也會蕩然無存，進而對這家商店產生懷疑，失去信心。因此，在工作中禁止閒聊是店員必須遵守的，而同事之間的言談也應注意使用禮貌用語。

(7)不誇大其辭

不著邊際地吹噓誇大，可能暫時會推銷出商品，但並非永久的良策。顧客吃虧上當只能是一次，其後絕不會重蹈舊轍，最終受損失的還是商店。所以，誠實客觀地介紹、推薦商品，才是長久的良策。

(8)要留有餘地

在銷售服務過程中，店員應該在實事求是、真誠中肯的基礎上，做到語言委婉，話不說絕。應運用留有餘地的、好聽且含蓄的、使顧客能得到安慰的語言。如某一商品缺貨或剛剛賣完，店員不能對顧客說：「沒有貨了」、「賣完了」、「不知道」等毫無伸縮餘地的絕對性回答，應該告訴顧客何時才會有貨，或者把顧客的電話和需求的貨號記下，以便來貨時及時通知，如：「實在對不起，牙膏剛好賣完了，不過我們已經去進貨了，能不能請您明天早上再買？」如確實無貨供應，也應替顧客著想，熱情的介紹某種類似品供顧客選擇，或者，提供給他可能購買到所需商品的去處。如「真不巧，您需要的這種商品賣完了。如果您急需的話，我建議您到××商店去看看，那裏可能有您需要的品種。」這樣不計得失的熱情建議很容易獲得顧客的信任。即使顧客一時買不到稱心的商品，也會在店員的關切下得到心理上的安慰，從而對這個店員、這家商店產生好感。

(9)要有問必答

營業過程中顧客向店員詢問是常有的事情,可能會提出商品交易上的問題,也可能提出各種與商品無關的問題,如問路、乘車路線、遊覽等一些生活上的事情。那麼作為一名優秀的店員要明白:顧客向我們提問,是相信我們,我們為其服務,理應以誠相待,做到有問必答,儘量滿足顧客的需求。基於此,店員不僅要鑽研本職工作的各方面知識,還要熟悉當地有關方面的情況,如交通、旅店、景點、運輸及重要的大中型場所地址。當然,店員不是「百科全書」,對於回答不上來的問題,要向顧客表示歉意,絕不能採取冷淡的態度。

3.無聲的語言

無聲的語言又稱為體態語言,就是通過人體各部位的變化而表現出來的各種表情、姿態所傳遞的資訊。主要通過眼神、手勢、表情和姿態等無聲的暗示來表達。

體態語言雖然是示意性的、無聲的,但它卻是輔助店員體現一定內容的重要形式。經常使用的一種體態語言就是眼神和手勢。店員說話時配合適當的體態語言,以加強或補充銷售語言中凝聚的情感和商品資訊,不僅能夠把話說得更加有聲有色,而且也能夠吸引顧客的注意力,讓顧客通過視覺的幫助來獲得深刻的印象,從而使銷售在一種和諧的氣氛中順利完成。

第 四 章

店員的工作流程

1 不要把壞情緒帶到工作場所

　　人非草木，孰能無情？每一個人都有他的喜怒哀樂，店員也是如此，為了更好地為顧客服務，就要避免把不利的情緒帶到工作崗位上去，諸如悲哀、憂愁、惱恨、煩躁等，都是不利於店員進入角色的情緒，應設法克服和化解。

　　對店員來說，顧客是最重要的。

　　· 顧客是商業經營環節中最重要的人物；

　　· 顧客是店員的衣食父母，一切業績與收入的來源；

　　· 顧客是商店各種經營活動的血液；

　　· 顧客是商店的一個組成部份，不是局外人；

　　· 顧客是店員應當給予最高禮遇的人；

　　因此，顧客至上，顧客是王，顧客永遠是對的。

　　有一位店員，一上櫃台，就像演員進入角色一樣，精神飽滿，舉止大方，給人以親切和藹的感覺，顧客對他頗為滿意。

　　但是，有一次，他母親半夜突然發病，由他陪著送進醫院住院。早上，他照舊上班，由於十分疲憊，心裏又惦記著母親，所以，在櫃台上精神振作不起來，一連幾筆生意都看不到顧客滿意的笑容。當他意識到後，喝了口水，定了定神，丟開家事，進入角色，很快又出現了顧客滿意的笑容。

　　當情緒不佳時，店員可用以下辦法調整自己的情緒。

　　1. 積極參加營業前的工作例會，運用工作例會上的工作佈置、互通情況而使自己拋開不良情緒，提前進入工作狀態。

　　2. 要主動、熱情地和同事打招呼，營造一種關係融洽的工作環境，使自己心情舒暢。

　　3. 進行自我調節，安靜地獨處一會兒，心中反覆告誡自己：忘掉煩惱、振作精神，或者想一兩件使人愉快的事情。

2　營業前的準備

　　店員應做好營業前的準備，有備而來，以便工作做到從容不迫，從而提高工作效率。

一、參加晨會

　　好的開始是成功的一半，應重視一天的開始，以晨會設定目標為出發點。無論是連鎖店還是大型賣場或超市，每天早晨上班前店員開晨會是非常有意義的事情。店員在晨會要設定三個目標：

1. 提高工作意願

　　經過一天的輪換，有的店員也許剛剛休完假，在工作上需要有一

個銜接、調整的過程，通過晨會可以把店面的士氣提起來。

2.整頓工作內容

讓店員知道當天要做什麼事情，或有什麼促銷活動、注意事項，同樣，使店員有機會通過晨會把工作中將要出現的問題反映給主管。

3.自我確立目標

這一層次比較高，店面可以有當天的銷售目標，也可以確立個人的工作目標。晨會是整個企業的會議管理系統中的一個重要環節。

店員的工作流程，可依順序區分為「營業前準備」、「營業中的銷售工作」、「營業結束後的工作」三大項。店員在每天營業工作前，要做好準備工作。這樣做有利於及時滿足顧客的需要，提高營業效率，以做好一天的銷售工作。

二、整理好待售商品

1.檢查櫃架上過夜的商品

店員在正式營業前必須對自己所管的櫃台、貨架上的商品進行過目檢查，檢查商品是否有異常和移動，如發現反常現象，應及時向有關部門報告，查明情況。

2.補充商品

櫃台上的商品，經過前一天的銷售，在花色、品種、規格、數量上一般會出現不足或缺檔。店員必須補充商品。在補充商品時應注意：

⑴補充的數量，根據銷售的情況，估計當天或第二天的銷售量，再結合本櫃的銷售，儘量補齊商品，如中途發生脫銷，要及時續補。

⑵對於品種相同，規格、價格、產地不同的商品，要盡可能同時上櫃，為防止發生差錯，應注意區別。

3.做好商品的拆包分裝

要續補的商品從倉庫提出後，有的不能直接上櫃、上架陳列或銷售，必須先進行拆箱、組裝、分裝、挑選等準備工作。這些工作，應

視商品包裝、銷售的方式或陳列的形式而定，歸納起來，可有以下幾種情況。

(1)開箱、拆捆

對於各種箱裝、捆裝的百貨、服裝、五金、布匹、副食品等商品要事先開箱、拆捆。開箱時要注意輕開輕拆，避免損壞商品和包裝物。

(2)配套、組裝

開箱後，對需要配套、組裝出售的商品，店員應先進行配套、組裝，再上櫃陳列

(3)分裝、拆零

對於有些顧客習慣散裝購買的商品，店員應根據銷售規律，於營業前按整數金額計量或整數重量(或容積、長度)包裝成小包出售。這樣做有利於提高售貨速度，滿足顧客需要，擴大銷售量。

(4)挑選、分等

有些商品，如特產、水果等，進貨時統一購進，或在進貨途中容易損壞、變質，為了認真執行價格政策，店員事先要進行挑選、分等、整理才能上櫃。

4.進行商品的陳列整理

營業前店員要查看商品陳列是否豐滿、整齊、醒目，要注意補足和整理商品。

經過前一天的營業，有些商品的位置發生移動，應及時使之歸位，以免發生商品串號，導致賣錯價格；檢查商品的包裝是否完整、乾淨，如有污穢，要馬上換新的。經過整理的商品必須整齊乾淨。在陳列商品的時候，要站在顧客的位置上觀看一下商品是否全部看得清楚，是否容易補貨。另外，在商品上櫃前，還應檢查商品是否殘損變質，如有發現變質應立即剔除，按規定進行處理，尤其對鮮活商品等。

5.檢查商品價格

對商品進行標價時，要做一類一簽，對大件物品做到一件一簽。標價時最好用打碼機打碼。店員營業前應檢查商品卡是否在正確的位

置上，價格標籤有沒有被商品壓住或擋住。如果商品已經轉移他處，應及時拿走價格牌，以免引起顧客誤會。如果陳列新的商品，要重新打過價格牌，檢查價格牌上的貨號、品名、單價、單位、規格、產地是否正確齊全。如果是特價商品，就要按商店規定的顏色標價。

6.檢查商品質量

在添補貨物時，一定要認真檢查商品有無殘損、變質等情況，避免出售後造成退貨的麻煩。記住，不出售的商品不能陳列。

7.佈置商品的陳列擺佈

總體來說，商品陳列應做到「滿、全、新、齊、美」。在營業前，應根據所確定的商品陳列原則、陳列方法，將因為前一天銷售而弄得淩亂的商品重新擺好，以迎接新一天的銷售活動。

三、檢查準備售貨用具

根據實際工作需要，店員在營業前準備一些售貨用品，一般包括：

1.計價用具

例如收銀機、計算器、筆紙、發票、複寫紙等，在營業前要根據櫃台的需要備齊，放在適當的地方，以便隨時取用。其中發票要妥善保管，謹防丟失。

2.計量用具

例如尺、量杯等。將有關工具進行校驗後放在固定的地方。

3.包裝用具

剪刀、紙、盒、帶、繩、透明膠、塑膠袋等。其規格、品種、數量要齊全，食品包裝用品要符合規定。

4.測試用品

例如電池、插線板、穿衣鏡等。應根據需要，放在適當的位置。

5.零錢

店員在營業前按規定的手續，取出前日賬後款，經兩人共同拆

封，點數後放入錢箱內，同時準備好零用款，零錢數量適宜。

6.廣告宣傳材料

檢查有關產品廣告、說明、圖片、模型等。

POP 廣告是階段性、季節性的物品。宣傳時機一過，我們就得及時更換。褪色的、破損的宣傳品更應該及時更換、拆除，否則，這些破舊的 POP 將不是為你的產品做宣傳，而會趕跑顧客。

POP 的種類有招貼、掛旗、台卡、人型展牌等，種類繁多，會擺放於各個不同的角落，所以我們的維護工作要細緻到櫃台內每一處地方，每一個角落。

四、檢查和清理環境

作為店員，保持銷售現場的乾淨、整潔是你必要的工作之一。要知道，產品形象的最直接表現就是你的賣場。其實，你只要每天花費很少的時間，就能為你的現場加分，為你的產品、為你的品牌形象加分，同時也為你的經營業績加分。

如果購物環境昏暗、污穢，會被顧客認為商店的商品也是髒的，很難吸引顧客進店來購買商品，店員在營業之前，對營業環境進行全面檢查和清理。

這項工作主要包括：用抹布擦拭乾淨櫥窗、貨架、櫃台、玻璃製品等；用撣子撣淨商品上的灰塵；用掃帚、吸塵器清潔地面；將清潔工具放在顧客看不見的地方；檢查營業場所是否走道通暢，有無妨礙顧客通行的物品；查看照明燈具是否有障礙；裝了燈具的招牌或裝飾品有無損壞或忘記通電等，儘量在正式營業前解決好。保持環境的整潔、優美。

店員還必須整理服裝儀容，進行適當化妝，整理好髮型，換上制服，保持良好的風度。

3 店員的工作流程

店員必須清楚地瞭解並熟練地掌握自己每天的工作流程，以便有條不紊地開展每一步工作。表 4-1 是某公司店員的工作流程。

表 4-1　某公司店員的工作流程

說明：店員的工作時間一般是 9：00～18：00，或者是 13：00～21：00，本流程以第一種情況為例。

流程	說明
上班前的準備	店員通常要提前 20 分鐘到達促銷現場，5 分鐘更換工作服，整理個人的形象，再用 5 分鐘在早會上接受主管或者店長指派當日的工作計劃和要點，然後再用 10 分鐘清點和整理所轄促銷區的產品
上午銷售	上午進行第一階段的促銷工作，為顧客服務，如果遇到緊急問題要及時向主管或店長回饋；檢查產品，對暢銷的貨品要及時進行補充，切不可出現缺貨斷檔之類的事情
午餐休息	店員在午休時除了吃午餐，還可以處理一些個人事務，整理一下自己的思路，並及時補充應急的產品
下午銷售	在下午的銷售過程中，店員不僅要接待顧客，銷售產品，還需要進行相關信息分析，查看競爭對手的銷售狀況並查看庫存、預測銷售數量，及時完成訂貨
準備下班	1. 下午 5 點半左右，店員應總結自己一天的工作情況，包括確認暢銷品和滯銷品。補充暢銷品庫存，而對滯銷品則要少進貨，以避免積存 2. 協助結賬，整理產品，並向主管或店長及時彙報重要的信息填寫各種工作報表，確認一天的工作情況
下班	在一天的工作全部結束後，店員就可以下班休息了

表 4-2　店員工作職責與規範

時間段	工作職責		工作規範
營業前	參加促銷工作例會	早例會	1. 向上級主管彙報前一天的銷售業績並向店長回饋重要的信息 2. 聽從上級主管分派當日工作內容，包括所轄營業區、工作計劃和工作重點 3. 申領並清點當日的宣傳品 4. 朗讀促銷服務禮貌用語(可以根據各店的具體情況來制定適合本店的不同規定)
		晚例會	1. 向上級主管提交當日的各項工作報表和臨時促銷活動的報告，回饋市場需求信息，解釋非易耗促銷品的損耗情況 2. 相互評估和分析促銷表現，並提出改進建議 3. 接受店長或其他上級主管的業務知識培訓和技能培訓 4. 朗讀促銷服務禮貌用語(可以根據各店的具體情況來制定適合本店的不同規定)
	參加促銷工作例會	週例會、月例會	1. 向上級主管提交各項工作報表及臨時的促銷活動報告，回饋市場需求信息，並說明非易耗促銷品的損耗情況 2. 申領並清點下一週(下一個月)的宣傳助銷用品 3. 相互評估、分析促銷表現，並提出改進建議 4. 接受上級主管的業務知識培訓和技能培訓 5. 參加相關的聯誼活動
	檢查準備產品	複點過夜產品及貨款	1. 根據產品平時的陳列，對照賬目，清點和檢查過夜產品 2. 複點隔夜賬和備用金，對有店員借用貨款的要做到心中有數 3. 在複點產品和貨款過程中，如果發現有任何疑問，應及時向店長或上級主管彙報，請示處理

續表

營業前		補充產品	1. 店員要根據銷售規律和市場的變化情況，補充那些款式、品種缺少或貨架出樣數量不足的產品，力求做到庫有、櫃有 2. 續補產品的數量要在貨架產品容量允許的基礎上，儘量保證當日的銷售 3. 補充產品時要盡可能同時將同一品種、不同價格、不同產地的產品上櫃，以方便顧客選購
		檢查產品標籤	1. 檢查價簽是否有脫落、模糊不清、移放錯位的情況 2. 價簽脫落的要重新製作，模糊不清的要及時更換，錯位的要及時糾正 3. 重點要確保剛剛陳列於貨架上的產品標籤與產品的貨號、品名、產地、規格、單價完全相符，無價簽的要及時製作 4. 價簽上應標明產品的名稱、價格、質地、規格、功能、顏色和產地等
營業前	檢查準備產品	檢查產品標籤	5. 對於需要做樣品的產品，都要做到有貨有價、貨簽到位、標籤齊全、貨價相符
		輔助工具與促銷用品的檢查準備	1. 銷售工具包括產品手冊、樣品、電腦、銷售卡、文具、包裝用具等 2. 促銷用品包括 POP、燈箱、宣傳手冊、促銷工具等。 3. 事先準備好必需物、必需量並放在必要的場所 4. 將必需物品的名稱和庫存量製作成容易瞭解的表單 5. 將工具與促銷品放在固定的位置，並養成使用後歸放原位的習慣 6. 隨時留意工具與促銷品是否完好，如有汙損或破裂要及時向店長換領
		做好賣場與產品的清潔整理工作	1. 營業場地做到通道、貨架、櫥窗無雜物和灰塵 2. 產品陳列要做到「清潔整齊、陳列有序、美觀大方、便於選購」，新產品和熱銷產品要擺放在醒目的位置 3. 發現殘損的產品要及時更換

續表

營業中	產品齊全與價格調整的及時跟進	1. 缺貨時及時進貨、調貨 2. 到貨時收貨、拆包、驗收 3. 加貨時記賬,整理、陳列產品 4. 調價時更換產品的價簽 5. 賣出產品後及時銷賬 6. 交接班時貨賬清點,清點貨款和辦理結款
營業後	清點產品及促銷用品	1. 清點剩餘的產品數量,對比相關銷售記錄和產品記賬卡,看是否符合 2. 檢查產品狀況是否良好,各種促銷用品如宣傳卡、POP 等是否齊全,如果有破損或者缺少時要及時向上級主管彙報並重新領取
	結賬	1. 在「貨款分責」的商店,店員要在一天的營業結束之後結算票據,並向收銀員核對票額 2. 在「貨款合一」的商店,店員則需要按照當日銷售票據進行結算,清點貨款和備用金,及時做好有關的賬務工作,填好繳款單,簽章後再交給店長或者是商店的經管人員
	及時補充產品	1. 及時補充缺檔產品、數量不足的產品,以及需要在次日銷售的特價產品和新產品 2. 查看商店的庫存,及時補充庫存,如果庫存無貨,應及時向上級主管或店長彙報,以督促次日進貨 3. 如果是店中店的店員,應當儘量協助做好產品供應工作(詢問或查看庫存情況),及時向櫃組長或者店長彙報,並向公司訂貨,力求做到不斷貨
	整理產品和展區	1. 整理自己所轄展區的產品、促銷用品,並且清潔和陳列銷售輔助工具 2. 加強產品養護工作,把小件物品放在固定的地方,把高級、貴重的物品蓋上防塵布

續表

營業後	完成並 提交報表	1. 整理並登記當日的銷售狀況，包括產品的銷售數量、庫存數量、退換貨數量、暢銷品及滯銷品數量等內容 2. 填寫各項工作報表(在每週例會上提交)，及時向上級主管回饋重要信息 3. 在每次促銷活動結束後，填寫促銷活動報告，並在日、週、月工作例會上提交這些報表
	留言	對於實行兩班倒或者是一班制隔日輪休的店員，當遇到調價、削價、新品上櫃等情況以及當日未處理完的事宜，都要留言告知下一班當班的同事
	確保商店和 產品安全	1. 檢查展櫃和小庫是否都已經上鎖，要注意把票據、憑證、印章以及商店自行保管的備用金、賬款等重要的物品都入櫃並上鎖 2. 仔細做好促銷現場的安全檢查工作，特別要注意將應切斷的電源切斷，將火種熄滅，關好各個門窗，以避免發生火災或失竊事件 3. 離開商店之前要再認真地檢查一遍，以杜絕隱患，確保商店和產品的安全

心得欄

----

4 店員營業時的銷售工作

　　店員在銷售過程中的主要職責，是通過銷售商品直接為顧客服務，銷售工作是整個營業工作的中心環節。

　　店員要做好在櫃台的銷售工作，必須注意的工作重點可區分為「營業中銷售工作」與「營業中輔助工作」。

一、營業中的銷售工作

　　1. 商品數量應充足，花色、規格、品種齊全，明碼標價。

　　2. 成交後，要先收款後付款，收找錢票要唱收唱付，迅速準確，交待清楚。

　　3. 包紮商品要牢固、美觀、迅速。

　　4. 大筆交易時，發票、現金、貨物須覆核。櫃台大額票面現金必須放入錢箱內。

二、營業中的輔助工作

　　在每天的營業中，接待顧客的高峰過後，常常會出現一些空閒時間，充分利用空閒，做好營業的輔助工作，是店員在售貨過程中的必要工作，也是為下一個接待高峰做準備。對於店員順利地進行售貨工作，縮短顧客購買商品等待時間，提高服務質量有重要意義。

　　1. 整理和添加商品

　　店員在銷售過程中，要注意利用空閒時間進行商品的整理工作，以防止錯位、串號、賣錯價格而影響銷售。

(1)清潔商品

誰都希望買到乾淨的貨物，貨物在貨架上陳列一段時間後，包裝上會有一些灰塵，如不進行清理，會直接影響商品銷售。

(2)做好商品的前進陳列

當前面的一排商品出現空缺時，要將後面的商品移到空缺處去，這樣既顯得貨物陳列豐滿，又符合商品先進先出的原則。

(3)歸位整理

有些商品經顧客挑選後，容易發生錯位、串號現象，店員應及時按商品型號、類別，進行分類歸位。

(4)折疊和配對整理

需要成雙出售的商品，店員在顧客挑選後，要進行檢查整理，保持大小一樣、顏色一致、式樣相同，如鞋、襪等。對挑選性強的紡織品，店員要在顧客挑選後，及時折疊、整理、擺放好。

除整理商品外，店員還要往貨架上定時或不定時地添加商品，以免由於缺貨而影響銷售。店員添加商品時要做的工作如下：

① 檢查核對需要補貨的貨架前的價目卡是否與補上去的商品售價一致。

② 補貨時先取下原有商品，然後打掃陳列架，將補充的新商品放在裏面，原有的商品放前面，做到商品陳列先進先出。

2.拆包和分裝商品

店員要經常檢查，對已售完或在營業前準備不充分的商品，應在空閒時間，根據忙閒時的長短對不同類型的商品進行拆包分裝，以保證銷售不斷檔。一般情況下，如果空閒時間短，拆包分裝的品種、數量可少而簡單。對複雜商品的組裝、分裝不宜在營業中進行。

3.整理貨款和票據

如果櫃台不是安排專人收款，而是實行一手交錢，一手交貨，店員就要利用空閒時間清點貨款，整理鈔票，對殘損破碎的票款，要整理粘貼整齊，根據面額不同將票款整理好，夠整數的要捆紮包好。

4.檢查商品標價

商品價格標籤要經常檢查。對於發生錯位的應及時歸位，對標錯價格的應及時更正，以免賣錯價格。因為在銷售過程中，有的商品價格標籤會被亂拿亂放，尤其是品種多，式樣相似，又集中陳列在一起的商品，稍有疏忽，就會發生錯價。有時會將不同規格的相同商品的價格打錯等。所以，店員在營業空餘時間裏，要注意檢查商品的價格。

5.處理滯銷品

滯銷商品過多，會使整個店面的格調也相應地被迫降下來，這時的店面已像個倉庫，而不是營業場所了。對滯銷商品，必須採取果斷的處理措施，決不能拖延。因為滯銷品不但不能帶來利潤，而且消耗成本，每天都需要店員照顧、整頓、排列，拖的越久，成本也就越高。

①與供應商協商。根據實際情況，與供應商協商一下，重新調整這些滯銷商品的價格，或採取促銷行動，直至退貨。

②改進商品陳列方式。把商品擺在最醒目的位置，或設置專櫃及攤位，吸引顧客的注意，最後成功地把商品銷售出去。

5 營業結束後的結賬工作

店員在營業後的工作，要對賬務與商品進行總結，並檢討一天的成敗得失。

一天的營業工作結束後，店員要做下列工作：

1.結算當天的賬表

(1)清點當日銷貨款並填繳款單

實行一手交錢、一手交貨的商店和櫃台，店員將當日貨款點清後，除限額留存備用零鈔外，全部送交商店出納人員或銀行，根據送

交數額填寫繳款單，繳款單一般一式兩聯，經出納收訖蓋章後，執回一聯記賬；對實行集中收款的商店和櫃組，店員要將交款憑證彙總計算後和收款員對賬，若金額一致，則填寫繳款單，由收款員簽字蓋章，各留一聯，以記銷賬，若發現差錯，要及時查出。

表 4-3　銷貨繳款單

繳款部門：　　　　　　　　　　年　月　日　　　　　　　第　　號

繳款項目	摘　要	金　額
合　計(大寫)		

收款人：　　　　　　負責人：

(2)登記商品賬款

店員要根據繳款單交出金額，日清日結的櫃台，要根據當日清點商品餘存數進行核對，然後減商品賬數；店員要根據當日進貨憑證，增加記錄商品賬總金額、總數量。

表 4-4　銀行現金繳款單(回單)

繳款單位	開戶銀行全稱												出　納收款章
		賬號											
款項來源					現金出納								
(大寫)		千	百	十	萬	千	百	十	元	角	分		
票面	張數	十	萬	千	百	十	元	種類	千	百	十	元	會計分錄
五百元													備註
一百元													
十元													
一元													

(3)彙集各種憑證填制報表

店員要每天彙集當日各種進、銷貨憑證以及調價報告單。逢年終、月末，還要彙集各種盤點損溢報告單；然後根據彙總，填制商品進銷存日報表，經財會部門審核無誤後，編制商品進銷存彙總表。這兩種報表是商店經營的真實紀錄，店員必須及時、準確地加以填制，發生差錯要及時追查，並逐日裝訂成冊，為核算和財務分析提供必要的資料和可靠的依據。

2.封存商品，防止被盜

⑴營業結束後，店員應將賬後款、票證及體積小的貴重物品交專人保管或存入保險櫃，統一密封封存，不得帶出商店和自行保管。

⑵按規定封存。對貴重商品，要單獨上好櫃鎖或按規定要求妥善保管。不准將其放在櫃台、貨架、一般錢箱中過夜。

3.整理商品

(1)整理商品。對放亂的商品，要進行歸位、配對、折疊整理。

⑵在整理中，若發現商品已售完，應根據銷售情況，填好次日提(補)貨單，以便在次日營業前迅速補齊商品。

⑶存放售貨工具及用品。整理、校正、放置好本櫃台所用的各種售貨工具、用品等。

4.安全檢查工作

檢查火種、煤、電、水等各種設施；檢查有沒有留在店裏的顧客；檢查門窗是否鎖好；檢查營業用具是否齊全，有無收好；貴重物品有無鎖好。

5.檢查收集顧客的意見

翻閱《顧客登記簿》、《顧客意見簿》，研究顧客意見，及時改進工作，並把缺貨情況及時通知，以儘快進貨，滿足顧客需要。

6.衛生檢查工作

將商品、貨架、櫃台、用具、店堂打掃擦洗乾淨，搬出有礙顧客和營業的對象，結束一天的營業。

營業後的收場工作，是對一天工作的總結，也是對第二天的營業準備，店員做好這項工作，可減輕第二天的工作壓力。

6 做好每日的銷售記錄

負責收款的店員把當天所收的貨款上交後，還要把當天的進貨、銷貨登入賬簿，結出當日的庫存，並填寫各項營業報表。無收款責任的店員也要及時把當日工作情況做一個記錄。這便於店員每日檢討自己工作中的不足之處。

表 4-5　××傢俱銷售日報表

店員代表姓名：　　　　　　商店名稱：　　　　　日期：　年　月　日

產品類別				銷售情況		
品類	品名	型號	顏色	零售數量	零售金額（元）	總金額（元）
顧客主要意見、建議：						
非易耗助銷品損耗的主要原因：						
個人工作改進建議：						

表 4-6　××傢俱競爭品牌銷售日報表

店員代表姓名：　　　　商店名稱：　　　　日期：　年　月　日

產品類別		品名				促銷活動情況
		材質				
		顏色				
競爭品名稱（總體銷售前四名）	一（）	數量				
		價格				
	二（）	數量				
		價格				
	三（）	數量				
		價格				
	四（）	數量				
		價格				

表 4-7　××傢俱銷售週報表

店員代表姓名：　　　　商店名稱：　　　　日期：　年　月　日

產品類別		品名			
		型號			
		顏色			
本品銷售情況		數量			
		金額			
競爭品名稱	一（）	數量			
	二（）	數量			
	三（）	數量			
	四（）	數量			
本品市場佔有率					

表 4-8 ××傢俱市場訊息週報

店員代表姓名：　　　　　商店名稱：　　　　日期：　　年　月　日

1. 本週暢銷產品名稱(型號)、數量及暢銷原因：
2. 本週滯銷產品名稱(型號)、數量及滯銷原因：
3. 商品售出後退換的主要原因：
4. 非易耗助銷品損耗的主要原因：
5. 本週促銷活動開展情況：
6. 本週競品促銷活動開展情況：
7. 本週競品價格變動情況：
8. 顧客主要意見和建議：
9. 個人表現自評：
10. 個人工作改進建議：
11. 對商店的工作建議：

7 商品的驗收工作

商品驗貨業務，是指對購進的產品質量、數量進行檢查，對於符合合約的商品予以接收的過程；或是對轉調來的商品，加以驗收檢查。

1. 點驗數量

對照發票，再檢查商品包裝及其標識是否與發票相符。一般對整箱整件，先點件數，後抽查細數；零星散裝商品點細數；重量商品先檢查過磅；大量商品檢驗碼單；貴重商品逐一點數；原包裝商品有異議的應開箱開包點驗細數。

2.點驗花色品種

根據進貨發票，逐一驗收商品花色、品種、規格、型號、檢查有無單貨不符的情況；易碎品、液體商品，應檢驗有無破碎、滲漏的情況。

3.點驗品質

一般包括儀器驗收和感官驗收。零售業進貨質量驗收，主要檢查商品證件是否齊全，商品是否符合質量要求。如有無合格證、保修證、標籤或使用說明等；有無黴爛變質、水濕、污染、機械損傷；是否假冒等。

商品經過驗收後，對於質量完好、數量準確的商品，要及時填表、傳遞商品驗收單據，登記「商品賬」，填報進貨日報表，同時把商品入庫。

對於在驗收中發現有問題的，如數量不足；品種、規格、正負品錯誤；外包裝標籤與內包裝商品不符；商品污殘損壞；質量不符合要求等，如果在提貨時發現上述問題，應當場聯繫解決。

如果貨已運到後發現，驗收人應分析原因，判明責任，做好記錄。

問題嚴重或牽扯數量較多、金額較大時,可要求對方派人來查看處理。

4.填制商品驗收單和登賬的方法

商品驗收單按照供貨單方發貨單上的項目逐項填寫。供貨方的發貨單,應變更為零售單位的表單。

表 4-9　商品驗收單

供貨單位:

進貨部門:　　　　　　　　　　年　月　日　　　發票號:

產地	規格	品名	單位	進價									進銷差價
				數量	單價	金額							
						萬	千	百	十	元	角	分	

存放地點:　　　　　　　覆核:　　　　　　驗收:

商品驗收單一般一式三聯,一聯留存作為記賬憑證,一聯連同進貨發票(付款憑證)一併交會計入賬,一聯交統計登統具體的聯數,還可根據各企業的業務而增減。驗收單的格式各商店不相同,但一般主要內容都由計量單位、數量、購進價、零售價等構成。

8 店員如何處理客戶換貨

　　店員對於商品的退換，必須有正確的認識，認真地做好商品銷售，確保售出商品優質足量。

　　商品進行宣傳介紹時，一定要實事求是，讓顧客買到適合需要的商品。售出的商品，按規定不能退換的，在銷售時，就應向顧客進行說明，以減少不必要的磨擦。

　　一方面，店員也要儘量將退換商品的現象減少到最低，對於來商店退貨的客人，必須加以善待，讓顧客得到更好的滿足。

一、商品退換的原則

　　如果客人因為某些不合意的理由，對已購買之商品不能感到滿意而希望退貨，以商店立場而言，不得不接受客人退貨的要求。但是接受客人退貨的情形，並不是百分之百無條件接受，也就是說商店是在允許範圍之內接受退貨或更換。因此，商店必須事先決定好有關客人退貨的標準才行，這個標準到底如何決定呢？

　　一般性的商品，只要不殘、不髒、不走樣、沒有使用過、沒有超過規定期限、不影響再次售出的，均可退換。

　　有些商品，雖然顧客進行過一定程度的使用，但對其質量、使用價值不構成任何影響，應當予以退換。

　　銷售時，商品已過期失效、殘損變質，計時失效，應當予以退換。

　　食品、藥品、剪開撕斷的大量商品、購買後超過有效期的商品或服務、已經享用的服務、不易鑑別內部零件的精密商品、售出之後不再經營的商品或服務、難以區別質量的貴重商品和服務，以及明顯污

損不能再次出售的商品，不能退換。

二、退換商品的服務技巧

對顧客退換貨時的接待，應本著「顧客第一」的原則，對顧客購買的商品負責。商品的退換工作也是售後服務，對這類顧客的接待的好壞，處理問題是否恰當，直接關係到商店的信譽。因此店員必須妥善處理。

1.態度誠懇，熱情接待

當顧客對購買的商品不太滿意而希望退換貨物的時候，店員應該一視同仁地接待，態度要親切，傾聽顧客退換的原因，對顧客的要求表示理解，使顧客感到店員的親切和對自己的尊重，增強對店員處理問題的信任感。若不是出現不得已的情況，大多數顧客是不好意思要求退貨的，如果此時店員態度冷淡，甚至推諉、諷刺，結果會使原本心懷內疚的客人變得憤怒不悅，以後再也不會光顧這家店了。

2.區別情況，妥善處理

店員在接待退換貨時，應根據具體情況，分別做出正確處理：

⑴顧客要求退換在本店購買的商品，經檢查只要沒有污損，不影響其他顧客的利益和再次出售，都要主動予以退換貨。

⑵有些商品，雖然試用過，但商品質量確實有問題；對於本店出售的過期失效、殘損變質、稱量不足的商品，不但應當退換，而且要主動道歉，如果顧客因此蒙受損失，還應當予以賠償。

⑶顧客購買商品後，因使用不當或保管不善而造成商品變質的，原則上不予退換。

⑷對不符合退換原則的商品，應一開始就向顧客說明理由，聲明在先。

⑸如顧客買後過期的商品、處理商品等一律不得退換。如果顧客堅持要退換，應向顧客講清道理，說明不能退換的原因，特別是這種

情況，更必須注意措辭、態度，絕對不可以破壞對方的心情。

　　⑹對不退換的商品，在不違背原則的情況下，可以幫顧客想辦法解決困難，例如可以為顧客代賣或削價出售商品。

　　⑺原則上對可退換可不退換的商品，以退換為主，在退換過程中，無論是為顧客退錢或換貨，都應該表現愉快，即使是不得不接受退貨的情況，也要愉快地接受，告訴顧客「這是退給您的錢，請清點一下。」或「這是您想換回的東西，請拿好。」最後，別忘了歡迎顧客再來。

心得欄

- -

- -

- -

- -

- -

- -

第 五 章

店員的櫃台陳列工作

1 商品在櫃台的陳列原則

　　合理有效的商品陳列，能夠激發顧客的購買慾望，進而帶動賣場整體銷售量的上升。店員在實施商品陳列時，要注意如下原則：顯眼的陳列；易選擇、易拿取的陳列；提高商品新鮮度的陳列；提高商品價值的陳列；引人注目的陳列。

一、顯眼的陳列

　　「顯眼」並非表示「看得見」的意思，站在顧客的立場來看，如何能讓商品變得顯眼，才是最大的問題。看不到的東西就賣不出去，而不容易看到的東西，也不容易賣出去。

　　所謂「顯眼的陳列」是，一個店為使「最想賣的商品」容易賣出，盡量將它設置於顯眼的地點及高度，而這種陳列也可稱為有效陳列。在施行「顯眼的陳列」時，有效的表現方法如下：

1. 物理性顯眼

(1)針對商品的大小及性質，安置它們在顯眼高度的陳列方法。

(2)使商品特徵、性質，容易瞭解的陳列方法

(3)製造重點，容易與相似品比較的陳列方法。

(4)放置於關聯商品的附近，提高其聯想效果的陳列。

2. 心理性顯眼

(1)不具排斥感的販賣方式。

(2)藉由多變的表現方式，使商品本身更美更好。

(3)利用一些陳列道具或輔助器具，提高商品價值感。

3. 實行顯眼陳列的方法

⑴小型的商品在前方（離眼睛最近），大型商品在後方的陳列方法。

⑵較便宜的商品在前方（容易取拿部份），較昂貴的商品在後方的陳列方法。

⑶暗色系商品在前方，明亮色系商品在後方的陳列方法。

⑷季節商品、流行商品及新製品在前方，一般商品在後方的陳列方式。

⑸在採用顯眼陳列時，必先考慮商品性格及其購買頻率，對於想要販賣的商品，儘量選擇能引人注目的場所陳列，即使在同樣的場所，這些被稱為黃金線上的商品，在有效陳列範圍中也要集中展示於最顯眼的高度上，並在陳列方式上下功夫，以提高其注目率。

二、易選擇的陳列

所謂「易選擇的陳列」，即商品以客人容易選擇的方式陳列，特別商品（手錶、寶石等之小型貴重商品）除外，都儘量能陳列於易拿取的地方。

因此，考慮商品的關聯性之後，再進行分類陳列。

1. 就像性別、年齡別、材料別一樣，首先應以大分類方式將商品分類。

2. 其次將它以用途別、製造廠商別之中分類方式來分類。

3. 最後則是以價格別、設計別之小分類方式分類。

將商品明確地分類之後，再集合展示的陳列方法，不只帶給顧客便利，對於店鋪本身更提高了管理商品的效率。

關於「易拿取的陳列」，在顯眼、易拿取的有效陳列範圍內，根據顯眼度、易拿取度的高低順序，將暢銷商品及想要賣的商品，適當地陳列在高效率位置上展示。

三、提高商品新鮮度的陳列

所謂「提高新鮮度的陳列」是，使顧客感覺到商品的豐富性的陳列。

任何人在選擇喜愛的商品時，當然都喜歡從多種類、多數量中選擇，以得到購物的滿足感。

即使是少量的商品，只要能好好運用陳列方法，也能使其感到很豐盛。

瞭解豐盛感——熱鬧——生動——新鮮度等之關聯性以後，熟練地運用輔助工具將商品立體的陳列起來，藉由裝飾物使商品生動化，活用拍賣時的海報傳單，來強調商品的新鮮度。

四、提高商品價值的陳列

所謂「提高價值的陳列」是指，即使是同樣的商品，在運用陳列方法之後，也可使顧客對其給予更好的評價。所以在進行陳列之前，必須先考慮什麼是能表現最佳效果的陳列方式。

陳列設備及器具對其影響力很大，甚至也受陳列背景的顏色、材

料、小型道具以及照明的表現效果所左右。

搭配組合方法，舉例如下：

· 男士用襯衫及領帶、袖扣等。

· 婦女用襯衫及裙子、長褲、皮帶、絲巾、手飾等。

· 客廳沙發、桌子組合、座墊、壁櫥、台燈、地毯、窗簾、拖鞋
　等。

· 皮製上衣、大衣及手提包、長筒靴等。

· 厨房用具。

五、引人注目的陳列

「引人注目的陳列」就是將商品安置在賣場中強調重點的陳列場
所。

它是藉由一些設備及陳列用具使得某個部份特別顯眼，以招攬顧
客來店瀏覽。

引人注目的陳列方式，可因行業的不同及因時因地所對準目標的
不同而有所差異。不過，大致可分為下列兩種：

· 量感陳列——體積主體。

· 感覺陳列——氣氛主體

一般來說，量販店多採取量感的販賣陳列方式，而專售店則採取
感覺的陳列方式。

以量販賣的店鋪，它的全面陳列皆是採取量感陳列，故其注目重
點就要藉由量感陳列來強調。

相反的，專售店的全面陳列較注重氣氛，所以其注目重點就要以
感覺陳列方式來強調其獨特的品味。

2 商品的陳列工作流程

1.準備材料

陳列所需的器材和工具要根據需要而定。陳列商品所需的輔助材料有：海報、貨架吊繩、箱子、櫃台陳列物品、懸掛物、樣品、說明書等。

做陳列工作時所使用到的器材有：白紙、牆紙、吹塑紙、三夾板、大頭針、剪刀、釘書器、鐵釘、膠帶、價格標貼等。

2.選擇最佳陳列位置

陳列的位置適當與否，決定了陳列的效果，所以一定要選擇最佳陳列位置。在選擇位置時，必須充分考慮商店營業面積、客流量、地理位置、產品的特點、安全管理及顧客的消費習慣等。顧客經常或必須經過的交通要道是陳列的第一選擇。另外，顧客行走的習慣是逆時針方向，即進店後，自右向左觀看瀏覽。根據這一特點，我們可以把商品根據其重要性由右至左地擺放。

3.善用 POP 陳列

因為店頭 POP 具有推動銷售、建立品牌知名度、增加利潤、使人認識/喜歡商品、以及刺激/助長購買慾望的種種特點，所以常可以在商店裏見到這種陳列的方式。

⑴海報。要放置(貼)於消費者最常走動的路線上，如入口處的玻璃，商品陳列處，店外等。同時要注意保持整齊，不要被其他海報遮擋，要定期更換。

⑵貨架標籤/標誌。用在商店貨架或超市堆箱上，使顧客對此處出售的商品大類一目了然。在陳列的同時，要注意保持整齊，清潔，不要擋住商品。

⑶櫃台展示卡。用於櫃台銷售，可放置於商品上或商品的前方。如果櫃台位置的面積較小時，要避免展示卡影響顧客拿取商（樣）品。

⑷掛旗和掛幅。懸掛於店內的走道上方、店頭內口，以及商品上方。此類 POP 要注意定期更換，內容要與商店活動相符。如果設的是店中店，則要取得商店的同意，方可懸掛。

⑸窗貼。用於商店入口處的門窗或面臨街道的窗戶。在陳列時注意窗貼的整潔、不變形，最好配合其他 POP 一起使用。

⑹櫃台陳列盒。多用於商店櫃台和超市的收銀台。要注意平日裏有足夠的貨量，方便顧客拿取，最好能配合商品的介紹手冊或宣傳單。

4.發揮想象力進行佈局

與眾不同才能對顧客具有吸引力。在進行構思時不要拘泥於傳統的做法，應該大膽發揮想像力。要儘量有效地利用一切可用的空間，考慮是否可以用不同的方式來使用陳列輔助器材，使陳列更為突出。可以多去現場觀察競爭對手是如何做的，取他人之長補己之短。

5.對陳列進行檢驗與評估

為了確保陳列有效，最後應對產品陳列情況進行檢驗與評估。可以利用下面兩個表格來檢查自己的櫃台陳列是否已經做好，陳列還有何需改進之處。

表 5-1　櫃台維護檢查

項　　目	是	否
一、檢查商品		
1.產品擺放是否零亂？		
2.產品有無受損？		
3.產品包裝是否陳舊破損？		
二、檢查店內的地板、牆壁、天花板等		
1.是否有受損或油漆脫落、裝潢損壞？		
2.裝潢材料是否陳舊？		
三、檢查照明設施		
1.照明器具、燈泡是否有故障？		
2.照射角度及效果好不好？		
3.燈罩或外殼有無污漬？		
四、檢查陳列架		
1.陳列位置是否正確？		
2.陳列架是否受損？		
五、檢查店內裝飾、POP 廣告		
1.張貼位置及效果如何？		
2.張貼是否零亂？		
3.文字和價格是否錯誤？		
六、檢查清潔衛生		
1.環境是否保持清潔？		
2.地板、倉庫、隱蔽場所是否做了消毒工作？		
七、檢查更衣室和員工休息室		
1.內部是否整理好？		
2.煙灰缸、垃圾桶是否按規定放好？		
3.衣服、鞋類是否放置零亂？		
4.牆壁及陳設是否受損？		

表 5-2　陳列效果評估

在你認為符合要求之處打上「√」。	是	否
1. 陳列位置是否位於熱賣點？		
2. 陳列是否在此店中佔有優勢？		
3. 陳列位置的大小、規模是否合適？		
4. 是否有清楚、簡單的銷售資訊？		
5. 折扣是否突出、醒目並便於閱讀？		
6. 產品是否便於拿取？		
7. 陳列是否穩固？		
8. 是否便於補貨？		
9. 陳列的產品是否乾淨、整潔？		
10. 是否妥善運用了陳列輔助器材？		
11. 有鮮明的主題，能強化商品的特色。		
12. 色彩搭配柔和、協調，讓人眼前一亮。		
13. 樣品陳列設計有個性，擺放具藝術感。		
14. 樣品陳列位置是否位於櫃台的醒目位置。		
15. 商品陳列豐富、充實。		
16. 商品分類清晰，能讓顧客快速看到所需商品。		
17. 陳列商品旁有明確的價格牌、說明書等。		
18. 經常更新陳列形式，使陳列具有新鮮感和魅力。		
19. 陳列的商品乾淨，不帶有塵土、污漬。		

3 在有效範圍內陳列商品

顧客有時去購物，常常會因為被一些陳列所吸引，因而改變了原先預定要買的商品，甚至完全沒有要購買東西的準備，但受到精美陳列的吸引，不禁產生購買的衝動。

今天已進入多樣化商品激烈競爭的時代，販賣成功與否，可以說決定於陳列點良否，這種說法一點也不為過。

一、有效範圍陳列

將所有商品都進行展示、陳列是不可能的，那樣反而無法達到預期的效果。有效的陳列，即在店裏陳列最重要的商品。

藉由重點商品的展示、陳列，來吸引經過店前的人駐足於店頭，甚至進入店內，吸引注意開始產生興趣、聯想、慾望、比較，信賴及購買心理，甚至產生購買決定。

調查顯示，顧客在購買東西時，突發奇想、衝動的購買比率佔有30%，那是因陳列所產生的魅力而造成的。

80%的顧客對於陳列都有很大的興趣，半數以上的顧客，都是因被商品獨特的陳列方式所吸引而前來觀看，最後決定購買的。

何謂有效陳列範圍？廣義地說，為商品陳列於最有效的部位。也就是商品陳列的高度、醒目度、便於購買的位置。意外的是，很多商品陳列未採取「醒目」的陳列方式，而以「看得見」的方式陳列的居多，這點實在值得深思。

所謂「醒目」，是以客人的立場看，商品如何有效地陳列於便於選購的位置。因此，商店具備陳列的工夫是必要的，販賣商品的理想

場地及其寬度、商品的規格和質量、價格，如何靈活運用也是一大課題。

採用顯眼、便於購買的陳列方式，首先得考慮其主要顧客層的生活習慣和身高條件，再決定商品的陳列範圍。

和生活習慣相違背的陳列，會減弱顧客對商品的注意力。例如，把襪子陳列於比視線高的位置，帽子則擺放在腳根邊的箱子上，這樣的擺設都不對。對人體而言，以一般成年的男女及小孩的視線高度、手臂長度為基準之顯目度及手取方便度，是商品陳列需要考慮的重要因素。所謂有效陳列範圍的運用，也就是刻意塑造感覺好、便於選購及便於取得的陳列。

以具體的數字表示有效陳列範圍如圖 5-1。從地面起 60 公分～150 公分之間為主，有效陳列範圍最高上限為 200 公分。但是一般手能取得商品之高度，女性為 180～190 公分，因此最上層的陳列高度的 170 公分為適。

圖 5-1　便於顧客取拿的陳列方法

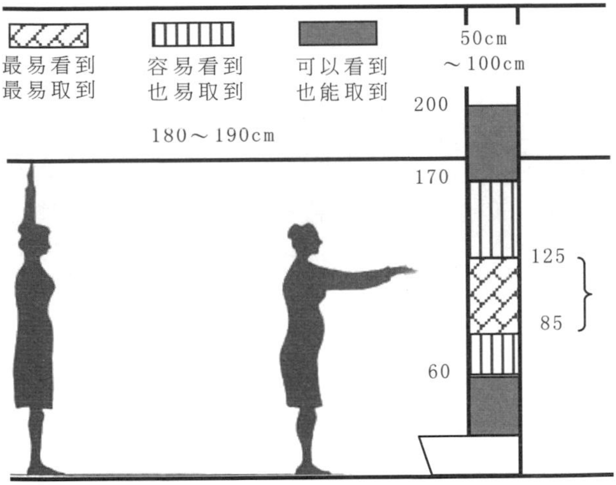

二、在黃金線陳列商品

目前成年人身高逐年升高，一般店面的陳列方式比平均身高稍低為佳。陳列基準是應以「顯眼」為中心視線。一般人的視線基準，男性為 150 公分，女性為 140 公分。一般商店最好以女性的高度範圍為基準。

顧客會自然將視線往下看，陳列商品也應該把握此原則。一般最顯眼的高度位置為視線水平下 20 度之處，即是手取方便的位置，因此博得「黃金線」的美名，此外還有「黃金位置」、「具有高銷售率之地」等等。其範圍以視線下 20 度為中心，上 10 度，下 20 度之間。商品陳列面的寬廣與否，因商品的不同而有所改變。

櫃台陳列，以客人和商品拉開之距離為視線下 20 度的高度是 110 公分，黃金線的範圍為地面 60 公分起到 125 公分的約 65 公分之間。櫃台陳列的場合，顧客和商品接近的關係，黃金線的高度為 120 公分，從 95 公分到 130 公分約 35 公分之間。

以 A-D 來表示黃金線顯眼之順序。其中 D 是最容易從遠方看到，反之，一靠近陳列物也就成了最難看到的位置。根據黃金線的順序，A 區為重點商品區，次之為 B、C、D。

為便於顧客看到、知道、進而買之，選擇適當的銷售地點、商品數量、陳列技巧，並附上 POP 廣告，將有利於商品的銷售。

 **4　商品陳列的方法**

商品陳列能影響你的銷售業績，店員要瞭解最新的資訊，及時更換，推陳出新。

1. 放滿陳列：保持商品豐富齊全的直觀印象

琳琅滿目的商品陳列對銷售的促進作用無須質疑。商品做到放滿陳列，可以給顧客一個商品豐富、品種齊全的直觀印象。同時，也可以提高貨架的銷售能力和儲存功能，還能相應減少超市的庫存量，加速商品的週轉速度。有資料表明，放滿陳列可平均提高 24%的銷售額。

對於賣場來說，商品的豐富並不是單純建立在品種繁多上，而且還和商品品類選擇以及巧妙的商品陳列有關係。

- 每一格貨架至少陳列 3 個品種（暢銷商品的陳列可少於 3 個品種），以保證品種數量。
- 就單位面積而言，平均每平方米要達到 11 至 12 個品種的陳列量。
- 當暢銷商品暫缺貨時，要採用銷售頻率高的商品來臨時填補空缺商品位置，但應注意商品的品種和結構之間關聯性的配合。

2. 先進先出：保持商品的新鮮

當商品第一次在貨架上陳列後，隨著時間的推移，商品不斷地被銷售出去，貨架前排就會出現空缺的情況。但是在一些銷售業績良好的商場，你卻很少會看到這種情況，因為他們特別注重商品的補充陳列。

賣場的商品補充陳列應遵循先進先出的原則，其陳列方法是先把原有的商品取出來，然後放入補充的新商品，再在該商品前面陳列原有的商品；即使在某一商品即將銷售完畢、又由於貨源等問題暫時未

能給予補充新商品時，你也要將後面的商品移至前排面陳列(銷售)，而絕不允許出現前排面空缺的現象。也就是說，商品的補充陳列是從後面開始，不是從前面開始的。

這是因為，商品的銷售一般都是從前排開始的，為了保證商品生產的有效期，補充商品就必須從後排開始。因為顧客總是購買靠近自己的前排商品，如不按照先進先出的原則來進行商品的補充陳列，那麼陳列在後排的商品將會永遠賣不出去。並且，許多商品尤其是食品都有保質期限，消費者都會很重視商品出廠的時間，用先進先出法來進行商品的補充陳列，可以在一定程度上保證顧客買到的商品的新鮮性，這也是先進先出原則保護消費者利益的一個重要的方面。

3.樓上大件、樓下小件

在設置各種銷售專區時，賣場應該首先考慮如何幫助顧客節省時間。來賣場購物的顧客通常可以分為兩種類型：第一種顧客通常是來買油鹽醬醋、鮮肉果蔬的，買完就走，絕對不會多看一眼冰箱彩電，因此有條件的超市會設置一個直接進入一層的入口；另一類是一段時間(如一週)才光顧一次的，這類顧客需要買的東西很多，可能會有電器、鞋帽等，當然也會買一大堆食品，他們可以從另一個入口直接去到二層，拿夠樓上的大件，放到購物車的底部，再下到樓下拿小件，最後經收銀台出去，這就非常方便。

為此，賣場的商品通常應該這麼安排：電器、服裝等放到上一層，而食品等則放在下一層；而且，入口通常會直接通向二層，顧客由二層到一層，最後經由收銀台離開超市。

4.鮮活靠門站

對於鮮活產品，最好把它們擺放在距離收銀台不遠的地方。這是因為，對於雪糕這類的冷藏冷凍食品極容易化掉，應該讓顧客以最短的時間拿回家，同樣，生鮮類也是如此。

5.綜合配套陳列

由於消費者生活水準日益提高，消費習慣也在不斷變化。為了能

和消費者的生活相結合，並引導消費者提高生活品質，在商品收集和商品陳列表現上也應充分運用綜合配套陳列法，即強調銷售場所是顧客生活的一部份，使商品的內容和展示符合消費者的某種生活方式。例如，在一些賣場的男性用品區上，也有電動刮臉刀和男性化妝品一起銷售。

綜合配套陳列也稱視覺化的商品展示。目前，綜合配套陳列在日本、歐美超市已得到很普遍的應用。在展開視覺化的商品展示時，首先要確定顧客的某一生活形態，再進行商品的收集和搭配，最終在賣場上以視覺的表現塑造商品的魅力。

6.主題陳列

主題陳列也稱展示陳列，即在商品陳列時借助展示櫥窗或賣場內的特別展示區，運用各種藝術手法、宣傳手段和陳列器具，配備適當且有效果的照明、色彩或聲響，突出某一重點商品。

展示陳列必須明確打出一個主題，吸引顧客的注意力，使其產生聯想和強烈的購買慾望。因此，展示陳列的商品往往是那些具有時間性和主題性的商品，或者是為了配合某些節日而做出的精心選擇，此外，新開發的商品也往往是展示陳列的重點。展示陳列的商品應儘量少而精，可以是一種商品，如某牌號熱水器、蒸汽電熨斗、洗碗機等，也可以是一類商品，如新型化妝品、小禮品、裝飾品等。

由於顧客越來越注意視覺、聽覺、觸覺等各種感覺，為此，在展示陳列時必須充分運用各種輔助器具或裝飾物來突出商品的特性，並且要在商品的色彩、設計、外形等方面讓顧客留下深刻的印象。當然，如果陳列時有店員配以解釋、說明，會加大商品的吸引力。

7.季節商品陳列

季節商品陳列主要強調一個「季節性」，要隨著季節的變化而提早調整，及時更換。對於一個運轉良好的賣場來說，季節商品永遠是走在季節變換的前面，尚未到炎熱的夏季，無袖襯衫、裙子、套裙都已經早早地擺上櫃台。同時，在擺放季節商品時，還需要注意商品背

景色調的變化，季節商品陳列的場所總是與週圍出售商品的部位、環境相協調，陳列的背景、色調也與陳列商品相一致。

當然，一個賣場內的商品不可能都是應時應季商品，因此應做到不同商品的不同面積分配和擺放位置。一般來說，應時應季商品應多佔賣場面積，並擺放在靠近入口、通道邊等顯眼的位置上，而淡季商品則應適量地陳列，以滿足部份消費者的需求，即使是那些沒有季節性的商品，也應經常地從商品顏色、大小、式樣等方面進行交換陳列。

此外，還有一些小的細節也需要注意。例如，諸如口香糖之類的商品，由於其面積小，實在是不顯眼，在貨架很難引起顧客的注意，而如果將它們擺放在收銀台前，那麼當顧客排隊結賬時就會有更加充分的時間去注意到它們，當然就增加了銷售機會。並且，由於這些小商品也是盜損比率較高的商品，將它們放在收銀台等顯眼的地方可以最大限度地減少盜損。

5 櫃台的商品理貨技術

所謂在櫃台販賣的「理貨」，是指對所出售的商品加以分類、存放、覆查、陳列，它是貫穿於售貨活動的一項重要工作。該項工作充分而完善地完成，是一天營業工作順利進行的保證，因此在櫃台的商品理貨，又被視為商品管理的一個重要環節。

一、櫃台商品的理貨要求

櫃台，是用來陳列和放置備售商品的設備。櫃台商品理貨應以保持陳列商品的整齊、清潔、美觀、豐滿，並能充分顯示商品的特點，

保持正常銷售為原則，做到易取易放，便於搬運、盤點、操作，從而起到提高效率的作用。因此，店員在進行理貨的同時，必須做到以下三點：

1. 熟悉商品存放貨位，隨時整理，方便銷售

商品要按照類別、貨號、規格、尺碼和單價的順序分類陳列，即按櫃台內商品的使用關係、花色繁簡、等級優劣、規格大小、價格高低以及使用對象等進行排列，做到心中有數，銷售完商品要及時整理，對號入位。

2. 瞭解商品銷售狀況，及時調整商品的存放貨位

根據商品銷量大小、季節變化、供應策略修正等，及時進行商品整理，調整存放貨位。其工作重心應放在應季和銷售量大的商品上，這樣既可滿足消費者的需求，又避免了櫃台上擺滿滯銷商品，而暢銷商品卻存儲於倉庫的不合理現象出現。

3. 簡化商品取放動作，減輕工作強度

為了減少取放商品的低頭、來回跑動等動作，商品安置必須要妥善設計，對暢銷品交易頻繁的商品，盡可能擺在店員週圍 140 釐米、高低 60 釐米的範圍內，即櫃台和貨架之間的距離要適度，以便順手取放，減少店員的工作量。

二、櫃台商品理貨的步驟

商品的銷售過程一般可以分為三個階段：營業前的準備階段、營業中的操作階段、營業後的清點階段。櫃台商品理貨則貫穿於整個商品活動的始末，可以隨時進行。

1. 營業前的準備階段

營業前的準備階段，主要進行驗收工作。店員對從倉庫提貨到櫃台或由倉庫送到櫃台上的商品，進行檢量驗質工作，它包括複點、數量點收、質量檢驗、標籤檢查、補充銷貨等。

表 5-3 理貨工作崗位職責

分類	內　　　　　容	
崗位職責	(1)為所有的顧客提供優質的顧客服務工作，包括微笑服務、禮貌用語、回答顧客諮詢、簡介商品和為顧客提供購物車、籃等	
	(2)保障庫存商品銷售供應，及時清理端架、堆頭和貨架並補充貨源	
	(3)保持銷售區域的衛生(包括貨架、商品)	
	(4)保持通道的順暢，無空卡板、垃圾	
	(5)按要求碼放排面，做到排面整齊美觀，貨架豐滿	
崗位職責	(6)及時收回零星物品和處理破損包裝商品	
	(7)保證銷售區域的每一種商品都有正確的條碼和正確的價格卡	
	(8)整理庫存區，做到商品清楚，碼放齊全，規律有序	
	(9)執行先進先出原則，並檢查商品的保質期	
	(10)事先整理好退貨物品，辦好退貨手續	
	(11)控制商品損耗，對特殊的商品進行防盜處理	
	(12)負責相關的安全操作，包括使用刀具、鋁梯，搬運貨物等	
	(13)具備防盜的意識，特別對容易丟失的商品和可疑人員予以關注	
	(14)參加部門的週期盤點和週年盤點	
主要工作	補貨	(1)補貨時必須檢查商品有無條碼 (2)檢查價格卡是否正確，包括 DM(促銷)商品的價格檢查 (3)商品與價格卡要一一對應 (4)補完貨要把卡板送回，空紙皮送到指定的清理點 (5)新商品須在到貨當日上架，所有庫存商品必須標明貨號、商品名及收貨日期 (6)必須及時補貨，在有庫存的情況下不得出現有空貨架的現象 (7)補貨要做到先進先出 (8)檢查庫存商品的包裝是否正確 (9)補貨作業期間，不能影響通道順暢
	理貨	(1)檢查商品有無條碼 (2)貨物是否正面面向顧客，整齊靠外邊線碼放 (3)貨品與價格卡一一對應 (4)不補貨時，通道上不能堆放庫存商品 (5)不允許隨意更改排面 (6)破損/拆包貨品及時處理

主要工作	控制損耗促進銷售	(1)依照公司要求填寫「三級數量賬記錄」，每天定期準確計算庫存量、銷售量、進貨量 (2)及時回收零星商品 (3)落實崗位責任，減少損耗
	價簽條碼	(1)按照規範要求列印價格卡和條碼 (2)價格卡必須放在排面的最左端，缺損的價格卡須即時補上 (3)剩餘的條碼及價格卡要收集統一銷毀 (4)條碼應貼在適當的位置
	清潔	(1)通道要無空卡板、廢紙皮及打碎的物品殘留 (2)貨架上無灰塵、無油污 (3)樣品乾淨，貨品無灰塵
輔助工作	整庫庫存盤點	(1)庫存保持清潔，庫存商品必須有庫存單 (2)所有庫存要封箱 (3)庫存商品碼放有規律、清楚、安全 (4)盤點時保證盤點的結果正確
	服務	(1)耐心禮貌解答顧客詢問 (2)補貨理貨時不可打擾顧客挑選商品 (3)及時平息及調解一些顧客糾紛 (4)制止顧客各種違反店規的行為：拆包、進入倉庫等 (5)對不能解決的問題，及時請求幫助或向主管彙報
	器材管理	(1)賣場鋁梯不用時要放在指定位置 (2)封箱膠、打包帶等物品要放在指定位置 (3)理貨員攜帶：筆一隻、戒刀一把、手套一副、封箱膠等 (4)各種貨架的配件要及時收回材料庫，不能放在貨架的底下或其他地方
	市調	(1)按公司要求、主管安排的時間和內容做市調 (2)市調資料要真實、準確、及時、有針對性
	工作日誌	(1)每天晚班結束時寫。要求條理清楚，字跡工整 (2)交代剩下的工作內容，早班員工須落實工作日誌所列事項

2.營業中的操作階段

(1)售貨過程中的整理、增補工作

在售貨過程中，如果能及時做好商品整理增補工作，便可以加快售貨速度，提高服務質量，防止發生差錯事故。在售貨的整個過程中要時刻注意做好整理、挑選、清洗、裝配、修飾等工作，使它按照商品定位、定量擺好。

例如布匹、服裝、床單等針棉紡織品，要折疊好、碼放整齊；一些小商品如針、扣子等，要按型號、類別整理歸類；有些商品如鞋、襪、手套要檢查清楚，使它們大小相同、成雙配對；有些鮮貨商品容易混等混級，如蔬菜、瓜果等要勤查看，隨時將腐爛變質的剔出來，整理乾淨，分等出售。同時，要注意把櫃台上的斷檔商品，及時補齊擺到櫃台上，保持花色品種齊全，數量充足。

(2)售貨過程的態度

首先要掌握銷售忙閑規律，善用時機、積極主動地做好理貨工作。各個商店、各個櫃台都有各自的忙閑規律，店員在工作中應視其營業忙閑，不放過短促的間隔時間，做好商品的拆包、驗收、整理等一系列理貨工作，從而提高效率。

其次要做到認真負責、及時準確。及時準確是指商品進出手續清，來貨收點數量清，核價核對要無誤，要貨交貨要及時，商品上櫃要迅速，錢款入賬要細心等。營業過程中理貨工作的準確、及時，才能保證商品源源不斷地上櫃供應，避免差錯產生，便於櫃台經營管理。

三、櫃台的補貨

店員將標好的商品依照商品各自規定的陳列位置，定時或不定時地將商品補充到貨架上的作業。

1. 補貨

(1)定時補貨，指在非營業高峰的補貨。

(2)不定時補貨，是指只要貨架上的商品即將售完，就立即補貨，以免缺貨影響銷售。補貨作業不能影響顧客購買。

(3)先進先出，補貨時將原商品取下，將補充的新貨放在裏面，再把原架上的商品放在前面，做到商品陳列先進先出。

(4)核對卡、貨，先查對欲補貨的陳列架前的價目卡是否和要補上去的商品一致。

(5)特殊商品要控制，對冷凍食品和生鮮食品的補充要進行時間段投放量的控制。要根據每天銷售量和銷售高峰來確定。店員除了領貨、標價、補貨之外，還肩負著盤點作業。

2.標價

商品價格調高或調低時，應將原來的價格標籤撕下，再貼上新的價格標籤。最好不要將新價格標籤覆蓋在原標籤的上面。因為，每一位顧客都有好奇心，他們常會撕開新標籤，看一看原來的價格水準。如果原來的價格低於現在價格，就會引起他們的逆反心理，甚至會以原有的價格標籤進行欺騙式的付款結算。

在打貼商品價格前，要認真檢查商品的代碼與種類，核對貨架上商品的價格是否與標籤價格相一致，以免給顧客造成誤解。

零售店鋪中商品的價格標籤的位置都應該一樣，即在包裝的右上角，如果右上角有商品品牌，就應將標籤貼在包裝右下角。

3.營業後的清點階段

清點工作是對當日營業的小結，也是為次日的工作做好準備，因此，營業後的結束工作也很重要。營業後，清點工作的主要內容是：根據商品數量的記錄賬、卡，清點當日商品餘數，作好銷售數量的記錄，對數量不足的應予退貨，對陳列的商品進行整理歸位，打掃衛生，做好商品養護等。

第 六 章

店員的盤點工作

1 店員盤點前的準備工作

　　盤點是商店工作中最繁重的一項工作，也是商店發現商品損耗和差錯的最有效的方法，是商品庫存管理的重要環節。

　　商店可以通過盤點，及時發現商品損耗情況，從而追查原因，研究應對措施，解決問題。因此，商品盤點業務是商店工作中必不可少的。

　　很多企業的盤點工作都安排在晚上營業結束後進行，對第二天的營業沒有什麼影響。但如果企業需要關門盤點，盤點前要提前幾天貼出告示，對由此造成的不便請顧客原諒，還要電話通告廠商，以免在盤點時送貨，造成不便。

　　每次盤點前，店長（課長）應根據大類盤點前的相關文件，針對前次盤點出現的問題，進行總結、分析，對盤點人員（特別是新員工）進行強化培訓，不斷提高盤點技能及準確度。

1. 整理商品

在盤點的前幾天進行商品整理，可以使盤點工作更加有序、順利地進行。對商品進行整理要抓住以下幾個重點：

(1)對貨架上、櫥窗和櫃台上商品的移位整理，暫停從倉庫提貨。將櫃台上的商品進行分類整理歸位，因為櫃台上的商品往往是為了促銷而擺出來的樣品，不同的商品混放在一起，不利於盤點。將貨架下的空箱子拿走，不足的箱子要放滿，以免把空箱子當實箱子計算或將不滿的箱子當滿箱計算，引起盤點的差錯。

檢查貨架上的商品是否有混雜情況，以及後面的商品是否被前面的商品擋住了，而沒有計算。因為貨架上的商品放得最多，銷售中難免會發生混雜情況。

(2)對庫存商品的移位整理。庫存商品的整理要特別注意：一是注意被大箱子擋住的小箱子，在整理時要把大箱子放在小箱子的後面；二是要避免把一些內裝數量不足的箱子當整箱計算，要在箱子上寫上內裝商品實際的數量。否則，就會造成計算上的實際庫存遺漏或計算上的庫存偏多，使盤點失去準確性。

(3)對代管代銷、貨到單未到的商品，應分開存放，以免與入賬商品混淆。

2. 單據整理

主要包括以下幾項：進貨單據的整理，變價單據的整理，淨銷貨收入彙總，報廢品彙總，贈品彙總等。

3. 盤點工具的準備

將有關的度量衡等盤點工具準備好，如點貨機是否可正常使用，填寫用的不同顏色筆等。

4. 盤點表的準備

要抄寫好盤點表，將商品品名、規格、牌號、單位、單價等欄事先填好，以加快盤點速度。

總之，要求在盤點前做到「三清、兩符、一歸」，即票證數清、

現金點清、往來手續清；賬賬相符、賬單相符；商品分類存放。

表 6-1　　商品盤點表

類別	貨號	品名	單位	盤點情況								備註
				數量	單價	金額						
						萬	千	百	十	角	分	
本　頁　小　計												
賬戶應存金額				點存合計金額					差額損溢			

_____商店_____櫃　　　　20　年　月　日　　　第　頁

2　選擇合適的盤點方式

　　盤點的方式有很多種，零售商店應根據商品的特點、業務經營的需要，分別採用最為適合的盤點方式。

　　商品盤點按照盤點時間劃分，可分為定期盤點和臨時盤點。定期盤點又可分為三種形式：

・ 按制度規定進行的月終、季末與年底的盤點，這是零售商店為了摸清家底，定期考核經營成果的一種重要形式；

・ 日銷日盤，即每日銷售結束後，對某種商品進行盤點，例如經營自行車、手錶、照相機、電視機、收錄機等的商店或櫃組，由於品種單一、金額較大，通常實行逐日盤點，日結日清，以

加強對商品的管理；

· 按批盤點，即按商品進貨的批次，銷完一批盤點一次。通常對鮮活商品採用這種盤點形式。因為鮮活商品銷售快，時間短，零售商店也不會大量長期儲存，只能是賣一批盤一批。

臨時盤點是在商品變價、負責人工作調換、商品保管發生變故以及突擊抽查等情況下進行的盤點。臨時盤點又可分為關門盤點和不關門批點。

· 關門盤點就是停止營業進行盤點，一般店員少的小商店採用此方式。

· 不關門盤點，即在不影響商店營業的情況下，組織專門班組或利用班後進行盤點。

在目前的零售業中，各零售企業為了加強商品管理，防止缺貨，減少滯銷商品，優化庫存結構，提高商品週轉率，大多運用日銷日盤的方式。因此，學會運用日銷日盤的方式對於店員來說十分必要。

1. 盤點對象

日銷日盤並不適合所有的商品，而是針對某些商品的，這些商品主要有：

(1)快訊商品；

(2)特價商品；

(3)季節性商品(指季節性較強的商品，滅蚊水、保暖內衣、月餅、粽子等)；

(4)新商品(新產品試銷期間)；

(5)暢銷商品(每小類商品銷售排名前十名左右)。

2. 操作方式

(1)由理貨課課長安排理貨員、店員進行日盤點工作；

(2)日盤點時間規定在每晚 8：30～9：30(夏季為 9：00～10：00)，各地企業可根據當地情況調整；

(3)進行日盤點商品包括排面、非排面(含倉庫)；

(4)填寫日盤點表要認真、工整、正確，並在備註欄上註明所盤點商品的類別；

(5)將每天的商品入庫數量填寫在日盤點表庫存數的下一行；

(6)日盤點要分課進行，如有必要店面可做人員調整。

3.注意事項

(1)進行日盤點前，要將所有商品歸位；

(2)在日盤點進行期間，不能影響商品銷售工作，對顧客應積極主動地做好商品推介；

(3)交接時必須對日盤點表進行交接；

(4)每月 25 日必須將日盤點表上交副店長，由副店長統計、檢查，並列為員工的業績考核內容之一；

(5)營運部對商店盤點進行檢查，並列入商店業績考核內容之一，對沒有按規定開展此項工作的商店將予以扣分。

3 盤點過程中的工作

盤點工作是一項較為複雜的工作，工作中出現一點錯誤都將會影響到盤點結果的準確性，所以要十分謹慎。做好以下工作，這可以使盤點工作能夠更加順利地進行，盤點結果更加精確。

· 由櫃台負責人將本櫃台所有的商品卡集中，按卡一一清點商品；

· 排面商品：按從左到右，從上到下的順序認真點數，將數據填寫在大標籤上的小紙上；

· 非排面：散貨商品根據商品卡一一點數，過秤，填好數據；

· 將所有數據按要求輸入盤點機內，輸完一種商品的數量在其品

名後打勾。三人配合輸單，店員輸數字，一盤點人員報數，一盤點人員在後面打勾；

· 資訊課對盤點數據進行處理，生成盤點盈方差異（對照電腦庫存）；

· 盤點完畢，清掃好衛生，將排面陳列到位後，經檢查方可能離開。

　　初點、複點、抽查是盤點作業中的最為關鍵的三步。在盤點實施時，一定要檢查盤點配置圖是否有遺漏區域，盤點單內所盤點的項目是否有遺漏的品項，數量、價格是否正確。複點、抽查若有錯誤，則須由原盤點者重新確認後再更正。

1. 初點作業

　　初點作業時，一定要先點倉庫，後點賣場，要依序由左而右，由上而下進行盤點。每一台貨架或儲物櫃都應視為一個獨立的盤點單元，使用單獨的盤點表，以便於按盤點配置進行統計整理。

　　最好兩人一組進行盤點，一人點，一人記錄。盤點表上的數據應填寫清楚，以免混淆。不同特性商品的盤點應注意計量單位的不同。盤點時應順便觀察商品的有效期，過期商品應隨即取下，並作記錄。

2. 複點作業

　　複點應先檢查盤點配置圖與實際現場是否一致，是否有遺漏的區域（獨立區域常會漏盤）。複點可在初點進行一段時間後進行，複點者須手持初點者已填好的盤點表，依序檢查，再將複點的數字記入複點欄內，並計算出差異，填入差異欄。

　　使用小貼紙方式盤點，則應先巡視有無未標示小貼紙的商品，複點無誤後再將小貼紙拿下。

　　複點者須使用紅色圓珠筆進行複點。

3. 抽查作業

　　抽查辦法可參照複點辦法，抽查的商品可選擇賣場內死角或不易清點的商品，或單價高、金額大的商品。對於初點與複點差異較大的

商品要加以實地確認。抽查者也必須使用紅色圓珠筆。

在抽查時還應注意以下三點：

一是每一類商品是否都記錄到盤點單上，並已盤點出數量和金額。

二是對單價高或數量多的商品，需要將數量再覆查一次，做到確實無差錯。

三是覆查劣質商品和破損商品的處理情況。

 **4 盤點的後期工作**

抽查完成以後，還要進行盤點差異核查。第二天開門前各課人員對照《盤點差異盈方表》(對照電腦庫存數量差異大的商品)對差異數量、金額大的商品進行複點。

具體做法是由商品課、防損課各派一人專門負責核查，相關人員配合。一般情況下，對超級市場來說，盤損率應在 2%以下，如超過2%就說明盤點作業結果存在異常情況，要麼是盤點不實，要麼是企業經營管理狀況不佳。

盤點後很可能存在差異，可能是數量少了，也可能是多了。無論是多還是少，都應當找出原因，避免下次再出現同一情況。一般來說原因主要有以下六方面：

1.收貨：多收、少收或多退、少退，收錯或退錯；

2.收銀：打錯編碼，輸錯數量，弄錯商品規格。盤點時輸錯單，重覆輸單，輸單未保存；

3.顧客：偷竊；

4.單據方面：單據處理不及時，丟失、重覆做單，單據與實物不

符(已打單，貨沒有拿走；貨已到，沒有打入庫單)；

　　5.盤點：漏盤，錯盤，贈品作商品盤，標籤與實物不符，寫錯編碼；

　　6.其他原因：借用編碼，散貨串碼，免費試吃等。

　　盤點作業結束後，店鋪還應進行盤點作業的賬冊工作。盤點作業的賬冊工作就是將盤點單的原價欄上記錄的各商品原價和數量相乘，合計出商品的盤點金額。這項工作進行時，要重新覆查一下數量欄，審核一下有無單位上的計量差錯，對出現的一些不正常數字要進行確認，更正一些字面上明顯看出的差錯。將每一張盤點單上的金額相加，就得出了合計的金額。商店要將盤點結果送財務部，財務部將所有盤點數據覆審之後就可以得出該商店的營業成績，結算出毛利和淨利，這就是盤點作業的最後結果。

圖 6-1　　商品盤點的作業流程

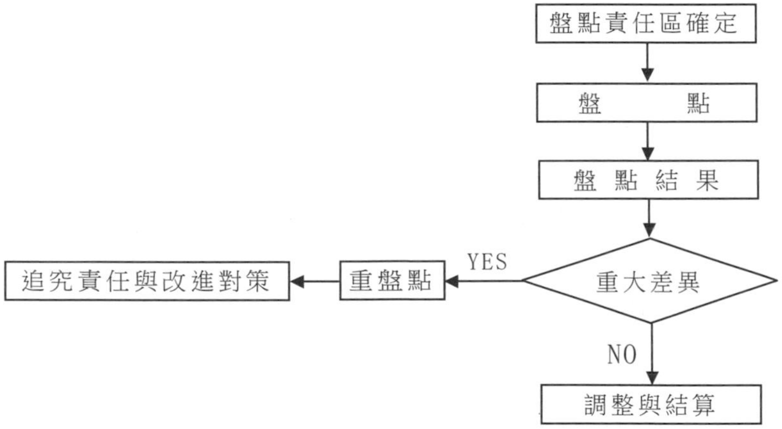

第 七 章

店員與顧客的溝通

1 店員要懂得身體語言涵義

專家的研究，對人們如何從他處那裏獲取印象的研究顯示：語言傳遞給人的印象只有 7%，而身體語言卻達 55%，因此身體語言是一種無聲的話言，是一種更有效的語言。無怪乎人們常說：「會說的不如會聽的，會聽的不如會看的，會看的不如會幹的，會幹的不如能融會貫通的。」

有經驗的顧客，不需要聽你在說什麼，通過你的身體語言，就能察覺你的內心世界。我們經常會遇到這樣的情況：「不少服務人員穿戴得非常整齊，卻吸引不了顧客的注意」;「說了很多，可就是提不起顧客的興趣」;「臉上堆滿笑容，也得不到顧客的諒解」;「面對重要的顧客，無論如何也克服不了緊張的情緒，雙手像沒洗乾淨似的使勁地搓，眼睛不知該望何處，也不知為什麼渾身冒汗」。

為了使顧客滿意，我們應積極地表達自己的身體語言。

一、面部表情

面部表情包括了頭部動作、面部表情、眼神和嘴唇這四部份。

1.頭部動作

頭部動作包括：

- 身體挺直、頭部端正：表現的是自信、嚴肅、正派、有精神和有風度。
- 頭部向上：表示希望、謙遜、內疚或沈思。
- 頭部向後：表示驚奇、恐懼、退讓或遲疑。
- 頭部向前：表示傾聽、期望或同情、關心。
- 點頭：表示答應、同意、理解和贊許。
- 一擺頭：顯然是表示快走之意。

2.面部表情

人的容貌是天生的，但表情不是天生的，人的面部表情同其他體態語言一樣，是可以熏陶和改變的，是由人的內在變化、文化修養、氣質特徵所決定的，正所謂相由心生。面部表情傳遞的含義有：

- 臉上泛紅暈：一般是羞澀或激動的表示；
- 臉上發青發白：是生氣憤怒或受了驚嚇異常緊張的表示；
- 皺眉：表示不同意、煩惱、甚至是盛怒；
- 揚眉：表示興奮、莊重等多種情感；
- 眉毛閃動：表示歡迎或加強語氣；
- 眉毛揚起後短暫停留再降下：表示驚訝或悲傷。

3.眼神

- 眼神正視表示莊重；
- 仰視表示思索；
- 斜視表示輕蔑。
- 俯視表示羞澀。

4.嘴不出聲也會「說話」

· 唇閉攏：表示和諧寧靜、端莊自然；

· 嘴唇半開：表示疑問、有點驚訝，如果全開就表示驚駭；

· 嘴唇向上：表示善意、禮貌、喜悅；

· 嘴唇撅著：表示生氣、不滿意；

· 嘴唇緊繃：表示憤怒、對抗或決心已定。

可見，面部表情能夠傳達多麼複雜而微妙的心理活動。

二、手能傳遞信息

　　手勢語是通過手和手指活動傳遞信息，是姿態語言的重要表達方式。手勢變化形態多，表達內容豐富，具有極強的表現力和吸引力。

　　在二次世界大戰期間，英國首相邱吉爾在結束電視演講時，舉起握拳的右手，然後伸出食指和中指構成 V 形，象徵英文「勝利」一詞的開頭字母，結果引起全國歡呼，因為這手勢十分形象地表達了英國人民戰勝法西斯的必勝決心和信念。

　　手的姿勢一般有如下表示：

· 手心向上：坦誠直率，善意禮貌，積極肯定；

· 手心向下：否定、抑制、貶低、反對、輕視；

· 擡手：請對方注意、自己要講話了；

· 招手：打招呼、歡迎您或請進來；

· 推手：對抗、矛盾、抗拒或觀點對立；

· 單手揮動：告別、再會；

· 伸手：想要什麼東西；

· 藏手：不想交出某種東西；

· 拍手：表示歡迎；

· 擺手：不同意，不歡迎或快走；

· 兩手疊加：互相配合、互相依賴、團結一致；

- 兩手分開：分離、失散、消極；
- 緊握拳頭：挑戰、表示決心、提出警告；
- 豎起拇指：稱讚、誇耀；
- 伸出小指：輕視、挖苦；
- 伸出食指：指明方向，訓示或命令；
- 多指並用：列舉事物種類，說明先後次序；
- 雙手揮動：表示呼籲、召喚、感情激昂、聲勢宏大。

人們不但在說話的時候用手的動作來加強語氣、輔助表達，而且在特定的時候會用手勢代替說話，如語言不通、與聾啞人交流等。

三、身體的姿態和動作

身體的姿態和動作所表達的意思同樣是多種多樣，豐富而又複雜的。如：

- 眉毛向上揚、頭一擺：表示難以置信，有些驚疑；
- 用手揉揉鼻子：表示困惑不解，事情難辦；
- 雙手置於雙腿上，掌心向上，手指交叉：表明希望別人理解，給予支援；
- 用手拍拍前額：以示健忘，如果用力一拍，則是自我譴責、後悔不已的意思；
- 聳聳肩膀，雙手一攤：表示無所謂或無可奈何，沒辦法的意思。

身體語言也包括腳的語言。假如一個參加面試的人，似乎很冷靜地坐著，表情輕鬆，雙手自然下垂，一副泰然自若的樣子，他真的泰然自若嗎？答案就在他的腳上。他的兩隻腳扭在一塊，好象在相互尋求安全感，然後兩腳又分開，輕輕叩擊地面，似乎想逃走，最後，他兩腳交叉、懸空的一隻腳一上一下地拍動，這些便暴露出這位面試者緊張不安的心情，儘管他穩穩地坐著沒動。

所以說，察言觀色或自我表現都不要忽視一雙腳，腳是全身最誠

實的「洩密者」，它的小動作會暴露人的隱秘心情。

2 店員要懂得聆聽

在銷售過程中，聆聽技巧扮演著重要的角色，店員應懂得聆聽的技巧，聽出顧客的需求，促進銷售的成功。

一、聆聽的重要性

小李是個勤勞的化妝品銷售員。每當她看到顧客走進她們的化妝品店的時候，她總是很熱情地迎上去，不辭辛苦地給顧客介紹最新的產品。可是很多時候，即使她講得口乾舌燥，顧客還是離她而去，所以小李每個月的銷售額一直不高。而另外一個不善言詞的同事小華的銷售額卻一直很不錯。

小李不明白，一個不善言辭的小華為什麼能把化妝品賣出去呢？

後來，細心的小李觀察到每當有顧客走進店的時候，小華只是微笑地對顧客說一聲「歡迎光臨」之後，就在顧客不遠的地方靜靜的站著，當看到顧客拿起某種化妝品時她才走過去，溫和地問顧客想買用於那方面(洗臉、補水、護膚等)的化妝品，問顧客的皮膚情況，要什麼功能的……然後用心地聆聽顧客說話。

在整個過程中，小李很少說話，很少跟顧客說那個化妝品怎樣好、怎樣先進，到最後，顧客都開心地買了她介紹的化妝品。

小李在心理上處於這樣一個誤區：認為憑自己對產品的瞭解，在向客戶銷售的過程中，她應該把握主導權，而顧客僅僅是

「聽」的角色；而小華卻與小李相反，她深諳聆聽的重要性，所以在銷售過程非常懂得運用提問和用心聆聽的技巧找出顧客的需求，所以她的銷售就取得了成功。

其實在整個銷售過程中，聆聽和詢問是同步進行的，它們在捕捉客戶需求的過程中，具有同樣重要的作用。聆聽可以：

· 有助於你瞭解顧客的現狀。
· 有助於你從顧客那裏獲得重要的資訊。
· 有助於你拉近和顧客之間的關係。
· 有助於你理清自己的思路。

二、要讓顧客知道你在聆聽

有效的聆聽必須要有反饋。為了減少誤會，我們還是要確認我們所瞭解的是否正確。另外，為了表示對顧客的尊重，讓顧客知道我們在認真聆聽，反饋是非常必要的手段。

我們的反饋可以通過語言方式及非語言方式來表達。

所謂語言的方式，即用自己的說法簡潔地講出對方的意思，讓他知道你瞭解他的意思。你可以這樣做：

1. 表示理解顧客的語言

你可以說「嗯嗯」、「我明白」、「我知道」、「是的」，等等。

2. 重覆對方的話

不是對方說一句，你就跟著重覆一句。而是在別人說話時，你要聆聽顧客感受最強烈的方面或你不明白的地方，等對方說完了，你把顧客所說話意思用自己的話對客戶重覆一次。

3. 把你的理解加入到你的話中

重覆對方的話，不是炫耀你從別人說話中總結出來的結果，而是在把結果以人性化的理解插入重覆的話中。這樣不但讓客戶覺得你真的在聆聽他講話，還使你明確自己的理解是否有誤。

4.提出試探性問題

重覆對方的話時，我們一般是提出一些試探性的問題去弄清獲得的資訊是否真實的。你可以運用以下的句子：

· 我想確認一下，您剛才說的意思是不是……
· 您覺得（認為）……
· 如果我沒理解錯的話，您的意思是……對嗎？
……

三、店員聆聽的案例

讓我們來感受一下面對同一個顧客兩個銷售員完全不同的反應。

客戶：「我想要一輛款式不需要太新的、速度也不用太快、實用一點的轎車。」

銷售員 A：您是說您想擁有一輛款式可以不用很新的、速度適中的、性能不錯的、價錢方面要相對實惠的車子嗎？

客戶(高興)：對極了！

銷售員 B：您的意思就是說您想要一輛便宜的轎車啦？

客戶(有點尷尬)：是啊！

案例中顧客由於自尊心的原因沒有直接告訴銷售員他想要什麼，如果你接待這樣的顧客，你就要學會根據客戶的言語和表情，聽出感覺。

重覆客戶的話，不是簡單的重覆，而是在重覆中加入自己的理解，這樣聽起來才會讓人舒服。

如果你僅說出你瞭解的結果的話，其實你根本還沒聽出感覺，還沒有聽出客戶之所以不直接向你訴說的苦衷。所以，作為店員，要重視顧客說的話，懂得如何去聆聽。

四、聆聽的執行重點

聽可分為五個層次：忽視地聽──假裝地聽──有選擇地聽──全神貫注地聽──用心去聽。人生下來「兩個耳朵，一張嘴」，就是要人多聽少說。

一名優秀的店員，更要善於傾聽，傾聽顧客的需求、需要、渴望和理想；傾聽顧客的異議、抱怨、傾訴和投訴；善於聽出顧客沒有表達出來的意思──沒說出來的需求，秘密需求。

唐朝的太平公主是一個悟性極高的女孩。有一天，眼瞎的太平公主到禪院拜佛，她告訴方丈她聽到了鳥叫。

方丈問：「你是用什麼聽到的？」

太平公主說：「用耳朵。」

方丈問：「死人也有耳朵，能聽到嗎？」

太平公主說：「活人的耳朵才能聽到。」

方丈又問：「你睡覺時，耳朵能聽到嗎？」

太平公主回答：「聽不到，那究竟用什麼來聽呢？」

方丈說：「用心來聽，當我們的心關閉的時候，我們將什麼也聽不到。」

從這個故事，我們得出這樣一個結論：聽的最高境界就是用心去聽，所以既要會聽，還要善於去聽。

店員運用「聽」的技巧時，要注意下列重點：

1. 耐心

人人都喜歡好聽眾，所以要耐心地聽，作為一名專門與顧客打交道的店員，不要隨便打斷顧客的說話是非常重要的。我們來看下面這個例子：

一個顧客匆匆地來到商場的收銀處，對低著頭忙著整理的收銀員說：「小姐，剛才你弄錯了 50 元……」收銀員猛地抬起頭，

滿臉不高興地打斷這位顧客說：「你剛才為什麼不說清楚，銀貨兩清，概不負責。」顧客也沒好聲地說：「那就謝謝你多找給我的50元了。」說完揚長而去，收銀員目瞪口呆。

所以，我們要學會耐心地聽，不要打斷顧客說話，除非你也想做這樣的收銀員。

2. 關心

- 店員應該帶著真正的興趣聽顧客在說什麼。我們可以這樣想象：顧客的話有如一張藏寶圖，順著它就可找到寶藏。
- 店員應用心去聽、去理解顧客所說的話，而不能左耳進，右耳出，漫不經心。
- 店員在傾聽顧客說話時，要始終保持目光的接觸，注意觀察面部表情、聲調的變化，要學會用眼睛去「聽」。
- 有必要時不妨做筆記，這樣可以幫助你更認真地聽，記住對方的話，同時你的認真態度會給人留下深刻印象。
- 聽的同時還要認真分析，防止盲目性。

3. 不要一開始就假設明白他的問題

永遠不要假設你知道顧客要說什麼，因為這樣的話，你會以為你知道他的需求，而不會認真地去聽，結果在顧客說完後，你還要去問一句：「你的意思是……」「我沒理解錯的話，你需要……」等等，以印證你所聽到的。

有一種方法可以讓煩躁的顧客慢慢平靜下來，那就是傾聽。傾聽是緩解衝突的潤滑劑。

現在，我們來做幾個練習。對以下幾句顧客的話，你能聽出話外音是什麼嗎？

- 顧客故意發出一些響聲，如咳嗽、清嗓子、把單據弄得沙沙作響。（話外音：你應該看到我了，或者是輪到我了。）
- 「你說的我不明白。」（話外音：你提供的服務不夠專業。）
- 「我們買不起這種產品。」（話外音：你的價格太貴了，或你

能夠降價嗎？）

· 「我以前用過這種產品。」（話外音：這種產品質量不怎麼樣，或者是我對這種產品很熟悉，不需要再介紹了。）

· 「你們的電話不是佔線就是打不通。」（話外音：有更快捷方便的與你聯繫的辦法嗎？）

· 「有別的型號嗎？」（話外音：我不喜歡現有的這種）

五、傾聽是門需要修煉的藝術

要想實現有效的傾聽並不簡單。因此，為了達到良好的溝通效果，店員就必須不斷修煉傾聽的技巧。有效傾聽需注意：

1. 集中精力，專心傾聽

這是有效傾聽的基礎，也是實現良好溝通的關鍵。要想做到這一點，店員應該在與顧客溝通之前做好多方面的準備，如身體準備、心理準備、態度準備以及情緒準備等。疲憊的身體、無精打采的神態以及消極的情緒等都可能使傾聽歸於失敗。

2. 不隨意打斷顧客談話

隨意打斷顧客談話會打擊顧客說話的熱情和積極性，如果顧客當時的情緒不佳，而你又打斷了他們的談話，那無疑是火上澆油。所以，當顧客的談話熱情高漲時，店員除了給予必要的、簡單的回應外，最好不要隨意插話或接話，更不要不顧顧客喜好另起話題。例如：

「等等，我們公司的產品絕對比你提到的那種產品好……」

「您說的這個問題我以前也遇到過，只不過我當時……」

3. 謹慎反駁顧客觀點

顧客在談話過程中表達的某些觀點可能有失偏頗，也可能不符合你的口味，但你要記住：顧客永遠都是上帝，他們很少願意聽店員直接批評或反駁他們的觀點。如果你對顧客的觀點實在難以做出積極反應，那可以採取提問等方式改變顧客談話的重點，引導顧客談論更能

促進銷售的話題。例如：

「您的觀念很新，我特別想知道您認為什麼樣的理財服務才能令您滿意？」

4.瞭解傾聽的禮儀

在傾聽過程中，店員要盡可能地保持一定的禮儀，這樣既顯得自己有涵養、有素質，又表達了你對顧客的尊重。通常在傾聽過程中需要講究的禮儀如下：

· 保持視線接觸，不東張西望。

· 身體前傾，表情自然。

· 耐心聆聽顧客把話講完。

· 真正做到全神貫注。不要只做樣子、心思分散。

· 表示對顧客的意見感興趣。

· 插話時請求顧客允許，使用禮貌用語。

5.及時總結和歸納顧客觀點

這樣做，一方面可以向顧客傳達你一直在認真傾聽的信息，另一方面，也有助於保證你沒有誤解或歪曲顧客的意見，從而使你更有效地找到解決問題的方法。例如：

「如果我沒理解錯的話，您更喜歡弧線形外觀的深色汽車，性能和品質也要一流，對嗎？」

3 耐心詢問，問出顧客需求

除了觀察，店員還可以通過向顧客問問題，例如詢問顧客「您平日做飯最頭疼的是什麼」、「您現在吃的是那種保健品」等問題，以此來瞭解顧客的真正需求。

一、有效詢問的 4 種方法

店員對顧客的有效詢問大致有 4 種方法：狀況性詢問、問題性詢問、暗示性詢問和需求性詢問。具體情況見表 7-1。

表 7-1　有效詢問的 4 種方法

方法	定義	好處	舉例	影響	建議
狀況性詢問	為瞭解顧客目前的狀況及可能的心理狀況所做的詢問	會使店員獲得的信息增多	「您在那裏上班？」「您有那些愛好？」「您踢足球嗎？」「上班遠嗎？」……	效力和威力最低；會給顧客帶來潛在的壓力，使其產生抗拒心理；對銷售成功有一些消極影響	問題要少而精
問題性詢問	詢問顧客目前面臨的問題、困難或不滿	可以有效地探求顧客的潛在需求	A：「孩子上大學了嗎？」（狀況詢問）B：「大三了。」	1. 比狀況性詢問更有效 2. 越有經驗的顧問式店員，越會頻頻提出此類問題	1. 在聽完顧客狀況詢問的回答後提出

續表

問題性詢問	詢問顧客目前面臨的問題、困難或不滿	可以有效地探求顧客的潛在需求	A：「馬上就畢業了，您的負擔輕些了吧？」（狀況詢問） B：「是啊……」 A：「辛苦了大半輩子，不容易吧？」（問題詢問） B：「是啊，上有老下有小，好不容易熬到孩子快大學畢業了。」	1. 比狀況性詢問更有效 2. 越有經驗的顧問式店員，越會頻頻提出此類問題	2. 要以為顧客解決的困難為條件來考慮產品，不要以產品擁有的細節和特點為條件 3. 要提前做準備工作（見「問題性詢問準備表」）
暗示性詢問	詢問顧客的難點、困難或不滿的結果和影響	有利於將店員的推薦和顧客的難題關聯起來	A：「真該好好保養一下，買點好的保健品不好嗎？」（暗示詢問技巧） B：「是該好好保養身體了，只是不知道什麼產品比較好。」	最有效的一種詢問	1. 儘量多提暗示性問題 2. 提前做好準備 3. 讓顧客自己說出問題所在（這些問題應當是店員能解決的） 4. 不急於推薦產品
需求性詢問	詢問這個產品的價值或意義	可以讓顧客自己說服自己	「如果這台電腦能解決信息存儲、加工、分發等問題，您是否願意購買一台？」	整個銷售過程中最有利也最有效	1. 應當儘量使用 2. 讓顧客告訴店員產品的利益所在

二、有效傾聽的 6 個原則

有效傾聽顧客需要遵循如下原則，具體內容見表 7-2。

表 7-2　有效傾聽的 6 個原則

原則	說明	舉例或要求
不要打斷顧客	只有需要顧客就某一點進行確認時，店員才可以打斷對方	當聽到顧客做自我介紹時，如果顧客的名字聽起來很拗口，這時就可以詢問具體是那個字，並且打斷顧客時最好用「請原諒」來開始
不要假裝注意	假裝注意聽顧客講話，顧客很快就會對店員失去信任	假裝點頭，眼睛注視著顧客，口頭上講一些表示積極應和的話，例如「我明白」、「是的，是的」
不要直接否定顧客	店員要分析顧客的話語，因為有些否定的說法和判斷可能掩蓋了顧客的需求	「您這話可不對了！」
瞭解回應回饋	店員為了理解顧客的意思，應將顧客的話語進行總結；對於不能肯定的地方，可以直接向顧客詢問澄清	「您剛才的意思是不是說……」
專心致志地傾聽	只有專心致志地傾聽，才能準確地把握顧客所要表達的真正意思，才能贏得顧客的注意、好感和尊重	目光專注，全身心投入，時而凝神深思，時而點頭小聲應和，時而會心微笑。切忌漫不經心、左顧右盼、擺弄他物、老看手錶或隨意插話
眼到、耳到、心到	做到眼到、耳到、心到，盡力把握顧客講話的重點和要點	要聽得詳盡、完整，辨清語音，理清語意，及時去粗取精，去偽存真，抓住主幹和核心，有時還必須聽出「弦外之音」

4 店員的溝通能力

店員需要與顧客良好、深入地溝通才能完成產品的銷售。因此，店員一定要具備傑出的語言表達技巧，能通過準確的銷售措辭和真誠的內心溝通，取得顧客的信任，使顧客願意選擇自己促銷的產品。

1. 溝通 7 原則

在與顧客的溝通過程中，店員要做到設身處地，將心比心，不要把自己擺在與顧客對立的「銷售者」的位置上，而要把自己也當作一個顧客，這才是貼近顧客的想法。由此，店員需要遵循 7 項原則，具體內容見表 7-3。

2. 巧妙回答顧客的提問

店員在與顧客溝通的過程中，經常需要回答顧客提出的各種各樣的問題，如果注意使用一些技巧可以使顧客更滿意。

(1)認真傾聽顧客述說而不急於表態

要想回答好顧客的問題，店員首先要帶著濃厚的興趣認真地聽取顧客的意見，讓顧客把話說完，不能中途打斷顧客。在這個過程中，店員要避免急於表態，以證明顧客的看法是錯誤的，否則很容易激怒顧客，這樣對銷售沒有任何好處。

(2)對顧客的感受表示理解和同情

顧客對產品提出異議的時候，一般都是帶著某種主觀情感的。店員要想平復這種情感，就要向顧客表示出自己對他們這種情感的瞭解，對顧客表示自己對他們的同情和理解，表示自己明白顧客的觀點。這時，店員可以對顧客這樣說「嗯，我明白您的意思了」、「我明白您的感受，很多人都是這麼想的」、「好的，我知道您的要求了」等。

表 7-3　店員溝通 7 原則

原則	場景	語言技巧	可能的結果
不用否定語氣，而用肯定語氣	當顧客問「有某某產品嗎」	（否定的回答）「我們不賣某某產品」	使顧客有被拒絕、無趣的感覺而掉頭離去
		（肯定的回答）「我們現在只有某某產品」	顧客不會覺得被拒絕，甚至會說「那麼，請讓我看看該產品」
不用命令語氣，而用請求語氣	當跟顧客說一件事情時	（命令語氣）「請打電話給我」	顧客不容易接受，容易想「我為什麼要那麼做」
		（請求語氣）「能不能打個電話給我」	請求的語調，顧客會愉快地說「好的」
以語尾表示尊重	表明一件產品很適合顧客	「您很適合」	語尾感覺太寬泛
		「很適合您，不是嗎」	顯得謙遜，強烈地表現對顧客的尊重，會產生較好效果
拒絕的場合說「對不起」，並和請求併用	不能滿足顧客的要求或不能提供某項服務時	「不能兌換外幣」	給人強烈的拒絕印象
		「我很抱歉，可否請您到銀行去兌換」	沖淡了拒絕的印象，顧客反而能感受到店員的好意
不斷言，讓顧客自己決定	為顧客提供購買建議	「這個比較好」	會使顧客有壓迫感
		「我想，這個可能比較好」	讓顧客自己說「我決定買這個」，這樣容易讓顧客有「自己選購」的滿足感
在自己的責任範圍內說話	當顧客有錯誤等情況出現時	「你怎麼能……」	讓顧客感覺到店員在推卸責任，增加對立情緒
		「是我確認不夠」	讓顧客感覺到店員的寬容，會主動承擔責任
多說讚美、感謝的話	商談中，試穿時	「您的審美眼光很高」	增加顧客的好感
		「謝謝」	容易與顧客接近
		「這件風衣真像為您量身定做的」	進一步促成成交

⑶回答前覆述問題並適當停頓

在回答顧客的提問前，店員要用自己的話把顧客的問題覆述一遍。一是表示自己已經知道顧客的意思；二是可以確認自己對問題的理解是否和顧客的一樣；三是可以給自己留出一點思考的時間。一般說來，店員在覆述顧客的問題時可以把顧客表示異議的陳述變為疑問句。例如，在一家辦公器材專賣店，一位顧客對傳真機的品質表示懷疑。店員說：「我已經知道您的要求了，您是不是懷疑這種傳真機的品質？」覆述完畢後，店員可以稍微停頓一下，不要急於回答，要根據顧客的表述來考慮以何種方式回答問題，這樣也容易讓顧客感覺到店員的回答是經過慎重考慮的。即使顧客的問題很簡單，店員也不要太匆忙地回答。

⑷回答問題

最後，店員要全面清楚地回答顧客提出的問題，保證顧客在這一問題上不再有疑問。在回答完畢後，還要問一句「我是否已經解答了您的問題」或「這樣說您清楚了嗎」，以便弄清楚顧客是否確實明白了自己的意思，然後再繼續進行產品介紹。

另外，需要注意的是，不要反覆提起顧客對產品所提的異議，這樣做只會誇大問題的嚴重性，給顧客留下不必要的顧慮。

3.運用聲音的魅力

一名聲音悅耳動聽的店員更容易獲得顧客的好感和認同。因此，對於店員來說，在與顧客溝通時適當運用聲音的魅力是很重要的。

⑴店員聲音的基本要求

每個人聲音的表現和影響力各不相同，對店員聲音的基本要求是：

①說話自然，聲音堅定有力，富有彈性。

②在介紹產品的過程中，儘量運用語調、語速的變化，讓語言染上動人的色彩，讓聲音出於自然的感情流露。

③在講解時做到主次分明，突出重點。

店員如果能讓顧客感受到通過聲音表現出來的自信，感受到對產品的熱愛和信心，那麼顧客購買的可能性就會增加，甚至馬上就能成交。

(2)店員聲音魅力自測

一名店員怎樣知道自己聲音的表現力如何呢？請回答表 7-4 所提出的問題，然後總結原因，不斷改進。

表 7-4　店員聲音魅力自檢表

問題	是否做到
你的聲音聽起來是否清晰、穩重而又充滿自信	□是　□否
你的聲音是否充滿了活力與熱情	□是　□否
你說話時是否使語調保持適度的變化	□是　□否
你的聲音是否坦率而明確	□是　□否
你能避免說話時屈尊俯就、低三下四嗎	□是　□否
你發出的聲音能讓人聽起來不感到單調乏味嗎	□是　□否
你能讓他人從你說話的方式中感受到輕鬆自在和愉快嗎	□是　□否
當你情不自禁地講話時，能否壓低自己的嗓門	□是　□否
你說話時能否避免使用「哼」、「啊」等詞	□是　□否
你是否十分注重正確地說出每一個詞語	□是　□否

表 7-4 中共有 10 個問題，如果 6 個問題答「是」則聲音基本合格，可以不斷改進；如果 8 個問題答「是」則聲音條件是比較好的；如果都答「是」則你的聲音魅力很好；如果 6 個以下問題答「是」則要注意加強訓練了。

(3)店員聲音訓練

聲音的魅力因素包括 5 個方面。店員訓練自己的聲音可以從 5 個方面入手。

①語速。不同人的語速不一樣，店員必須針對不同的顧客來調整

講話的速度，保持與顧客的語速一致。如果店員說得太快，顧客就會以為店員急於把他打發走，或者並不在意顧客是否能聽懂自己在說什麼。

②音量。店員講話的音量應該適中，不要太高，否則會產生一種錯誤的交際情景，因為喊叫是憤怒、不滿的表現。

③音調。店員與顧客講話時應通過音調的高低變化傳達給顧客這樣的信息：理解和樂於幫助顧客，而且給顧客以信心；店員不能只用一個音調，否則給人的感覺就是冷漠、毫無生機、無誠意。不妨做這樣一個練習：首先用同樣的音調大聲說下面這句話：「我真喜歡你。」然後再將這句話中「真」字的音調提高：「我真喜歡你。」體會一下有什麼不同的效果？你能從中得出什麼結論？

④音強。在不同的場合要表現出不同的感情。例如，店員接待一位投訴的顧客，顧客對剛剛購買的產品很不滿，不停地抱怨。店員的回答就要低沉，而不能使用高昂的語調，否則顧客會認為店員在拒絕他的投訴，從而激發顧客更大的怒氣，使問題更加難以解決。

⑤態度。無論店員的心情好壞，當見到顧客時，一定要微笑著問候對方。當電話鈴響時，一定要熱情地說：「您好！」

如果問候太簡單，就好像是顧客來敲門，而店員只把門打開一條縫，顧客會有一種不受歡迎的感覺；如果店員笑著問候顧客，就好像是店員把大門敞開，顧客會有一種受到熱烈歡迎的感覺。

5 店員與顧客的溝通三步驟

店員工作，可歸類為人對人的服務，因此，人際溝通技巧尤其重要。

在與顧客建立關係的過程中，溝通技巧及表達藝術的運用尤為重要。掌握這些技巧可以使我們與顧客的交流更順暢，還可以充分地體現出我們銷售的專業性。

一、顧客服務的溝通要點

在顧客服務中，我們應掌握三個重要的溝通要點。在面對面的交流中，這些要點簡單易記，又非常有效。我們應該時刻記住這句話：「傾聽、回應、積極關懷、勇往直前，是銷售贏家的成功之道。」

1. 第一步是探詢

探詢，即指詢問顧客。探詢有兩種形式：開放式和封閉式。開放式的問題通常用於從顧客那裏獲得更多的信息，而封閉式問題通常用來確認澄清顧客的問題。

(1)提出問題以知道顧客所需

例如：「您好！您希望我能幫助您什麼呢？」

「問題在那裏呢？」

(2)確定理解了顧客的意思

在與顧客交談時，我們可以不時地用自己的語言把顧客的需求表達出來，也可以覆述顧客的原話，用以向顧客暗示自己理解了他（她）的意思。

2.第二步是反應

積極傾聽並作出反應，對顧客所顧慮和關心的事情表示理解。重要的是，我們要抓住顧客的真實想法，而非顧客的表面意思，我們不一定要完全贊同顧客說話的內容，但必須對顧客的觀點表示尊重。

(1)配合身體語言來積極聆聽

例如：「我能理解……」

「是的……」

「哦……」

(2)對顧客所關心之事表示理解

例如：「我能理解……」

「我明白這對你來說非常重要……」

「我明白您為什麼這麼失望……」

我們在聆聽顧客談話時要帶著理解去聽，如果顧客表示不滿、生氣，我們就要這樣問自己：

「他的怒氣是從那裏來的？」

「要是這怒氣是合情合理的，我該怎麼做呢？」

我們如果把這些問題想通了，就會想著去給顧客一些撫慰，並真心地為他們提供幫助了。

3.第三步是告知

告知，即指告訴顧客我們將會採取措施，給顧客吃了一顆定心丸，讓他們明白我們非常清楚他(她)的需求。

二、與顧客溝通服務的表達藝術

關於人們如何從他人獲得印象的研究，表明：

· 55%的印象來自對方的身體語言，即能被顧客接收到的姿勢、眼神，表情印象；

· 38%的印象來自對方說話的語氣和語調；

· 7%的印象來自對方的口頭語言，即我們的遣詞用字。

　　由上述資料可以看出，在交流中，顧客從我們的身體語言裏解讀的印象最多。因此，在與顧客溝通時，我們需要對身體語言有意識地加以控制，選用恰當的詞語，搭配符合當場的語氣與對方溝通。

1. 第一步是身體語言

(1)調整姿勢

· 端正坐姿或者站立的方式，以良好的精神狀態去面對顧客；
· 面向顧客，表現出我們對顧客的尊重，並讓顧客感覺到我們願意與之坦誠交流；
· 身體微微前傾，表現出我們對顧客所說的話很感興趣；
· 聆聽中不時點頭，以表示出我們對顧客說話內容的關注或贊同。

(2)眼神接觸

· 目光接觸，以令顧客感受到我們的自信，同時也表示我們正在饒有興趣、聚精會神地聽他說話。如果目光遊移而散漫，會令顧客覺得我們漫不經心；
· 恰當的時候可稍稍移開目光，以緩和氣氛，有時緊盯著顧客會令其反感，甚至惱火。

(3)表情配合

· 任何時候都要面帶微笑，讓顧客感覺到我們的友善；
· 表情中流露出對顧客的理解。如果顧客感覺到我們的善解人意，他會更加願意向我們傾訴；
· 保持輕鬆自然的表情，切莫將壓力表現在臉上，以免使顧客受到我們情緒的影響，緊張的氣氛會使溝通無法繼續下去。

2. 第二步是語氣語調

　　店員在接待顧客以及與顧客溝通時的語氣語調要柔和，富於變化。

　　無論何時，與顧客說話時都要保持語調清晰，聲音柔和，柔和的

聲音會令顧客感到舒適。還應根據談話的內容，採取抑揚頓挫的語調，這種富有感情色彩變化的語調能幫助我們與顧客產生默契。此外，我們還應注意以下幾點：

· 如果我們想對顧客的遭遇表示理解，可以使用較為緩慢和低沈的語調，來配合談話的內容；

· 適當地提高語調來表示我們對顧客的關注；

· 使用溫和的語氣來澄清顧客的要求；

· 當我們感到對方咄咄逼人時，可以儘量調整自己的呼吸，放鬆聲帶，用平和的語調來緩和氣氛，控制音量；

· 使用大小適中並適合環境的音量，來與顧客交談，讓顧客能清楚地聽見我們說話；

· 如果顧客很生氣，並大聲地講話時，千萬不要以同樣的音量作出回應。相反，我們講話的聲音要比顧客低，並逐漸讓顧客把音量降下來；

· 對一位困惑而又拿不定主意的顧客，我們跟他說話的聲音要比平常稍大一點，這樣做有助於顧客重視我們所講的話，也有助於我們在顧客的對話中起主導作用。

3.第三步是口頭語言

(1)正確地遣詞用字

· 與顧客談話時，應使用通俗易懂、簡單明瞭的字句，恰如其分地表達自己的意思，避免產生誤會；

· 慎用專業術語，以免拉大與顧客之間的距離。

(2)避開顧客不愛聽的話

· 根據場合及顧客的心理接受程度來斟酌用語，避開一些忌諱、不禮貌的話語，避免傷害顧客的自尊；

· 無論何時，都要避免說一些容易引起顧客反感的話。例如，如果我們送貨遲到了，就不能說：「現在的交通真糟糕，堵了這麼久……」這樣說會令顧客覺得我們想掩蓋問題或是推卸責

任。我們應該這樣說：「對不起，我沒預計到交通堵塞，來遲了，真不好意思。」

⑶巧妙說「不」

顧客最不喜歡聽到「不」這個字。但是，雖然顧客不愛聽「不」，有些時候我們卻不得不說。

例如：當我們對顧客的所問不知該如何作答時，就應該說「不」，因為我們不能不懂裝懂；當顧客和我們殺價時，也要說「不」。那麼，如何做到在說了「不」之後，仍能取得顧客的理解呢？這就需要掌握對顧客說「不」的藝術。

巧妙說「不」的關鍵，在於既說了「不」，又避免了令人難堪、甚至傷感情的直接拒絕。我們可以盡可能地從正面提出更多供選擇的建議，從而避免形成對立情緒。

· 在說「不」之前，要問自己這樣一個問題：「這個顧客需要什麼，我怎麼才能盡最大努力幫助他？」

· 說完「不」後，接著要說：「我要做的是⋯⋯」、「我可以做的⋯⋯」這句話告訴顧客，我們會儘量想其他辦法來彌補，這樣或許不能完全符合顧客的心願，但有助於減少顧客的沮喪與失望。

心得欄

----

6 店員的推銷技巧用語

　　店員在接待客戶時，必須注意到所使用的語言，用詞要恰當，語調要親切，才能令顧客喜歡，營造良好的商業成交環境。

一、接近顧客的招呼用語

　　招呼聲也叫迎客聲，是店員剛看到顧客的第一招待聲。顧客臨櫃，店員應抓住接觸的最佳時機，主動迎上去打招呼，說好第一句話，要親切自然，落落大方。

　　打招呼的用語一定要恰當，對顧客可以統稱「您」，也可針對不同顧客的年齡、性別使用各種尊稱用語，如對老年人稱：「老先生」，對中青年稱「小姐」、「先生」、「太太」，對兒童可稱「小朋友」、「小同學」等。

　　打招呼用語為：

・早上好！

・您好！

・小姐你好！

・先生你好！

・歡迎光臨！

・請參觀！

　　打招呼時的時機和方式也要恰當，如當顧客進店後，目光集中，他腳步較快，直奔櫃台，店員應立即接待，主動打招呼：

・您好！您要看什麼？

・先生，您需要什麼？我拿給你看。

- 歡迎光臨，請隨意參觀選購。
- 這裏賣××(商品)您要看看嗎？

當顧客長時間凝視某一商品時，店員可過去，說：

- 小姐，你想看看××(她所凝視的商品)嗎？我拿給你。
- 小姐，××(她所凝視的商品)是新產品，我拿給你仔細看。
- 先生，這是名牌商品，你試一試吧，不買沒關係。
- 您試一試吧，或許會合您的心意。

當顧客細摸細看或對比摸看某一種商品時，店員自然地湊過去，說：

- 先生，這商品的性能、特點、質地是……
- 先生，您想買××嗎？我幫您選，好嗎？
- 小姐，這種商品是新上市的產品，很受歡迎。
- 打開看看吧，不行我再幫您換。
- 這是無氟電冰箱，無公害，無污染。

當顧客和店員的目光相接觸時，店員應立即點頭，微笑著打招呼：

- 您好！歡迎光臨！
- 小姐，歡迎隨便參觀選購。
- 這是剛到的商品，您看看吧，不買也沒關係。
- 我們這裏經營××(商品)您要看看嗎？我拿給您。
- 小姐，有什麼事我能幫您嗎？

當顧客突然停住腳步仔細觀察商品的時候，店員應從顧客所觀察的商品入手，帶誘導的說：

- 小姐，這種產品結構簡單，使用很方便。
- 先生，這種玩具新穎別致，兒童節快到了，買一個給您的兒子，他一定會很開心的。
- 先生，這是某地的新產品，它的優點是……
- 除了這種顏色，我們這還有其他顏色，您要看看嗎？

二、介紹商品的語言

　　向顧客介紹商品時，店員態度要熱情、誠懇、實事求是地將商品的性能、特點、使用方法等介紹給顧客，扮演顧客的參謀。

　　當顧客詢問有關商品情況時，要注意觀察，有的顧客重視商品質量，有的顧客關心商品價格，有的強調花色，有的人挑選商品時抓不住要領，因此，店員要根據與顧客的對話體會到他對商品的關心點，針對顧客的購買心理特點詳盡地介紹商品知識。

1. 當顧客重視商品質量時

· 這款服裝是國內名牌產品，看這款式，絕對新穎，做工也很精細。

· 這種商品是採用新工藝加工而成的，目前很流行。

· 這種商品在質量上絕對沒問題，如果質量上出了問題，可以來換。

· 您放心，我再做一次試驗您看，質量沒問題。

· 這種商品耐低溫不耐高溫，使用時請注意。

2. 當顧客關心商品價格時

· 這種商品價格雖然高了點，但質量很好，很多人都願意買它。

· 我再給您拿價格低一點的看看，好嗎？

· 這種商品式樣有點過時，但質量很好，而且價格很便宜，不影響使用。

· 這種貨雖然價格偏高一些，但美觀實用，很有地方特色，你買一個回去，一定會受歡迎。

· 現在正是促銷期，價格優惠 20%，機會很難得的。

· 這是採用天然植物精煉的××等原料合成，價格貴了點，但效力特強，其他產品是無法比的。

3.當顧客強調花色時

· 這款服裝色彩淡雅，跟您的膚色很相配，您穿很漂亮。

· 您穿上試試，不買沒關係。

· 您仔細看看，不合適的話，我再給您拿別的顏色。

· 您還看看別的商品嗎？需要什麼款式的，我給您拿。

· 別著急，您慢慢挑選吧。

· 我也喜歡這種顏色。

· 這種商品很流行，買回去肯定受歡迎。

· 如果您需要，我可以幫您挑選。

4.當顧客猶豫不決時

· 這種商品有 3 種，您自己比較一下，我看這種很適合您。

· 託您買的那位顧客身高、年齡怎樣，我幫您做個「參謀」好嗎？

· 您如果不放心，可以試穿一下。

· 您先買回去和家人商量商量，不合適時再退換。

· 這種布料有點像毛料，顏色也比較適合您。

· 我看您穿這件很漂亮。

三、答覆詢問的語言

店員答覆顧客的詢問，要熱情有禮，認真負責，誠心幫助顧客解決疑難。

1.當顧客詢問商品時

· 對不起，您要買的商品已賣完了，這是相近似的商品，您看是否合適？

· 這種商品暫時缺貨，請您留下姓名及聯繫電話，一有貨馬上通知您，好嗎？

· 這種貨過兩天才有，請您到時來看看。

· 您問的××（商品），請到三樓去買。

· 對不起,目前只有紅色和白色的,但是,這兩種顏色都很好看,你不妨試試。

· 對不起,我們商店不經營這種商品。請到××商店去看看。

2. 當顧客要求試穿不允許試用的商品時

· 請原諒,這種衣服顏色淺,容易弄髒,不宜試穿,您可以比一比大小。

· 對不起,這種衣服顏色淺,容易弄髒,不宜試穿,如果您拿不準尺寸,我幫您量一量好嗎?

四、發生櫃台矛盾時的語言

售貨矛盾是客觀存在的,要正確認識和妥善處理,積極化解矛盾。店員要嚴於律己,寬以待人,態度誠懇,語言溫和,不能感情用事。

1. 當顧客提出批評意見時

· 謝謝您對我的指導,我一定改正。

· 剛才的誤會,請您能諒解。

· 我們的服務欠週到,請原諒。

· 實在對不起,剛才我們那位店員態度不好,今後我們對他加強教育幫助,我是××,您有什麼意見對我說好嗎?

· 真是對不起,我一定將您的意見轉告他。

· 由於我們工作上的過失,給您帶來麻煩,請原諒。

· 請您放心,我們一定解決好這件事。

· 謝謝您對我們的幫助,我會將您提的意見向主管反映,改進我們的工作。

2. 因繁忙而接待不週向顧客致歉

· 對不起,讓您久等了。

· 請您別著急,我馬上給您拿。

- 對不起，今天人多，我一時忙不過來，沒能及時接待您，您需要些什麼？
- 對不起，剛才一時忙，沒聽到您叫我，您要買些什麼？

3.因工作失誤向顧客道歉

- 對不起，我把發票開錯了，我給您重開。
- 對不起，剛才是我工作大意，弄錯了價錢，我這就給您補上。
- 對不起，剛才是我沒仔細幫您挑選好，讓您多跑了一趟，我這就給您重挑選。
- 對不起，我這就給您換。
- 我們的工作還有很多不週之外，請多多指點。
- 對不起，耽誤了您的時間，請原諒。
- 這件事屬××問題，我們解決不了，我帶你到顧客接待室去反映好嗎？

五、顧客退換商品時的語言

　　顧客退換商品是經常發生的現象，在接待退換商品的顧客時，要禮貌、熱情，不推脫，不冷落，實事求是地澄清事情的原委，對不能退換的商品，要耐心解釋，說明不能退換的原因。

- 好，我幫您換一下，您看換那一個好呢？
- 沒關係，我幫您換一下。
- 請原諒，按規定這是不能退換的。
- 對不起，這是商品質量問題，我們可以負責退換。
- 對不起，按規定，已出售的商品若不是質量問題，是不能退換的。
- 這件事我們店員解決不了，我請值班經理來幫您解決。
- 對不起，您這種商品已經使用過了，不屬質量問題，不好再賣給其他顧客了，實在不好給您退換。

· 對不起，由於我們的疏忽給您添了麻煩。

· 您這件商品已賣了較長時間，現在已經沒貨了，要到有關部門鑑定一下，如確屬質量問題，包退包換。

· 這雙鞋已超過了保退保換期，按規定，我們只能為您維修，請原諒。

· 先生，您提出問題很特殊，咱們商量一下好嗎？

六、成交階段的語言

店員在成交階段要耐心幫助顧客挑選商品，幫他確立購買信心，贊許顧客的明智選擇，計量包紮好商品，收款後將商品有禮貌地交給顧客。言語要熱情、禮貌。

1.幫助顧客挑選商品時

· 您仔細看，不合適的話我再給您拿。

· 別著急，您慢慢選吧。

· 您想看看這個嗎？需要什麼我給您看。

· 請您稍等，我馬上給您拿。

· 這種商品，本地的與外地的都差不多。

· 我幫您選好嗎？

· 您買回去若不合適，請保存好，只要不污損，可以拿來退換。

· 小姐，你真會買東西！

· 您很會挑選商品，拿回去您的先生(太太)會滿意。

2.計量包紮商品時

· 請等一下，我幫您包紮好。

· 請問您買的這個東西是自己用還是送人的？要不要包紮講究一些？

· 這東西易碎，請您小心拿好，注意不要碰了。

· 您的東西太零碎了，我幫您紮在一起好嗎？

· 這是您的東西，請拿好。
· 請您保存好發票。

3.收款找零時

· 您的貨款是×元。
· 應收您×元，實收×元，找您×元,請點一下。
· 您這是××元錢。
· 您的錢正好。
· 請給×元零錢，謝謝。
· 對不起，因為您是用信用卡付款，請稍等一會。
· 拿好信用卡和收據。
· 請您到 3 號收款台交款。

七、道別語言

商品成交後,店員要有禮貌的向顧客道別,要求語言親切、自然,用語簡潔、恰當，使顧客自始至終地感受到親切服務。

· 這是您的東西，請拿好，多謝！
· 請拿好東西，慢走。
· 請拿好您的東西，再見！
· 歡迎您再次光臨。
· 多謝您的惠顧，請走好。
· 您還要買××（商品），請往那邊走。
· 您買的東西較多，請注意拿好。
· 小朋友，路上小心，注意車輛。
· 請慢走，歡迎再次光臨。
· 謝謝您對我們的鼓勵。
· 再見，歡迎再來！
· 多謝惠顧！

· 歡迎提出寶貴意見，謝謝。

· 我們的工作做的還很不夠，請多提寶貴意見。

心得欄

第 八 章

店員的服務工作

1 做好商品的銷售服務工作

銷售是商品經營的最後一個環節，也是最為重要的一個環節。銷售是店員工作最主要的內容，是零售企業獲得利益的直接方式，也是顧客獲得滿足的必然途徑。

銷售的過程實際上也是店員為顧客提供服務的過程，店員能否贏得顧客關鍵就在於能否做好銷售服務。按照顧客購買商品的過程，可以將銷售業務的過程分為三個階段，即售前、售中和售後。如果店員能夠在這三個階段中都做好銷售服務，那麼就能夠抓住顧客，完成銷售使命，為自己和企業贏得成功。

一、售前服務

所謂售前服務是指銷售商品之前為顧客提供的服務。售前服務是做好銷售工作的前提和準備。售前服務使商品在良好的銷售環境下，

以最好的狀態展現給顧客，可以增強顧客對商品的瞭解程度、信賴程度，幫助顧客產生購買慾望。同時，售前服務也是一種有力的促銷手段。它主要有以下內容：

1. 商品陳列

在商場裏，有效的陳列商品才能引導顧客很容易地找到自己所需要的商品，為顧客提供方便。對超市而言，顧客出入集中處、與視線等高的貨架、顧客流動路線兩旁的貨架是最佳陳列點。陳列的商品要豐滿、美觀、醒目，並且如果陳列得當，陳列本身就是對商品的一種宣傳，本身不怎麼暢銷的商品可能因此而成為暢銷品。

2. 對商品的廣告宣傳

廣告是企業借助媒體為顧客傳遞商品和服務資訊，激勵消費並促進銷售的一種宣傳手段。要做好廣告，一定要先瞭解商品、競爭對手、市場、各類媒介的特性，再根據需要選擇報紙廣告、郵寄廣告、售點廣告(POP)、戶外廣告、包裝廣告等多種形式。

3. 提供各種方便

零售企業應本著顧客的需要，根據自身條件，採取一些措施，為顧客提供各種方便。如設置物品寄存處、茶座、休息座椅、存車處、兒童樂園等。

4. 提供技術咨詢和技術指導

許多企業都採取了這種服務方式，如某文化用品商店長期為顧客提供電腦操作培訓，直至顧客掌握了有關技術為止，這樣大大刺激了顧客的購買慾望，促進了產品的銷售。

以往企業都不太注重售前服務，只是在推銷和售後服務上花費力氣，而現在企業必須從售前服務開始做起。這是因為一方面現在面臨的是一個「商品過剩」、「資訊過剩」的時代，顧客購買商品不僅會「貨比三家」，而且會「挑三揀四」，在商品質量、價格同等或相差無幾的條件下自然會選擇服務週到的商家。另一方面，電腦、通訊類等消費市場中的新寵往往有較高的科技含量，而顧客的相關知識又比較有

限，所以做好售前推廣介紹將會起到引導顧客消費的作用，從而有利
於商品的銷售。

二、售中服務

售中服務是指售貨員在商品銷售的過程中為顧客提供各種方便
條件和服務，這種服務與顧客的購買行動相伴隨，它是實現商品銷售
的核心環節。售中服務包括熱情接待顧客，熱情地為顧客介紹商品的
性能、特點、用途、保養方法，詳細地說明商品的使用方法，幫助顧
客挑選商品，區別不同顧客選擇不同色彩或式樣的商品，充當顧客的
參謀，解答顧客提出的問題，辦理成交手續，為顧客包裝商品等。售
貨中向顧客提供主動、熱情、耐心、週到的優質服務，往往能激發顧
客的購買行為，讓他們高興而來，滿意而去，有利於提高商店的效益。
服務中應做到：

首先，店員在接待顧客時，要十分注意使用禮貌用語。店員的禮
貌習慣用語一般表現在：顧客來時有迎聲，顧客詢問有答聲，顧客購
物後有感謝聲，不能滿足顧客需求時有致歉聲，顧客離店時有道別
聲。店員說話要準確，含義要清楚，用詞、用語及造句都要合乎規範。
接待顧客時要講普通話。

其次，店員在接待顧客時要有過硬的操作技能技巧，具備豐富的
商品知識，能為顧客熟練地介紹商品，成為顧客購物的好參謀，包裝
商品做到外形美觀，捆紮牢固，便於攜帶，方便顧客，計價收款時準
確迅速，節約顧客的時間。

三、售後服務

售後服務就是指商品售出之後為顧客提供的服務，這種服務多為
無條件的服務。熱忱的售後服務不僅可以加深顧客對商品的滿意程

度，樹立顧客對商品的安全感和對企業的信任感，還可以爭取到更多的新顧客。現在售後服務的方式內容已經十分豐富，成為市場競爭的一個主要方向，因為在質量、價格基本相當的商品中，服務往往成為顧客選擇商品的重要因素。如顧客購買家用電器，大多數都會考慮到能否送貨上門，能否提供保修，所以，服務的方式越多、態度越好、質量越高，就越能贏得顧客。熱情、方便、週到的售後服務，可以消除顧客的後顧之憂，鞏固已爭取到的顧客，促使他們連續購買，同時，通過這些顧客間接的宣傳和輻射性的傳導，還可以爭取到更多的新顧客，開拓新市場。

售後服務的方式主要有：

1. 包裝服務

除廠家為保護商品的必需包裝外，店員可根據顧客的要求，對商品進行精致的包裝。包裝過的商品要美觀、結實，便於攜帶，如對禮品的包裝，要使商品更加漂亮。

2. 送貨服務

若顧客購買的商品較為笨重或體積龐大，自己攜帶不便，或者顧客有特殊困難，零售店應安排把商品送到顧客家裏，以方便顧客。送貨時要注意保護商品，對於有困難的顧客要幫助其將商品送上樓、搬進屋，並安放好。

3. 安裝服務

顧客在購買冷氣機、抽油煙機、熱水器等商品時，由商家派人上門服務，免費進行安裝，使顧客儘快地使用商品。這樣既方便了顧客，又提高了企業的聲譽。安裝服務要注意質量，讓顧客滿意、放心，安裝完成後應清理工作現場，不給顧客增加任何麻煩和不便。

4.「三包」服務

「三包」服務即包修、包退、包換服務，包修是指對顧客購買的本企業商品，在保修期內實行免費維修，超過保修期則收取維修費用，有些產品實行終身免費保修。包換是指顧客購買了不合適的商品

後，一定時間內可以調換。包退是指顧客對購買的商品不需要，或者感到不滿意，或者有嚴重的質量問題時，能保證退貨。店員在接待退換商品的顧客時，要禮貌、熱情，不推脫責任，不冷落顧客，實事求是地澄清事情的原委，主動進行退換工作，對於不能退換的商品，要耐心解釋，說明不能退換的原因。

5.諮詢服務

顧客購買商品後，要瞭解有關商品使用、保養、維修等方面的問題，店員應及時給予解答、指導，使之滿意。

2 伶牙俐齒不等同於服務

每個人都有受尊重的需要，要想和人溝通，首先就要尊重他。尊重顧客，使其能愉快地購物，是店員的服務本分。

尊重不是想到就好了，主要是要表現出來，讓顧客體會到。在銷售過程中，店員與顧客交談時態度要誠懇熱情，措辭要準確得體，語言要文雅謙恭，不要含糊其辭，吞吞吐吐；不可信口開河，出言不遜。

店員對售貨服務的三原則，延伸出來就是服務的 4S 要求，這四個要求是：迅速(Swift)、微笑(Smile)、誠懇(Sincerity)、利落(Shrewd)，由於這四個詞在英文中都以「S」打頭，所以稱之為 4S 要求。

一、售貨服務的原則

隨著社會的進步，生產力的提高，商業競爭的發展和買方市場的逐步形成，顧客進商店購物的目的，不僅為了買到稱心如意的商品，

而且要求得到良好的服務。

商店服務水準的高低，影響著顧客的購物心理和行為，從而影響著商店的形象，進而決定著商店的銷售額和利潤。因此，店員必須掌握顧客對銷售服務的心理需求，遵循售貨服務原則。

1. 平等待客的原則

店員對顧客要一視同仁，公平對待，不管顧客是誰都應一樣的熱情對待。

每一位顧客都希望自己受到和別人一樣的熱情接待，享有和別人同樣多的權益。如果顧客在商店得到店員的尊重，禮遇和熱情服務，就會得到心理上的滿足，以後就會再次光顧商店。正確的服務態度應該是不論顧客年齡大小、容貌美醜、著裝好壞、花錢多少、購買與否都一律熱情接待，使顧客產生賓至如歸的感覺。在平等待客的基礎上，在不影響其他顧客的情況下，如果店員能夠適當的採用一些服務技巧，使顧客在心理和感情上都覺得自己比別人得到的多一些，就會產生更好的效果。

2. 真誠待客的原則

店員要以自己的熱忱，誠心誠意地接待顧客。每個顧客在購物的過程中，都希望店員向他們提供更多的信息，希望得到更多的服務。如果店員對顧客毫無誠意，就絕對吸引不了顧客。只有店員對顧客誠心誠意，才能打動顧客的心。店員除了將商品賣出外，更應讓顧客覺得錢花得值得，在心理上得到滿足感，才會想再度光臨。

3. 主動待客的原則

店員應在售貨服務的各個環節上，處處充分發揮自己的主動性，主動為顧客服務。

售貨服務的真正含義是：在顧客需要時，店員應當用顧客希望的方法，提供符合顧客願望的幫助，使顧客花最少的時間和精力，買到所需要的商品。店員要做到主動服務，必須要有一顆熱情的心，對顧客懷有深厚的感情。還必須精通業務知識和具有熟練的操作技術，以

保證在主動服務中取得良好的效果。

二、售貨服務的要求

1. 迅速 (Swift)

其含義是以迅速的動作表現出活力。

快速服務是商店在競爭中擴大銷售的一條重要經驗，提倡快速服務，是為了使顧客能夠及時買到商品，以適應現代人快節奏的生活。

店員一上工作崗位，就應察顏觀色，把握顧客購買心理，急事急辦，先易後難，處理好每筆生意。商店也要盡一切可能為顧客提供方便，包括備足商品；商品陳列要便於顧客比較；售貨方式要便於顧客挑選；店員介紹商品要簡明扼要，重點突出；收款找零要準確迅速；包紮商品要熟練快捷。總之，既要使顧客滿意，又要最大限度地減少顧客等候的時間。

2. 微笑 (Smile)

其含義是以笑容和微笑表現開朗、感謝的心情。

店員的臉上必須時時帶著笑容，這是所有商店的服務信條。微笑可以傳達誠意。發自內心的微笑，才會讓人產生愉快的感覺。店員不應該把個人的煩惱帶到工作中去，更不可把顧客當成「出氣筒」。店員應多站在顧客的角度考慮問題，對顧客多一份體諒，少一份抱怨，在任何情況下都不要與顧客發生衝突。

微笑服務不僅是職業道德的體現，也是維護商店形象應盡的義務。為了讓顧客心情愉快地購物，店員必須時時面帶微笑。

3. 誠懇 (Sincerity)

其含義是以真誠不虛偽的態度從事工作。

經商之道重在誠懇和感謝的心態。店員應該為每一位顧客挑選及推薦他真正需要的東西，如果抱著非賣不可的想法，說些違心的謊言，企圖把商品推銷給顧客，這就不是以誠懇的心意來對待顧客了。

店員在工作中，要以誠懇和感謝的心意來接待顧客，以一顆真誠的心來為顧客服務。

4. 利落 (Shrewd)

其含義是以靈活巧妙的工作方式來獲得顧客的信賴。

利落，就是要迎合顧客的要求和心理，把事情做得有板有眼、漂亮、乾脆。利落還包括服裝整齊、化妝適宜，動作迅速等要求。店員的穿著、談吐、舉止，影響顧客對商店的第一印象，所以店員千萬不能奇裝異服、濃妝豔抹，甚至有不雅舉止在客人面前出現。店員在工作繁忙時，要做到耳目靈敏、服務動作迅速準確，以縮短每筆生意所費的時間，為更多的顧客服務。

迅速、微笑、誠懇、利落是對顧客服務技巧的要求。店員務必按4S 要求來接待顧客，始終保持良好的精神狀態和愉快的心理，使顧客能充分享受到購物的樂趣。

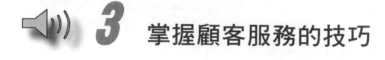

3 掌握顧客服務的技巧

能為顧客提供良好的服務，顧客才能感受到你的真誠，所以店員必須掌握一些為顧客服務的技巧，全方位地為顧客提供優質的服務，讓顧客高興而來、滿意而歸。

一、要掌握服務技巧

服務是增值銷售的秘訣。滿腔熱情的服務，往往使人心動，使不想買商品的顧客會買你的商品；使買過你的商品的顧客，心裏產生下次還要到此處來買的心理。

1.掌握顧客心理

顧客走進商場的大門或是自己所在的營業櫃台,店員怎樣才能瞭解顧客想要購買的商品是什麼呢?這可以從顧客的對話,以及顧客對商品的選擇來推斷顧客想要買的商品。千萬不要一味推銷某些特定的商品,以免造成顧客的反感。通過對話,觀察顧客的需求重點,掌握顧客的心理,然後針對其需求進行推銷,才能增加銷售的機會。

2.熟悉接待技巧

一個店員每天要接待各種各樣的顧客,能否讓他們高興而來,滿意而去,關鍵就是要採用靈活多樣的接待技巧,以滿足顧客的不同需求。店員在接待不同身份、不同愛好的顧客時應運用不同的方法:

⑴接待新上門的顧客要注重禮貌,以求留下好的印象;

⑵接待熟悉的老顧客要格外熱情,要使他有久逢摯友的感覺;

⑶接待性子急或有急事的顧客,要注意快捷,不要讓他因購物而誤事;

⑷接待精明的顧客,要有耐心,不要有厭煩表現;

⑸接待女性顧客,要注重推薦新穎、漂亮的商品,滿足她們愛美、求新的心態;

⑹接待老年顧客,要注意方便和實用,要讓他們感到公道、實在;

⑺明確購買的顧客,應主動打招呼,按其要求拿遞商品,並迅速展示,乾淨利落地收款付貨;

⑻猶豫購買的顧客,應儘量讓顧客多瞭解商品,認真地為顧客介紹,站在顧客的角度來幫助挑選,促進顧客的購買。

3.儀容整潔

店員的儀容是商場給顧客的第一印象。服裝褶皺不堪的店員容易給顧客留下商場店面不整潔的負面印象,但也並非要濃妝豔抹,以淡妝適宜為主。為了企業的整體形象,許多商場對店員的服裝要求制度化,通過統一的制服來塑造企業的整體形象,形成另一種統一美,而且還表示該商場提供統一的服務。

4. 笑迎「上帝」

微笑在人的生活中十分重要，它是滋潤心田的陽光雨露。微笑是店員的看家本領，須臾不可離身。店員的微笑必須是發自內心的，不能過於僵硬。要發出會心的微笑就要求店員必須心胸寬闊，感激生活。通過微笑，店員能與顧客進行情感溝通，使顧客感到親切。

5. 講究語言藝術

「溫語慰心三冬暖，惡語傷人七月寒」，語言是最容易撥動人心弦的，也是最容易傷透人心的。店員主要靠語言與顧客溝通、交流，語句是否熱情、禮貌、準確、得體，直接影響到顧客的購買行為，並影響顧客對店鋪的印象。

店員在說話時應當注意，語言有邏輯性，層次清楚，表達明確，話語突出重點和要求，不需無謂的鋪墊，不講多餘的話，不誇大其辭，不吹牛誆騙，不侮辱、挖苦、諷刺顧客，不與顧客發生爭論。

6. 告知商品訊息

店員對各種商品的情況都十分瞭解，而一般顧客則不可能對每樣商品的促銷活動都能瞭解得一清二楚，因此通過店員的口頭告知，隨著顧客對商品資訊的瞭解，顧客的購買意願通常都會相當高，很少有顧客願意錯失誘人的促銷機會。因此一方面店員要熟悉商場中的各種促銷活動、商品資訊，另一方面還要主動把這些資訊告訴給需要這些資訊的顧客。

7. 運用展示技巧

展示商品能夠使顧客看清商品的優點，減少顧客的挑選時間，引起顧客的購買興趣。店員在做商品展示時，一定要儘量吸引顧客的感官，要通過刺激顧客的視覺、聽覺、觸覺、嗅覺來激發他們的購買慾望。對於服裝類的商品，可以用架子來展示，對於鞋帽類產品，可以用模特展示，對於日用百貨，可以通過試用展示，對於家用電器，可用通過試聽或試用展示。

8.顧此而不失彼

很多商場可能會遇到這樣的情況，在某個節日或是促銷期，可能在同一時間內有很多顧客湧進商場，讓店員應接不暇，顧此失彼，經常會發生接待了新顧客後，而把上一個顧客的需求拋在腦後或是讓人等待多時，這對先來的顧客顯然是不公平的。對此，店員最好的解決辦法是事前做好出貨順序的規劃。專櫃店員最好的作法是請求其他同事的支援，以免使顧客產生不被重視的印象。

二、對顧客富有人情味

服務業直接向顧客提供的，是服務或者勞務，服務業每天都接待許多顧客，或者介紹商品，或者送上飯菜，親自招待住宿……等等。那麼，這些店舖應當怎樣為顧客服務？顯然，應當待顧客如同親友，做到客氣、殷勤、細心、週到，富有人情味。只有如此，才能使顧客感到溫暖，產生好感，留下深刻的印象，並贏得顧客的讚譽，強烈地吸引顧客前來光顧。

有一旅館，非常注重「全員公關」，要求每一個員工都必須處理好和顧客的關係，熱情為顧客服務，讓顧客就像回到自己的家一樣，因此，受到了顧客的高度讚揚。

展覽會旺季時，投宿人數多，三位女顧客深夜來到旅館投宿，當時已經客滿，值班服務員馬上把會議室整理出來安排她們住下，並說明可以降低收費標準。經理也親自問候他們；服務員又立即送上毛巾，泡上熱茶，請她們好好休息。她們住了幾天，臨走時，服務員幫他們把行李送到門口，表現出戀戀不捨之情。她們很受感動，一齊說道：「我們下次來，一定再住你們的旅館！」

旅館的設備中級，收費不高，但服務水準却達到了上乘，「回頭客」佔很大的比重，而這些老顧客，當然也介紹了許多新顧客。

三、不怕麻煩，有求必應

聰明的店舖能够樹立一個全心全意為顧客服務的形象，使人認為店舖考慮的都是用戶的需要及用戶的利益。他們寧願自己麻煩千遍，甚至不顧自己的利益受到損害，也要滿足用戶的需要，為用戶提供方便。這種行為表現出了店舖的服務品質的高水準。正由於此，這些聰明的店舖才與廣大用戶建立起密切融洽的相互關係，受到了高度讚揚。既然得到越來越多用戶的肯定和支持，那麼，這些店舖或商場當然會日益繁榮興旺。

四、百問不煩，百拿不厭

某商場，從店裏的店長到服務員都有著很高的職業道德、很強烈的公關意識，服務員為顧客提供微笑服務，優質服務，做到了百問不煩，百拿不厭。

一天，兩個顧客來買皮鞋，剛走近櫃台，服務小姐就立即面帶微笑地打招呼：「先生，您好！你要買那一種皮鞋？」兩位顧客要求服務小姐當參謀，幫助選購，服務小姐揣摩顧客的心理，拿出幾種新穎大方的皮鞋，熟練地介紹產品、價格和特點，顧客經過仔細觀察和相互比較，選中了其中一雙皮鞋，在拿出錢包付錢時，忽然發現帶的錢不够，在為難之際，服務小姐笑著說：「只要您滿意，就把鞋買去吧！缺多少錢我先墊上，我相信你。」兩位顧客很感動，連聲道謝，幾天後，他們送還欠款，還送上一封熱情洋溢的感謝信，稱讚服務小姐是「對顧客最熱情的服務小姐」。

一位女顧客到此商場替丈夫買了一件短襯衣，當時她丈夫不在，買回家後請別人代試，一天到商場換了兩次、四天後她丈夫出差回來了，試穿不合身，她又到此商場來換。這時，她自己也

有點不好意思，服裝組的兩位小姐態度仍然很和藹，又給她換了一件，並且微笑著告訴她：「如果不合適，請再來換。」這位女顧客滿懷感激之情，馬上在顧客留言簿上寫道：「這樣的服務態度太好了！」

　　商店的服務對象是顧客，商店的衣食父母也是顧客，因此，商店對於顧客就應當熱情接待。顧客花錢買東西，總是要買到又便宜又合自己心意的東西，因此必會詢問有關情況，並且挑挑揀揀，所以商店員工應當理解顧客的心理，做到「百問不煩，百拿不厭」，這樣，才能讓顧客滿意而歸，並且讓他們願意再次上門來。

4　充分發揮個人魅力

　　在商場櫃台裏，銷售的雖然是產品，但是能吸引顧客的卻不僅僅是產品。在某種意義上講，店員才是櫃台的主角，因為他們代表著公司的形象，產品的銷售也要經過他們的手才能銷售出去。所以，店員的形象、動作、眼神及面部表情都將影響著客人對商店的印象，也影響著他與店員之間的溝通是否有效，銷售能否取得成功。

一、整體外觀形象

　　作為店員，具有整潔的儀表是最基本的要求。一個店員如果不修邊幅，將會被看作是一個生活懶散、沒有責任心的人，很難得到顧客的信任和尊重。

　　營業人員要在儀表上給顧客穩重、可信、大方、美觀、整潔的感覺。個人的衣著打扮要與自己的職業、職務、年齡、性別等相稱，也

要與企業的經營環境及工作場所相協調。

　　店員要具有美好的形象，除了衣著打扮要得體大方外，肢體語言也非常的重要。良好的肢體語言可以大大增加你的親和度，增加顧客對你的信任。

　　你知道最使顧客惱火的店員行為是什麼？

- 店員之間聊閑天，叫也不過來；
- 店員隔著顧客在來往的過道上大聲說話；
- 店員嘻嘻哈哈打電話，沒完沒了；
- 店員倚牆養神，無所事事；
- 店員斜著眼兒，心眼不善地上下打量著顧客的衣著打扮；
- 店員躲在隱蔽處，偷偷打扮或看書和報。

二、眼睛能傳神

　　面部表情包括眼神和笑容兩方面的內容。俗話說，眼睛是心靈的窗戶，所以表情的第一要素是眼神。一雙帶著神采、熱情的眼睛比直接的語言問候更能打動他人的心。例如有些顧客可能一開始並沒有進入你的櫃台購物的打算，但是如果你以眼神向其微笑，讓他得到一個「如果需要，我將樂於幫助您」的資訊，這會比直接說出這句話更為自然，效果也會更好。

　　眼睛加上眉毛是人面部傳遞資訊潛力最大的器官，通過視線和注視方式的變化所產生的不同眼神，傳遞和表達著不同的資訊。銷售過程中最常見的眉眼形態有：

1.「凝視」，即注視對方

　　凝視的部位和時間長度的不同，給對方造成的影響也不同。在銷售過程中常見的凝視，應該是保持合適的距離(雙方相對時應保持 1 米以內；同時面對商品講解時，店員身體的斜面面對顧客，以肩內側保持 30cm 以內)，店員注視顧客的目光位置以顧客臉部由雙眼底線和

前額構成的三角區域為宜，這樣會給顧客以誠懇的感覺。但千萬要注意不要純粹為了完成這個動作而面無表情、目光呆滯。

在為老顧客服務時，店員也可運用凝視對方雙眼上線和唇中線構成的三角區域的眼神，因為這樣能給雙方製造輕鬆的氣氛。

2.「掃視與側視」

掃視常用來表示好奇，側視俗稱斜眼瞧人。在銷售過程中常使用掃視（店員們往往會不經意的在凝視中伴有過多的掃視），會使顧客覺得你心不在焉，對他不感興趣；而過多的側視只會讓顧客產生受到蔑視的感覺，使其對這個店員產生敵意。

3.「閉眼」

正常情況下，人的眼睛每分鐘眨 6～8 次，這種無意識的動作不會給顧客造成不良的感覺。值得一提的是，當顧客對某種商品的評價不正確甚至有些囉嗦時，有的店員會有意延長閉眼或 2/3 閉眼的時間，並且伴有雙臂交叉、晃手、搖頭、歎氣等動作，這種表示「你提的低級問題我不屑回答」的膚淺動作，只會帶給顧客你「目中無人」的感覺，從而使銷售中斷。因此，店員應該注意避免，並嚴禁使用閉眼、晃手、搖頭、歎氣等動作來表示反對或不同意。因為有意識地閉眼、晃手、搖頭、歎氣均屬於結論性的動作，同店員語言表達的服務性和參謀性相違背。

三、優雅的手勢

手勢是店員在銷售服務的交談中使用最多的一種行為語言。它要求手勢和動作一定要彬彬有禮；它強調禮節性，特別適用於大中型商場以及開架售貨的商店。在銷售過程中常見的手勢及其含義有：

・ 伸出手掌，手指要伸直微擺，給人以言行一致、誠懇的感覺。
・ 掌心向上，手指要伸直，表示謙虛、誠實、屈從，指路的意思。
・ 食指伸出，其餘手指緊握，呈點指狀，表示不禮貌，甚至帶教

訓、威脅的意思，容易令人生厭。

· 雙手相握或不斷玩弄手指，會使顧客感到這個店員非常拘謹甚至缺乏自信心。

· 用拇指指向另一個顧客，表示藐視和嘲弄。

· 十指交叉置於貨架上或眼前、眉心，表示控制沮喪心情的外露，有時還表示敵對和緊張情緒。

四、服務動作要迅速

只有甜美的笑容和良好的服務態度是不夠的，如果不配合敏捷快速的動作，也會讓顧客在等得不耐煩時產生抱怨。

在顧客的招呼詢問後，店員應立即停下手頭的工作並回答：「您好，我能幫您什麼忙嗎？」。另外有一種情況是，有些顧客已經花費了很多時間進行商品的謹慎挑選，甚至讓店員覺得很討厭，但是到了包裝或付款時，卻頻頻催促店員。遇到這種情況，店員絕對不要不高興，應該這麼想：「他一定很喜歡這件商品，所以才會花那麼多時間去精心挑選，現在他一定急著想把商品帶回去給家裏人看，所以才會催我」。假如店員在接待顧客時的交涉、商品提示、推薦，以至於結束的各個購買階段都讓顧客很滿意，就是在最後關頭慢吞吞的，使顧客感到不愉快，這是很可惜的。

到底要如何提高速度呢？這個問題必須根據顧客和購買的商品來進行區別。對於年輕的顧客動作一定要迅速，因為年輕人容易急躁；而對於年紀較大的顧客則應該從容不迫。對於低價位的商品動作要快，對於高價位的商品應該是從從容容的，如果是慌慌張張地進行商品處理，可能會讓顧客心理上產生不舒服的感覺，甚至把顧客趕跑。真正動作敏捷的接待顧客的方法，應該是看起來心情很愉快的在迅速做事。為了達到這個目的，店員必須注意下列事項：

· 動作要利落，注意尺度的拿捏。

・姿勢端正，不拖泥帶水。

・在店裏行走時不要把腳拖在地上，鞋子要挑選合適的穿。

・說話要有條理，口齒清楚，不可拖泥帶水、喋喋不休。

・雖然動作上十分敏捷，可有時候商品包裝需要花費很多時間，或者因為結賬的人排起長隊，一時沒零錢找不得已讓顧客等候，店員或者此時不妨中途告訴顧客：「很抱歉，請稍等一下」。

一個善意的、真誠的微笑，可以迅速地打消顧客與你初次接觸的隔膜；微笑也是感情的催化劑，能吸引顧客對你產生好感，從而覺得自己在此處購物是物超所值。

微笑，應該是一種愉快心情的反映，也是一種禮貌和涵養的表現。作為店員，你只有把顧客當成了自己的朋友，尊重他，你才會很自然地向他發出會心的微笑。只有這種笑容，才是顧客所需要的，也是最美的笑。

 **5 發自內心的微笑服務**

發自內心的微笑，不僅是職業道德的表現，更給顧客以「賓至如歸」的感受。

微笑是商業職業道德的要求。商業服務工作要求店員要有熱愛工作職位、熱愛服務對象的工作責任感；認真做好服務工作，充分尊重服務對象的消費需求，給顧客一種賓至如歸的良好感受。作為店員發自內心地對顧客微笑，不僅是工作的職位需求，更是商業職業道德的基本要求。

微笑，是一種程度較淺的笑。微笑的特點：面部有明顯的變化，

唇部向上移動，略呈弧形，但牙齒不完全外露，微露出牙齒。這是一種典型的知心會意，表示友好的笑。在接待服務工作中其適用範圍最廣。

商業服務中，對賓客笑臉相迎送，並將微笑出現在服務的全過程、各環節，將影響顧客對服務質量的總體評價。

微笑服務的高標準，國內外都十分重視。著名的美國希爾頓集團董事長在談到企業成功的秘訣時，他自豪地說是「靠微笑的影響力」。他經常問下屬的一句話便是：

「今天，你對顧客微笑了沒有？」

正是希爾頓先生的這種獨特的「微笑經營方式」，使希爾頓集團在經濟十分蕭條的時期戰勝困難，創造出了希爾頓的今天。

一、微笑服務的魅力

1. 微笑感染顧客

當顧客花錢消費時，希望得到的是滿意的服務，他不想看到店員一副愁眉苦臉的樣子。當顧客怒氣衝天地來抱怨、投訴的時候，如果你真誠地微笑服務，你就可以感染顧客，使他調整態度，從而有利於衝突的化解。

2. 微笑激發熱情

在日常禮儀中，微笑常傳達這樣的信息：

「見到你，我很高興，我願意為你服務。」

店員透過微笑，可以激發你的服務熱情，使你為顧客提供週到的服務。

3. 微笑增強創造力

當你微笑著的時候，你就處於一種輕鬆愉悅的狀態，這有助於思維的活躍，從而創造性地解決一些問題，相反，如果你神經緊緊地繃著，只會越來越緊張，創造力就會被扼殺。

二、微笑的三結合

1.與眼睛的結合

當你微笑的時候，你的眼睛也要「微笑」，否則，給人感覺是「皮笑肉不笑」。眼睛是心靈的窗戶，眼睛會說話也會笑。如果內心充滿溫和、善良和厚愛時，那眼睛的笑容一定非常感人。

2.與語言結合

平時工作中，我們不要光笑不說，或者是光說不笑。當顧客光臨是，我們說：「早上好」、「您好」、「歡迎光臨」等禮貌用語，應搭配著臉上的微笑。

3.與身體的結合

肢體語言也是傳遞資訊的一個重要方面，微笑與正確的身體語言相結合時，才會相得益彰，給顧客以最佳的印象。

三、微笑訓練及方法

不同的笑容，來自不同的方法。笑的共性在於：面露喜悅之色，表情輕鬆愉快。笑的個性則在於：具體的眉部、唇部、牙部、聲音彼此之間的動作配合往往不盡相同。

微笑的具體做法大致上可分為三點：

首先，額部肌肉進行收縮，使眉位提高，眉毛略微彎曲。

其次，兩側面頰上的笑肌進行收縮，並稍微向下拉伸，使面部肌膚看上去出現笑意。

最後，自覺地控制發聲系統，一般不應發出笑聲。

怎樣獲得一個迷人的微笑呢？不妨按照以下 3 個步驟練習：

第一步：對鏡子擺好姿勢，說「E——」讓嘴的兩端朝後縮，微張開唇；

第二步：輕輕地淺笑，減弱「E——」的程度，這可感覺到顴骨
被拉自後上方；

第三步：相同的動作反覆幾次，直到感覺自然為止

四、微笑的養成與訓練

微笑的形成，要有發自內心深處對工作的愛，出自真心實意地為
顧客服務，出自良好的職業道德的培養和嚴格的訓練。要使服務人員
充分認識微笑服務的重要意義，主動地深入與持久地開展微笑服務。
養成微笑服務，要從如下幾個方面要求自己：

表現心境良好：只有心底平和，心情愉快，心理正常，善待人生，
樂觀面世的人，才會有真誠的微笑。

表現充滿自信：只有不卑不亢、充滿信心的人，才會在人際交往
中為他人所真正接受。面帶微笑者，往往說明對個人能力和魅力確信
無疑。

表現真誠友善：以微笑示人，反映自己心地善良，坦坦蕩蕩，真
心待人，與人友善，而非假情假意，敷衍了事。

表現樂業敬業：在工作職位上微笑，說明熱愛本身工作，樂於恪
盡職守，認真工作。

6 讚美顧客的技巧

每個人都有虛榮心，而滿足人虛榮心的最好方法就是讓對方產生優越感。

讓人產生優越感最有效的方法就是對於他自傲的事情加以讚美。若客戶的優越感被滿足了，初次見面的警戒心也自然消失了，彼此距離也拉近了，雙方的關係向前邁進了一大步。在這裏，我們稱之為讚美接近法。

所謂讚美接近法，也叫誇獎接近法或恭維接近法，是指推銷人員利用顧客的自尊及虛榮心理來引起對方注意和興趣，進而轉入面談的接近方法。在實際生活中，每個人都希望為人所知，為人承認，被人提起，受人稱讚。對於大多數顧客而言，這種方法是比較容易接受的。

一、從眾多缺點中找出優點

讚美被稱為語言的鑽石。出自於內心的讚美會令人心花怒放，也是人與人溝通之間的潤滑劑。

其實，每一個人都有渴求別人讚賞的心理，讚美文辭如同照耀人們心靈的陽光，失去它，便會失去生機。

一位中年婦女領著自己的女兒來到百貨商店的旅遊鞋櫃台，她們邊走邊看，這時店員突然道：「您的女兒真高，上高中了吧？」

中年婦女笑著說：「剛畢業，才考上大學，帶她來買雙鞋。」

「您的女兒可真不錯，多給您爭氣呀！將來一定更有出息，您就等著享福吧！您看您的女兒又高又苗條，這種新款式的旅遊鞋一定適合她。」

「真的，讓我看看。」

這個店員正是利用了母親對孩子的愛，去稱讚孩子，從而吸引了母親的注意。

對店員來說，讚美是一門專業技能。讚美是必須訓練的，在最短的時間裏查找對方可以被讚美的地方更是訓練必須完成的目標。你可以讚美顧客的一條領帶，一件亮眼的襯衫，也可以讚美顧客流行的髮型，新潮的眼鏡，和藹可親的態度，等等。一個失敗的店員可以從一百個優點的地方查找缺點而去批評，而一個優秀的店員可以從一百個缺點的地方查找一個優點來讚美，這就是一個店員為什麼會成功、為什麼會產生不同價值的地方，因為他有通過讚美而接近顧客的潛意識！

讚美的內容有多種多樣，外表、衣著、談吐、氣質、工作、地位，以及智力、能力、性格、品格等等。只要恰到好處，對方的任何方面都可以成為讚美的內容。

二、讚美顧客的說話技巧

讚美是一件好事，但絕不是一件易事。讚美別人時如不審時度勢，因人而異，即使你是真誠的，也會變好事為壞事。所以，開口前我們一定要掌握一定的讚美技巧。

1. 獨特優點讚美法

尋找讚美點是讚美的前提。只有找到對方的貼切的閃光讚美點，才能使讚美顯得真誠而不虛偽。有很多人很想讚美別人，就是找不到對方的優點，不知該讚美什麼。其實，讚美點非常多，每個人身上都有很多的閃光點，只是我們要有一雙善於發現的眼睛。

尋找讚美點的方法如下：

⑴外在的具體的。如：服飾打扮(穿著、領帶、手錶、眼鏡、鞋子等)、頭髮、身體、皮膚、眼睛、眉毛等等。這一部份可以稱為「硬

體」，通過肉眼可以看見的。

　　⑵內在的抽象的。如：品格、作風、氣質、學識、經驗、氣量、心胸、興趣愛好、特長、做的事情、處理問題的能力，等等。這一部份可以稱為「軟體」，是要經過抽象評價來判斷的。

　　⑶間接的關聯的。如：籍貫、工作單位、鄰居、朋友、職業、用的物品、養的寵物、員工、有親戚關係的人，等等。這一部份可以稱為「附件」。

　　你可以在這些「硬體」、「軟體」和「附件」中找到顧客與眾不同的某一點，儘管是微小的長處，並不失時機地予以讚美，這是獨特優點讚美法的關鍵。讚美用語愈詳實具體，就愈體現出你對顧客越瞭解，對他的長處和成績看重。讓顧客感覺到你的真摯、親切和可信，你們的距離也就會迅速靠近。

　　例如，一位穿著優雅的年輕女士在一家首飾店的櫃台前看了很久。店員問了一句：「小姐，可以幫你介紹嗎？」

　　「隨便看看。」女士的回答明顯缺乏足夠的熱情，可她仍然在仔細觀看櫃台裏的首飾。此時店員如果找不到和顧客共同的話題，讓顧客開口，可能就會白白失去一筆生意。

　　細心的店員發現了女士的裙裝別具特色:「您這件裙子好漂亮呀？」

　　「啊！」女士的視線從陳列品上移開了。

　　「這種斜條紋的色調很少見，是在隔壁的百貨大樓買的嗎？」顯然這是店員在設計話題。

　　「當然不是！這是從外國買來的。」女士終於開口了，並對自己的回答頗為得意。

　　「是這樣呀，我說在國內從來沒有看到過這樣的裙裝呢。說真的，您穿這套裙裝，確實很漂亮。」

　　「您過獎了。」女士有些不好意思了。

　　「只是……對了，可能您已經想到了這一點，要是再配一條

合適的項鏈，效果可能就更好了。」聰明的店員終於轉向了主題。

「是呀，我也這麼想，只是對這種昂貴的商品，我怕自己選的不合適。」

「沒關係，來，我為您找一下。」

最後，這位女士終於在這家首飾店購買了一條自己滿意的項鏈。

2. 雪中送炭讚美法

最有效的讚揚不是「錦上添花」，而是「雪中送炭」。對於任何一個最值得讚揚的，不應是他身上早已眾所週知的明顯長處，而應是那些蘊藏在他身上，尚未引起重視的優點。所以，我們就要學會用發現對方不太引人注目的地方巧加讚美。如對一位很有錢的富翁，你不用讚美他很會做生意，因為錦上添花的話他聽的太多了，可以讚美他的書法字寫得不錯，或是讚美他的棋下得不錯、字寫得很好，就會有很好的讚美效果。

雪中送炭更好理解，一個不引人注目的人，一個處在困境中的人，一個不被他人所理解的人，若你能給他某一方面的讚美，就有可能尊嚴復蘇，自尊心、自信心倍增，精神面貌煥然一新。失敗的人很多，每個人都抬著頭在期待著別人的微笑，而微笑的人很少，因此，你只對那些期待者施以讚美，他們就會精神大振，在情感上附和你。

所以要落人情，便應洞察此中三味。讚美也不例外，它需要的是雪中送炭而不是錦上添花，也只有雪中送炭式的讚美更容易引起人們的共鳴。

3. 逢物加價、遇人減歲讚美法

這是交際讚美的一般原則。最近這些年，你上菜場買菜，到商店購物，特別到旅遊點，想兜生意的人，都會稱你「老闆」。你是否真是老闆，全不重要。進機關辦事，逢人就稱「處長」、「局長」，不管他是真處長還是辦事員。這些個「處長」、「老闆」的稱呼，就有「逢人減歲，見物加價」，給人戴高帽子的味道。人們之所以喜歡高帽，是因為我們每個人都渴望被讚美和肯定，而高帽正好迎合了人們的這

種慾望。高帽運用得好，便能將別人掌握在自己的手中。生意場上也是如此，通過讚美讓顧客不得不為面子而掏腰包。如：「先生，一看您就是大老闆，平時一定很注重生活價值（如：儀表、生活品位等）的啦，不會捨不得買這種產品或服務的。」

4.生人看特徵、熟人看變化讚美法

第一次見面，我們要尋找他顯著的特徵，第二次見面，就要尋找他身上發生的變化。

在長久的人際關係中，並不是要你天天去找一些令對方震驚的讚美，那樣反而會顯得做作。只有發現對方細微的變化，才能有更好的讚美藉口。久別重逢地問候，是日常問候的效果的三倍。陌生的問候是熟人的問候的效果的六倍。如果能在問候中再加上讚美，效果則會增加到九倍，會令被問候者受寵若驚。

要想與陌生人建立關係，最難的一步便是消除對方的心理抗拒。而要消除對抗，最常用的方法便是語言應景而生，抓住陌生人的特徵，順理成章地自然流暢地讚美。一個剛剛認識的陌生人便用大聲地、投入地、滿懷激情地說出你想讚美的話，這種話一定像一股熱浪一樣很具威力。讚美陌生人不是從他的事業、才學、品德方面下手，而是從他的相貌下手。因為一個人不論長相如何，都可以對他說出你的感受，瘦子身體健康能吃能喝能跑能跳；看到胖子你可以對他說，心寬體胖一生衣食不缺；眼睛大的你就說他明亮有神，閃耀智慧；臉有麻子你說他麻子三分貴；禿頭的你說是智者的象徵。對任何人，最後都可以下這樣的定語：像你這樣的相貌天下無雙，富貴可期，只要努力，前途無量！

5.迂迴讚美法

迂迴讚美法的形式有多種，例如，有時候在兩個人或兩個人以上的場合，我們只直接對一個人讚美是不恰當的，那麼在這種場合，我們通過其他的人，可能是她的戀人，也可能是她的父母讚美她，反而會顯得更協調一些。也就是通過第三者來完成，一下子你的讚美對象

就提高了對你的評價。每個人都會有幾個令他佩服的人，如果我們自己人微言輕，讚美他人沒分量，那麼，我們就應該找到對方崇拜的人，通過那些人說的話來滿足對方的虛榮心。

再如，當面讚美別人，讚美得多了，有時對方很容易猜疑，會以為你一定是為了某個目的，才這麼厚臉皮地對他讚美。那麼，背後讚美的好處在於他們不會懷疑你的動機。

還如，有時不用直接讚美他本人，而通過讚美與他關係密切的其他人，同樣也可達到讚美的目的。「你的孩子真可愛。」「你的家庭真讓人羨慕。」這時候，氣氛馬上會緩和。據說這已經成為生意場上的生意經，並且已成為人們推銷時慣用的手法。

直線可以縮短距離，曲線也可以迂迴達到同樣目的。讚美也是如此，條條大路通羅馬。對無智慧的人，我們可以從正面讚美他，說服他。對於有智慧的人，我們可從側面，從反面來說通他。總之，沒有說不通的人，只有不正確的方法。

6.虛心請教讚美法

並不是所有的讚美都是甜言蜜語的，有些讚美不需要任何華美的裝飾。徵求意見讚美法就是其中的一個。表面看，你是在向對方請教、學習，實際上暗含了對對方讚美：你真不簡單。我很欣賞你。我很佩服你。例如，「聽說您是這方面的行家，可不可以向您請教一個問題？」

三、把握讚美他人的分寸

讚美就好像一壺醇醇的美酒，不但可以使一個人心曠神怡，也可使一個人神魂顛倒。如果你是一個店員，那麼讚美絕對是一個推銷的好方法，適當的讚美顧客不僅能體現你的修養水準，更能為促成業務推波助瀾。

但是，在讚美別人的時候也要把握一定的分寸。讚美的效果取決於見機行事、適可而止，要做到「美酒飲到微醉後，好花看到半開時」，

才會達到預期的目的。

1. 真誠懇切，發自肺腑

每一個人雖然都愛聽讚美的話，但並不是每一句讚美的話都可以讓對方開心。能引起對方好感的只能是那些基於事實、發自內心的讚美。與此相反，你如果無根無據、虛情假意地讚美別人，他不僅會感到你莫名其妙，更會覺得你油嘴滑舌、詭詐虛偽。例如，當你看到一位其貌不揚的小姐，而你卻對她說：「你長的真漂亮。」對方馬上就會認定你所說的是虛偽的違心之言。但如果你著眼於她的服飾、談吐、舉止，發現她這些方面的出眾之處並真誠地讚美她，她肯定會很開心地就接受了。

要確定這個人是不是有值得讚美的地方，不是為讚美而讚美，要依據現實中的一切。假如無中生有，言過其實，便會有阿諛奉承之嫌，讓人誤以為你有什麼個人企圖、個人目的。如果你讚美過分誇張，甚至還有可能會造成許多不必要的誤解，把你的讚美理解成諷刺、譏笑。

2. 話不在多，而在於「準」

雖然說人們都喜歡被誇讚，但讚美的話並不是多多益善。有時候讚美的話說得「過」了，也會適得其反。所以讚美的話不一定很多，但一定要說準。

一個身材非常好的小姐新買了一件掐腰的短上衣，於是興沖沖地邀女友品評。女友見她穿了新衣越發狀如衣板，不禁脫口說道：「這件衣服並不適合你。」對方面上頓時烏雲密佈。女友見狀轉而說道：「像你這樣苗條又修長的身材，如果穿上那種寬鬆肥大長至膝下的衣服，就會越發顯得神采飄逸、瀟灑大方了。那些又矮又胖的人就穿不出這種氣質來。」小姐聽罷頓時化怒為喜。

店員的話不僅巧妙地暗示了這件衣服不合其身材，而且還誠懇地指出了其擇衣標準，同時用苗條修長這樣美好的詞語指出了其身材的特點，又用矮胖之人作比照，顧及對方的自尊心。一句看似恭維的話，實則蘊含了無限的玄機，從而顯得委婉含蓄。

作為店員，如果一下子找不出對方很明顯的優點，一時找不出十分準確的詞，那麼，也可來一句萬用讚美詞——「假如我是你，那該多好。」如果我們在讚美中給別人一種這樣的「假如」，表達我們的羨慕和祝願，豈不更會讓對方感到很優越？這是一種多麼簡單而實用的讚美語。還有一個通用公式，即別人發感慨的時候，你也發類似的感慨，肯定錯不了。因為，人際溝通中的同理心是縮小人際心理差距最奏效的辦法之一。

3.審時度勢，因人而異

真誠的讚美只有切合了對象的特徵，才會打動人。不然，就流於虛情假意了。讚美他人時，還應該切合讚美時所處的環境因素，如社會文化背景、人際關係、未來的發展狀況等。

讚美別人，要審時度勢，因人而異是很重要的一條的原則。見什麼人，說什麼話，即根據對方的文化修養、個性性格、心理需要、所處背景、角色關係、語言習慣乃至職業特點、性別年齡、個人經歷等不同因素，恰如其分地選用詞語讚美別人。

對方性格外向，透明度高，可多讚美他，他會自然接受；若對方比較內向、敏感、較嚴肅，你過多地讚美他，會使其認為你很輕浮、淺薄。若她是一個個性鮮明，男孩子氣十足的女子，你如果誇她長髮披肩，長裙搖曳，婀娜多姿，美麗迷人，她也許並不會感激的，甚至還有可能說你是瞎操心；如果你瞭解她的內心，誇她短髮看起來又精神又有活力，她一定會開心。

4.自然、適度

讚美的尺度掌握得如何往往直接影響讚美的效果。恰如其分、點到為止的讚美才是真正高明的讚美。所以讚美之言不能濫用，讚美一旦過頭變成吹捧，讚美者不但不會收穫交際成功的微笑，反而要吞下被置於尷尬境地的苦果。古人說得好，過猶不及。

讚美與獻媚的目的和動機以及情感的流露都存在著很大的差異，但是使兩者產生區別的最大原因就是一個「度」字，只有把握了

「度」，也就是說把握住分寸才不會使讚美變成獻媚。因為一旦讚美得太過火，就極易讓人產生諂媚的印象，即使你的內心並不是那樣。因為，那怕是真理，多跨一步也成謬誤。

讚美不能僅是阿諛和奉承，不能變成一味地吹牛拍馬。要讓讚美成為一種尊重客人的方式，一種肯定客人的態度，這樣的讚美才能真正奏效。讚美可以通過別人做槓桿來進行。以店員為例，在和顧客有緊密聯繫的人面前讚美顧客，時常會讓你獲得一些意想不到的成果。只要適時，讚美可以說是無處不在的；只要恰當，讚美可以說是無時不有的。讚美是為了讓對方體驗到被肯定，如果用詞不把握分寸，可能會適得其反。直接讚美時最好不使用那些過分的詞語，要準確得體又優雅大方。使用含蓄的方式時，則要語句清楚，切忌猶猶豫豫、支支吾吾，顯得缺乏誠意。

懂得適時、恰如其分地讚美他人，且運用正確的策略和技巧增強讚美效果，能夠有效地維護顧客的自尊心，令對方感到滿足、開心，也能強化你在顧客心中的好形象，使自己成為人脈大贏家。

7 店員的服務意識

一名優秀的店員首先是一名服務員，所以店員必須具有一定的服務意識。

1.尊重每一位顧客

店員首先要有尊重每一位顧客的意識，不論顧客好看難看、有錢沒錢、要立即購買還是「隨便看看」，都應當尊重他們。即使有的顧客不買任何東西，店員也要保持親切、熱誠的態度，並感謝他來參觀。

表 8-1 店員尊重顧客的 9 個方面

內容	具體要求
表達要清楚	音量適中、口齒清晰、儘量使用標準普通話跟顧客溝通，但如果顧客使用當地方言，則應盡可能地配合顧客
有先來後到的次序觀念	要對先來的顧客先給予服務，對後到的顧客應親切有禮貌地請其稍候片刻，不要對其置之不理，也不要先後顛倒
親切地招待顧客	不要刻意地跟在顧客身旁嘮叨不停。左右顧客的意向，影響顧客的選擇，而應當有禮貌地告訴顧客：「請隨意挑選。如有需要服務時，請叫我一聲。」
主動熱情地幫助顧客	如果顧客帶著很多東西，可以告訴顧客暫時把包裹寄存在寄存處，並指明寄存處的方向和位置；如果碰到下雨天。可以幫助顧客保管雨傘
為顧客提供專業化的諮詢	要細心地觀察顧客的需要及心態，並適時地為其提供好的建議，簡短而清楚地做產品介紹，清晰地說明產品的特徵、內容、成分和用途，最終幫助顧客做出滿意的選擇
與陪伴顧客者適當溝通	顧客有時會有同伴相陪，這時店員應該對顧客及其同伴一視同仁，同時跟他們打招呼。這是因為一方面陪伴者會影響顧客的選擇，另一方面陪伴者也可能變成自己的顧客
使用商量的語氣與顧客說話	與顧客交談時，要使用詢問、商量的語氣。例如，當顧客試用或試穿完畢後，應首先詢問顧客滿意的程度，而不是一味地稱讚產品的優越之處
誠懇地對待顧客的抱怨	如果顧客對服務有不滿意的地方，店員應馬上進行解釋，並用自己的話把顧客的意見重覆一遍，注意力應集中在顧客的需求上。店員要學會克制自己的情緒，不能讓顧客的話影響自己的判斷和態度
主動地傾聽顧客的意見	對於顧客提出的意見，不管是好的還是不好的，店員都要主動、虛心地傾聽，儘量使用「嗯！嗯！」或「請講下去」這類詞語，以使顧客知道店員正在認真地聽他講話

2. 詳細耐心地給顧客講解

店員必須能詳細、耐心地給顧客講解相關的產品知識及其售後服務等內容。詳細、耐心地給顧客講解是店員的必備服務意識，更是店員得以順利完成銷售任務的法寶，並且常常使店員獲得出乎意料的業績。

3. 良好的銷售意識

店員首先是一名店員，店員應當具有良好的銷售意識。店員要設立明確的可衡量的目標。目標要具有可實現性和一定的挑戰性，並能滿足最關鍵的業務需要。然後，店員需要詳細列出具體步驟，並一步步按照計劃去執行，以達成目標。

同時，店員對自己的目標要有清醒的認識。目標不僅體現在銷量上，也體現在具體的工作內容上，例如終端生動化、品牌形象化、數據報表化、信息及時化、客戶關係穩定化、對手共生化等，這些都要一項一項地落實。

4. 顧客意識

接待好每一位顧客是店員應盡的職責，為顧客提供滿意的服務是店員的最高宗旨。不論在什麼時候，接待顧客都是店員的首要工作。

當顧客走進商店時，店員不管正在做什麼（有可能在整理貨架，有可能幾個人正一起互相商量事情，甚至公司領導在現場指導工作），都應該先招呼顧客，不能讓顧客有受冷落的感覺。

5. 教會顧客正確使用產品

如果顧客不會正確使用產品或者沒有掌握基本的維護知識，這很容易導致顧客對公司的不滿。

因此，店員不僅僅要把產品賣出去，還要教會顧客正確使用產品，告訴顧客日常的維護知識。例如，油煙機在用過一段時間後就應當拆開渦輪清洗，因為時間一久電機軸承就會沾滿油污，轉速就會降低，從而吸力就會下降。但是許多顧客都不知道這一點。如果店員不給顧客講清楚，顧客就會誤以為是機器品質不好，以後再也不買這個

品牌的機器，甚至他的朋友也不買。

6. 4S 服務原則

所謂 4S，就是微笑(Smile)、迅速(Speed)、誠懇(Sincerity)、靈巧(Smart)。店員在工作的時候必須真正掌握、遵循這 4 項基本原則，並熟練應用於實踐。

4S 服務原則的內涵見表 8-2。

表 8-2　店員 4S 服務原則

原則	含義	說明
微笑	適度的笑容	微笑可體現感謝的心與心靈上的寬容，表現開朗、健康和體貼，店員要對顧客有體貼的心，才可能有發自內心的真正微笑
迅速	促銷時要做的每個動作都應儘量快些	店員迅速的動作會引起顧客的滿足感，使他們不覺得等待的時間過長。不讓顧客等待是服務好壞的重要衡量標準之一
誠懇	以真誠、不虛偽的態度認真地工作	店員如果心中懷有盡心盡力地為顧客服務的誠意，顧客一定能體會得到
靈巧	以精明、整潔、俐落的方式來接待顧客	店員要做到以靈活、敏捷的動作來包裝產品，以優雅、巧妙的工作態度來獲得顧客的信賴

第 九 章

與客戶的初步接觸

1 以精彩的開場白引發客戶的興趣

銷售的過程其實也是交流的過程。開場白十分重要，它如同一本書的名字，或報紙雜誌的大標題一樣，只有恰當、新穎、引人深思，才能夠引起人們的好奇心，激發人們的興趣，使人產生一探究竟的慾望。因此，有人說，店員的第一句話往往是能否實現銷售的關鍵，店員只要能在第一時間把客戶吸引過來，接下來的談話就會順利很多。

例如，同樣是拜訪客戶的開場白，那一種能更吸引你呢？

A.某推銷員對客戶說：「您好，請問您需要購買保險嗎？我們可以根據您的情況為您提供一款最合適的方案。」

B.一位保險推銷員去拜訪客戶：「一個救生圈，您打算出多少錢？如果您坐在一艘正在下沉的小船上，您又願意花多少錢買救生圈呢？我想您一定會不計代價地渴望得到它。那麼，現在我則可以為您提供一個最好的『救生圈』，那就是人壽保險。」

同樣是推銷保險，B選項則透過令人好奇的問題，引發了顧客對

於保險的重視和購買慾望。而 A 則很平淡，難以取得較好的效果。由此可見，對於店員來說，開場白非常重要，好的開場白是推銷成功的一半。那麼怎麼樣的開場白才能引起客戶的興趣呢？

1. 製造懸念，順水推舟

「XX 先生，請問您知道世界上最懶的東西是什麼嗎？」某冷氣機推銷員這樣對客戶說。客戶搖搖頭，表示猜不準。

「那就是您收藏起來不花的錢。它們本來可以用來購買冷氣機，讓您度過一個涼爽的夏天。」

首先製造一些懸念，引起客戶的好奇，然後再順水推舟的介紹產品。這樣既能夠吸引客戶的注意力，同時還能有效地刺激客戶的購買慾望。

2. 緣故推薦，消除抗拒

很多時候，店員與客戶都是第一次見面，因不熟識，客戶就容易心存戒備。這時，店員則可以透過第三方來拉近彼此的距離。如：

「您好，請問吳總是否是您的好友？」

「是的，我們關係很好！」

「劉先生是我們公司的老客戶了，現在也是我們的朋友，在聊天中，常提起您，他覺得我們公司產品也很適合您工作的需要，所以，我就過來打擾一下您，看看您是否需要。」

這種開場白，在一開始就表明自己不是冒昧前來的，是透過推薦的，容易消除店員和客戶之間的陌生感，消除客戶的心理抗拒。

3. 巧用花招，引發關注

美國一位成功的店員喬·格蘭德爾有個非常有趣的綽號叫做「花招先生」。他拜訪客戶時，會把一個三分鐘的蛋形計時器放在桌上，然後說：「請您給我三分鐘，三分鐘一過，當最後一粒沙穿過玻璃瓶之後，如果您不要我再繼續講下去，我就離開。」

他會利用蛋形計時器、鬧鐘、20 元面額的鈔票及各式各樣的花招，讓他有足夠的時間讓客戶靜靜地坐著聽他講話，並對他所

賣的產品產生興趣。

　　給自己爭取介紹產品的機會和時間是進行銷售的一個重要環節，畢竟店員不管說什麼，最終目的還是為了推銷商品，因此，用些小花招，讓客戶能夠安靜地聽你介紹，才更容易達到有「推」到「銷」的目的。

　　4.開誠佈公，主導訪談

　　有位店員去向客戶推銷自己公司的服務。他一進門就自我介紹：「我叫 XX，我是 XX 公司的銷售顧問，我可以肯定我的到來不是為你們添麻煩的，而是來與你們一起處理問題的，幫你們賺錢的。」然後問：「您對我們公司非常瞭解嗎？我可以幫你做一些介紹。」

　　這樣的開場白，雖然直白，但是也很真誠，用「幫助客戶處理問題」這樣的表述來打動客戶，並獲得顧客的全部注意力，主導銷售訪談。

2　開場白一定不要談及銷售

　　如果你以做生意的姿態迎接顧客，你會收到條件反射性的、拒絕性的回應，例如「我只是看看」或者類似的什麼話。令人吃驚的是，大多數時候，顧客們甚至不知道他們在說什麼。這是一種條件反射，但是顧客知道自己在做這種反應。它讓售貨員走開——謝謝你了。

　　相信你會同意，迎上顧客並說「我能為您做些什麼」或「請問您有什麼需要」會更好一些。但事實上，10 個顧客中只有 3 個知道自己到底想要什麼；或者，這種問法會對去麥當勞的顧客有用，但是對於商店中的大多數顧客肯定沒用，商店裏的許多顧客真的不需要你的

商品。所以，創造一個開放式對話的第一法則是：

開場白一定不要談及銷售。

你必須完全理解第一句打招呼的話不能與銷售相關，你要是一開口就與銷售有關，就好比你的頭頂上有一個標語：「別相信我，我是一個店員。」如果說不與銷售有關的開場白會更加有效，那麼，許多人經常用到、提到的「銷售方法」就是無效的。

🔊 3 從孩子入手消除客戶的戒心

在銷售的實戰中，客戶面對陌生的店員，往往總是懷有戒心的。店員要想對潛在的客戶實現其銷售的目的，那麼就要想辦法巧妙化解客戶的心理防禦，透過一個合適的話題作為切入點，主動與客戶進行交流。而這個切入點不僅要引發客戶的情趣，更要消除客戶對店員的防範之心。如果客戶帶著孩子一起來購物，那麼從孩子入手，則大有文章可做。

一位女士帶著兒子在玩具攤前挑選玩具，店員趕緊迎上去。

「小帥哥，今年幾歲了？」店員面帶笑容地問小孩。

「我今年 6 歲了。」小男孩子邊拿起一架飛機邊回答，但是女士卻讓孩子放下飛機，想往前走走看。

「真可愛！6 歲的孩子正是玩玩具的年齡，孩子在家也一定有很多好玩的玩具吧。」

店員一邊說著一邊拿起遙控器，給他們母子兩人表演看。而且，還向女士介紹了一下這款玩具的好處：「這款玩具能培養孩子的操縱意識，也能調節孩子身體的平衡性，4～6 歲對孩子來說是成長的關鍵期。」

接著，店員又讓母子兩人親自試用，感受一下。兩三分鐘後，母子兩人高興地買走了玩具。

從孩子入手，不失為一種很好的開場方式。問孩子年齡，這樣的問題既不招人戒心，還能產生很大的延伸空間，有利於店員進一步介紹商品。在現代家庭中，孩子是家庭的中心，也是全家的寶貝。從孩子入手，更能夠引起父母的興趣，而且誇讚孩子，其實也是對孩子父母的誇讚，會讓父母感到驕傲和愉悅，並願意把話題延續下去。只要商品對孩子有好處，父母則很捨得為之投資。

從孩子入手應該從那些方面開始呢？

1. 問孩子年齡，簡單有效

一句孩子多大了，既不會引起客戶的反感，還能使話題得以繼續，而且，也能消除店員和客戶之間的陌生感。透過對孩子的年齡的詢問，店員可以借此將話題繼續深入，把話題引到商品的銷售上。

2. 讚美孩子，滿足虛榮

每個人都有渴望被肯定的心理，客戶也一樣。而讚美他們的孩子更能滿足他們的這種心理需求，甚至比店員直接讚美他們更實用。因此，店員應該學會從孩子話題入手，學會讚美他們的孩子。如，這孩子長得真好看，或者這孩子很聰明……這樣，更容易消失客戶的戒心。

3. 關心孩子，知冷知熱

孩子永遠是家庭的中心，父母最關心的就是自己的孩子。如果店員在銷售的過程中，能夠從孩子入手，而且適度表現出自己對他的孩子的關心，如，「今天天氣不好，給孩子多穿點」，「最近牛奶查出有問題了，給孩子喝的時候千萬要注意」，「車輛比較多，讓孩子注意安全」，等等。那麼客戶在心裏會把你當成朋友看待，並對你表示感激。

4. 教育難題，感同身受

教育是家長最為關注的一個話題，如今的教育也是讓很多人發愁的問題。如孩子的擇校問題，孩子不愛學習等問題。如果店員能夠和客戶談一下這些問題，告訴客戶，你也有同感，這樣你和客戶之間就

多了一層共有的身份——父母，面對教育難題，你們有同樣的感受，也就更容易溝通，更容易達成一致。

 **4 透過主動發問讓客戶無法保持沉默**

在銷售過程中，最讓店員感到頭疼的客戶，就是那些不喜歡講話的客戶，他們總是金口難開，保持緘默，一副拒人於千里之外的樣子，店員很難摸清他們的心思。有的店員可能就會知難而退，選擇放棄。其實，面對這樣的客戶也不是無從下手，店員要想現實銷售就要善於主動發問，透過巧妙的問題，「撬」開客戶的金口。

一位漂亮的女孩在百貨大廈的鞋櫃前轉了很久。店員問她：「小姐，您需要什麼樣的鞋子？」

「我就是隨便看看。」

店員又問：「我幫你介紹幾款新上市的鞋子吧？」

「謝謝，不用了！」女孩顯然並不想和店員多說話。

但是，店員卻看得出來女孩是想買鞋的，如果錯過了，就會失去機會。於是，店員努力地尋找新的話題。這時，店員看到她的短褲很漂亮，想著一定是為這條短褲配鞋子吧，於是，店員說：「小姐，你的短褲好漂亮啊，是今年剛流行的嗎？在樓上的服裝店買的嗎？」

「不是，是我男朋友給我帶回來的。」女孩子終於開口了。

「就是啊，我說怎麼沒看到別人穿這樣的短褲呢，你真幸福，只是……」店員說。

「你過獎了，你說，只是什麼？」女孩問。

「只是我覺得你的鞋子和這條短褲有一點不配，不過，這樣

穿也很好看。」

女孩不好意思地說：「我其實就是為它來配鞋的，但是怕自己選得不合適。」

店員微笑地說：「信得過我的話，我可以幫你參謀一下。」

女孩點點頭。最後，在店員的幫助下，女孩挑了一雙滿意的鞋子，高興地離開了。

不愛講話的客戶並不是無法接近，只要店員能夠找到共同的話題，主動發問，就會在問答中吸引客戶的興趣，打開客戶的話匣子。

1. 提一些客戶必須回答的問題

當客戶不想開口說話時，就要學問一些既能讓他必須回答，而且不能讓他反感的問題。例如，看到客戶的房間裏有些漂亮的字畫，店員便可以問一些關於這些字畫的出處或者它的含義，這樣，既能表現出客戶的高雅和學識，也能激發他談話的慾望。

2. 提一些探索式的問題

探索性的問題能夠激發出客戶的情趣。如在客戶的家裏，客戶的孩子正在玩耍，你可以問：「現在孩子比較難教育，你是怎麼樣教育你的孩子」？「你對孩子的教育有怎麼樣的看法」等。這樣的問題，在客戶沉默不語時，則能夠把客戶的談話慾望充分激起來。

3. 提一些讚美性的問題

讚美性的提問往往能夠滿足客戶的虛榮心。因此，在銷售的過程中，可以選擇讚美性話題。如，看到一個漂亮的小姐在選購首飾，你就可以適當讚美一下她的著裝，引發她說話的情趣，然後建議她再配一條項鏈，會更加美麗。

4. 提出一些關於詢問產品意見的問題

當客戶不說話的時候，不要急於向客戶表述自己產品是多麼的優越，功能多麼強大。這個時候店員應該向客戶詢問一些關於產品意見的問題。如你可以問：「你覺得這款的顏色怎麼樣」或者「你覺得產品還應該在那些方面需要改進」等，這樣，就有可能打開談話的場面。

5 要雙向溝通，不要「獨白」

　　不少店員會用這樣的推銷方式：一看顧客走近自己的貨架就上前介紹商品，開始一場語言的狂轟濫炸，很有一種一直說到你心動的堅定信心，這在一些護膚品和日用品貨架旁尤其常見。事實上，店員的這種做法是最不高明的，你的這種過度熱情不但不會讓顧客感動，反而會讓他們覺得你的推銷有問題，是陷阱，進而退避三舍。所以店員不要過多的「獨白」，而要給顧客一些發表意見的機會，多與顧客進行雙向的交流與溝通，瞭解顧客的真實需求，有針對性地進行推銷，這樣成功的可能性才更大。

　　「獨白」表明的是自己的心聲，店員的「獨白」則是指一味地向顧客推銷自己的商品，推銷自己的觀點，企圖以此來使顧客屈服，進而購買商品。但事實上顧客很少屈服於這種「獨白」，他們更多地會選擇離開，到別處行使自己「上帝」的權利。

　　王小姐到一家超市選購護膚品，剛走進超市一名店員迎上來說，「你的皮膚這麼乾，可以用這個牌子的防曬霜，別看不怎麼打廣告，但它是天然配方，比那些老打廣告的一點不差……」，然後這位店員不停建議她放棄手中的產品，嘗試另外一個品牌，這讓王小姐很反感，本想逛商店放鬆一下心情，沒想到店員卻讓她一刻也不能安寧。最後，王小姐只得丟下一句「我習慣用老牌子」立刻走開。

　　超市等購買場所之所以受到人們的歡迎，就是因為它的環境好，不受打擾，但店員的這種「貼身促銷」讓人沒了購物慾望。特別是一些店員拼命說自己產品好，別的品牌都是「又貴又沒效果」，讓人很是反感。

因此，店員在向顧客推銷商品時千萬注意不能一味自顧自的「獨白」，而要多給顧客說話和考慮的機會，只有與顧客真心的進行交流你才能發現顧客的需求，才能用最有效的推銷方法說服顧客決定購買你的商品。

一、學會傾聽

作為一名優秀的店員，要學會傾聽顧客的聲音。通過傾聽顧客的聲音，可以有效地瞭解顧客的喜好、需求、願望，針對顧客的需求、意願向顧客推銷商品成功的機率會更高。比較那些一味獨白的店員，這才是高明的商品推介方法。

1. 不要假設自己知道

永遠不要假設自己知道顧客在說什麼，否則就會造成先入為主的觀念，認為自己真的知道顧客的需求，而不去認真地聽。聽完顧客的話之後，還應徵詢對方的意見，以印證所聽到的。只有真正瞭解顧客內心的想法，成為顧客的知己，才能順利地實現商品銷售的目的。

2. 關心

店員要帶著真正的興趣傾聽顧客在說什麼。尤其注意以下幾點：

⑴要理解顧客所說的話；

⑵店員應該學會用眼睛去聽，與顧客保持目光接觸，觀察顧客的面部表情，注意他的聲調變化；

⑶有必要時，記錄顧客所說的有關內容；

⑷對顧客的話要理智地判斷其真偽與否、正確與否。

3. 耐心

耐心就是不要打斷顧客的話。很多顧客喜歡說話，尤其喜歡談論他們自己。顧客談得越多，越感到愉快，也就越滿意，這對銷售是很有利的。店員要學會克制自己，多讓顧客說話，而不是自己大肆地發表意見。

二、注意觀察

作為一個優秀的店員，要注意觀察顧客表情，並從中發現他們的喜怒哀樂。有人發現眉毛能做出 20 多種表情，如眉飛色舞、眉開眼笑是喜悅、高興的表情，皺眉表示為難，眉頭緊鎖表示苦惱，眉毛豎起表示憤怒等等。從顧客的表情中讀懂顧客的心，有助於瞭解顧客的真實意圖，抓住顧客的需求去推銷。

眼睛是心靈之窗，是最富有感情的。作為店員要善於瞭解目光語的基本內容。目光語主要由視線接觸時間長短、視線接觸的方向兩個方面組成。視線接觸的時間，除關係十分親近的人外，一般連續注視對方的時間在 1～2 秒鐘內，長時間的凝視、直視或上下打量對方，都是失禮行為，店員切莫使用凝視的方法來對待客人。不同的視線接觸方向也有不同的語義。俯視表示「愛護、寬容」，正視多為「理性、平等」的語義，仰視一般體現「尊敬、期待」的語義，斜視表示「懷疑、疑問」的意思，而視線左顧右盼表示心不在焉。

在與顧客的接觸過程中，店員要學會巧妙地使用目光。如熱情洋溢的目光會給顧客一種親切感；平靜而誠摯的目光能給對方一種穩重感；俏皮而親近的眼光給對方一種幽默感。自然、得體的眼神是語言表達的有力助手，這都是店員必須瞭解的。

另外，店員不但要給顧客以微笑，也要善於從對方的微笑中發現顧客的語言。微笑不僅可以幫助人鎮定，而且可以給別人以良好的心理暗示、也是自信的一種表現，微笑必須是發自內心的，否則僵直的笑、皮笑肉不笑，都會傳遞不良的資訊。

三、鼓勵顧客發言

買賣要雙方來達成，話當然也不能由店員一個人來說。店員除了

觀察傾聽，更重要的是要鼓勵顧客多說話，從顧客的發言中捕捉關鍵資訊，從而有針對性地向顧客推薦合適的商品，滿足顧客的需求。試想一下，如果顧客一句話不說，你怎麼知道他想要什麼，怎麼能引導顧客決定購買呢？

與顧客談話，就是與顧客溝通的過程，這種溝通是雙向的。不但我們自己要說，同時也要鼓勵對方講話，通過他的說話，我們可以瞭解顧客的個人基本情況，如工作、收入、投資、配偶、子女、家庭等等，雙向溝通是瞭解對方有效的工具，切忌店員一個人唱獨角戲。

現在有一種新興的服務方式——「零干擾服務」。這種服務要求店員不許跟蹤顧客，不許主動向顧客推銷商品，只有在顧客打招呼時才能按照所提問題予以回答，這就是避免店員獨白的一種做法。這就意味著，以後顧客進入商場後，將不會再聽到店員不停的「嘮叨」，可以在輕鬆愉快的氣氛中自由地選擇商品和服務，做真正的「上帝」。

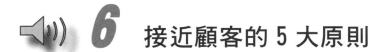

6 接近顧客的 5 大原則

店員正確地接近顧客，除了要掌握適當的時機和方法外，還必須遵循一定的原則。

1. 3 米招呼原則

所謂 3 米招呼原則，就是說在顧客離自己還有 3 米遠時店員就可以和顧客打招呼了。這是接近顧客的第一個原則。

每個人都希望受人歡迎，因此在顧客還沒有走進商場時，店員就要以職業的微笑向顧客致意，和顧客打招呼。

2.切忌熱情過度原則

過分熱情的店員經常老遠就和顧客打招呼，當顧客走近他的櫃台

時，他更是如影隨行，寸步不離，並且喋喋不休地介紹所售產品。這種過分的熱情是很不可取的。首先，店員所介紹的產品未必是顧客感興趣的產品；其次，有很多顧客喜歡有一種寬鬆、自由的購物環境供他觀賞和挑選，過多的介紹反而會讓他們感到一種無形的壓力。事實上，顧客只希望當他需要店員介紹和幫助時，店員能夠及時出現。因此，「切忌熱情過度」是店員接近顧客的第二個原則。

　　某賣場的手機店員非常積極，顧客一進來就趕緊迎上去，熱情地問：「您想要什麼樣的手機？」

　　客戶說：「我先隨便看看。」

　　店員說：「您看這是××(品牌)的手機，賣得非常好，我來幫您介紹吧。」

　　客戶看他這種架勢，忙說「不用了」，說完就急忙走了。

　　店員就犯了過度熱情的毛病。

3.店員不要說「隨便看看」

　　很多店員都喜歡用「請隨便看看」代替「歡迎光臨」。「隨便看看」內含的意思是沒有購買的打算，逛逛就走，而店員這麼說，就等於給客戶灌輸了一種「看看就走」的潛意識，最後的結果就是「隨便看看」、「看看就走」。所以，店員不要說「隨便看看」。

4.熱情相迎原則

　　熱情相迎是在顧客光臨時，店員主動向顧客表示樂於為她服務的意願。店員必須熱情相迎，因為熱情相迎可以：

　　⑴迅速建立和顧客的關係，為下一步的銷售做鋪墊。

　　⑵打消客戶的疑慮，有利於建立雙方之間的信任。

　　⑶所有的顧客都期待店員熱情相迎。

　　⑷冷淡會使 70%的顧客敬而遠之。

5.真誠微笑原則

　　要想成功地接近顧客，店員真誠地微笑是必不可少的。

　　店員的微笑可以感染顧客的熱情，沒有那個顧客喜歡看店員愁眉

苦臉的樣子，而顧客的購買行為可以為商家帶來利益，因此店員要對他們展現真誠的微笑。當顧客走進賣場時，店員緊繃繃的臉會在無形中讓顧客產生距離。相反，店員真誠燦爛的笑容將感染顧客，使他在不知不覺中對產品產生好感，因為微笑傳遞給顧客這樣的信息：「我很願意為您服務。」

其次，微笑還能激發店員的熱情。店員的微笑不僅可以感染顧客，也可以在無形中激發店員的服務熱情，使店員能夠愉快地為顧客提供週到的服務。

6. 如何訓練微笑

眼睛不只能觀察，也會說話也會笑，所以在微笑時，眼睛也要「微笑」，否則會給顧客「皮笑肉不笑」的感覺。

眼睛微笑練習法：

取一張厚紙片遮住眼睛以下的部位，露出眼睛，對著鏡子，想像最高興的事情，這樣整個面部就會露出開心的、自然的微笑，而眼睛週圍的肌肉也會處於微笑狀態，這是「眼形笑」。如果放鬆面部肌肉，讓嘴唇也恢復原樣，而此時目光中仍然笑意綿綿，這就是我們所說的「眼神笑」了。

空姐微笑訓練法：

如果店員想獲得空姐一樣迷人的微笑，按照下面的 4 個步驟堅持一個月，就能實現自己的願望了。

對著鏡子擺好姿勢，身體放鬆，像嬰兒咿呀學語那樣，念「E——」，讓嘴的兩端朝後縮，微張雙唇，輕輕淺笑。

減弱「E——」的程度，這時可感覺到顴骨被拉向斜後上方。

相同的動作反覆幾次，直到感覺自然為止。

無論坐車、走路、說話、工作都隨時練習。

7 平時演練如何接近顧客

那麼，店員應該如何培養自己熱情相迎的接近技巧呢？根據表9-1的步驟進行角色演練，有助於增強接近顧客的技巧，演練的時間是 15 分鐘。演練要求作為一名真正的顧客來對待演練，而不只是當作遊戲。

表 9-1　角色演練法

步驟	做法
分組	幾個人一組，分別扮演店員和顧客
講解場景	主持人講解場景
角色演練	1. 顧客和店員分別談演練的感受 2. 觀察員按照所學的內容來考察店員是否以恰當的方法做到熱情相迎
課堂陳述	1. 由每組顧客及所有參與人員一起討論店員在演練過程中的表現 2. 主持人指導參與人員一起講評店員在演練過程中的表現
實操演練	1. 顧客走進店鋪，店員主動與顧客打招呼，顧客禮貌地應後，圍繞櫃台隨意看看，然後離去 2. 兩個結伴而行的顧客走進店鋪，邊走邊說，店員主動與顧客打招呼，顧客禮貌地應答後，走向手機櫃台 3. 顧客走進店鋪，店員在離顧客很近的地方與顧客打招呼，顧客無任何反映(包括面目表情及語言上) 4. 顧客走進店鋪徑直走向櫃台，店員主動與顧客打招呼，顧客禮貌地應答後問店員：「店內經營的這幾種手機電池有何不同嗎？」店員正在回答時，另一顧客走進店鋪 5. 店員還未開口，顧客就先詢問：「那賣三星手機？」 6. 請參訓人員將實際工作中遇到的特殊情景舉一至兩個實例，並加以分析

8 掌握接近顧客的要領

在賣場的作業上，必須隨時注意有無客人光臨，不要一味的低頭專心作業而錯過了接待顧客的機會。店員的使命是賣出東西，而不是整理商品或傳票。

1. 接近

所謂在櫃台販賣的「接近」，是指向顧客說聲「歡迎光臨」，並走向顧客之時。可是，什麼時候開口並靠近客人比較好呢？這時機如何拿捏，對店員來講是非常重要的一件事，也是非常困難的事。

假如招呼得太早，客人還沒決定要買，可能在他內心會產生「會被強迫的推銷」的感覺而急忙離去；反之，招呼太慢的話，會讓買者產生不了購買慾掉頭就走。

「招呼成功的話，等於銷售成功一半」。招呼成功的話，後面就可順利進行；反之，招呼失敗的話，接著的應答就困難得多。

2. 適當的招呼

那麼，什麼時候，如何開口招呼比較適當呢？

招呼客人最好的時機，在八個階段中，以顧客的心理狀態位於「興趣」階段至「聯想」階段之間最為理想。在這之前的階段為「注目」，此時向客人出聲，顧客會率先提高警覺拔腿就逃。

反觀，這以後則成為「慾望」、「比較檢討」的階段，似已經遲了。因為，顧客從「注目」開始乃至「慾望」的階段為止的這一長段的時間裏，很少會一直注視著商品等著人過來招呼。

所以，顧客的心理從「興趣」轉變成「聯想」之間，能適時接近的話，可輕易抓住客人的心、並引導他購買，可以說是非常有效的。我們要先觀察客人的態度或動作後，再來確認其心理狀態是否居於

「興趣」與「聯想」之間，隨後挑選可接近顧客的最好時機。

3.掌握接近時機的要領

通常在銷售工作展開時，接近顧客可以掌握下列機會：

(1)顧客一直注視著同一件商品時

這個時候，正是招呼的機會。因為，長時間只看著同樣的商品，證明顧客對那商品有「興趣」，或者他的心情已經到達「聯想」的階段。

這時招呼的方法為，從顧客的正面或側面，不慌不忙地說聲「歡迎光臨」。若是認為顧客已經進入「聯想」的階段的話，不妨用比「歡迎光臨」更能令「聯想」高漲的語句，例如「這個設計得很不錯哦！」這樣的語句來招呼也許較為恰當。

(2)用手觸摸商品時

一直看著某件商品的客人有時會用手去觸摸商品，這表示他對那商品感到有興趣。顧客對引發他興趣的東西，往往會摸摸看來證實一下，利用此一習性，可以用來抓住接近的好時機。只是這時候，客人正欲接觸商品的剎那，或從背後趁其不備時出聲的話，恐怕會嚇到客人，先屏住呼吸一會兒，再從側面自然地向前招呼較妥當。

(3)從看商品的地方揚起臉來時

一直注視著商品的客人，突然把臉轉了過來，這意味著他想把商品拿在手上仔細看一下，想要店員過來的意思。這時可毫不猶豫的大聲說聲「歡迎光臨」，這樣的招呼可說萬無一失，大部份可以成功。

(4)腳靜止不動時

在店內邊走邊瀏覽貨架上商品的客人，突然停下腳步，這時是向前招呼的最好時機，因為，他可能在找到了所想要的東西了。看清楚是什麼商品令他心動，趕快打鐵趁熱的向他招呼。

(5)像是在找尋什麼時

一進到店裏來，客人就左顧右盼似在找尋什麼時，應該儘早向他說聲「歡迎光臨，你需要什麼嗎？」招呼得越早，省去客人花時間尋

找的麻煩，他心理會高興。店員也能做有效率的配合，可以說一舉兩得。

⑹和顧客眼睛碰上時

和顧客的眼睛正面碰上時，並不在購買心理過程的八階段任何一個階段裏面。還是應該輕聲說聲「歡迎光臨」。這雖然未必和販賣有所關連，但把它視為應有的禮貌，還是需要的。然後暫退一旁，等待再次向前招呼的機會。

以上就是六個接近的好機會。對於高價的商品可以把接近的時機再延後一些，低額的商品則必須再加快一些。這是因為，前者的價格較高，選擇性強的商品也較多，「購買心理過程的八階段」的出現較為緩慢之故，太早向前招呼的話，會引起顧客的一些不必要的警戒，結果反而會讓客人跑掉。

相反的，像後者為日常用品或食品類的時候，招呼要趁早，因為，這些都是價格低但購買率高的商品，從「注目」到「滿足」為止的階段，在短時間內出現，或者是其中一些被省略就出現了。

店員要把這六個接近方法當作一個原則，把握住招呼時機，在賣場內消化、變通，再做一番研究，形成自己的獨特本領。

心得欄

----

9 接近顧客的 8 種方法

時機找準了，那麼下一步就是店員該以何種方式來接近顧客促成交易。店員可以根據其內容進行對比，看看那裏有需要改進的地方。

好的開始是成功的一半，而一個壞的開頭則是失敗的全部。所謂見機行事，說的就是要在機會合適的時候再行動。如果選擇了一個錯誤的時機，再以錯誤的方式與顧客初次接觸，然後再說一句「隨便看看」，那顧客大多數情況下就是真的隨便看看，甚至看也不看就走了。

表 9-2　店員接近顧客的 8 種方法

接近方法	說明	具體操作
提問接近法	通過向顧客提出問題來接近顧客	「您好，有什麼可以幫您的嗎？」 「這件衣服很適合您！請問您穿多大號的？」 「您的眼光真好，這是我公司最新上市的產品。」
介紹接近法	看到顧客對某件產品有興趣時上前介紹產品	「這是今年最流行的款式……」 「這款冷氣機是我們公司最新的產品，最近賣得不錯……」 注意介紹產品時不要徵求顧客的意見，如果對方回答「不需要」「不麻煩了」就會造成尷尬的局面
寒暄接近法	很隨便地同顧客寒暄，以表示對顧客的歡迎和注意	「您好」、「早上好！」 對於熟顧客：「張小姐，您來了，這次準備買點什麼？」 「您好，上次您買的衣服還滿意吧？」
讚美接近法	以「讚美」的方式對顧客的外表、氣質等進行讚美，接近顧客	「您的包很特別，在那裏買的？」 「您今天真精神！」 「小朋友，長得好可愛！」（對帶小孩的顧客） 「您這身衣服很有特色。」

示範接近法	展示產品的功效，並結合語言來幫助顧客瞭解產品，最好讓顧客試用	試用的注意事項(以衣服為例)： 主動為顧客解開試穿服飾的扣子、拉鏈等 引導顧客到試衣間外靜候 顧客走出試衣間時，為其整理 評價試穿效果要誠懇，可略帶誇張、讚美之辭
服務接近法	單刀直入地詢問顧客需要什麼產品	「您要買什麼東西嗎？」 「您找到合適的了嗎？」 「我能幫您的忙嗎？」
應答式接近法	有些客戶會在店員沒來得及開口前就詢問，此時店員應彬彬有禮地予以回答	顧客：「有××手機嗎？」 店員：「有的，這邊請。不知您對那種型號感興趣？」
迂迴提問接近法	先表示對顧客的某些方面感興趣，打消客戶的緊張感	「您的臉型和髮式很配，看得出您很有鑑賞力！」「這個小孩長得這麼帥！幾歲了？」

10 接近顧客的關鍵

與顧客的第一次接觸是個難題，也是個門檻。如果店員接近顧客的時機不對或是方式不當，不僅起不到歡迎顧客的作用，還可能將顧客趕跑。

店員接近顧客的過程可以細分為 3 個步驟，即等待時機、打招呼、接近顧客。

1. 等待時機

所謂等待時機，就是商店已經開始營業但顧客還沒有上門或暫時沒有顧客光臨之前，店員邊做銷售準備，邊等待接觸顧客的機會。

在等待時機時，店員應隨時做好迎接顧客的準備。無論顧客什麼時候進來，都可以為顧客提供最好的服務。表 9-3 是某公司的店員等待時機時的服務規範，供大家參考。

2. 打招呼

當顧客剛一進門或者剛走到自己所負責的促銷區域，店員只需隨意地打個招呼就可以了。如果過分熱情地迎上去，往往會引起顧客的反感，有的顧客可能乾脆就離開了。所以，打招呼後可以讓顧客自由地挑選產品，這並不意味著對顧客不理睬，店員需要與顧客保持適當的距離，用目光跟隨顧客，觀察顧客。一旦發現時機，立馬出擊。

當店員發現顧客有以下舉動時，就可以主動上前打聲招呼。

⑴當顧客駐足時。

⑵當顧客一直看著某種產品時。

⑶當顧客用手去觸摸產品時。

⑷當顧客翻找價簽時。

表 9-3　店員等待時機時的服務規範

項目	具體要求
正確的 待機姿勢	1. 雙手自然下垂,輕鬆交叉於身前,兩腳微分,平踩在地面上,身體挺直,保持微笑且注視前方,站立的姿勢不但要使自己不容易感覺疲勞,而且還必須使顧客看起來順眼
正確的 待機行為	2. 不正確的待機行為有: (1)躲在產品後面看雜誌、剪指甲或化妝 (2)三兩個人聚在一起聊天或大聲喧嘩 (3)胳膊搭在產品、貨架上或是雙手插在口袋裏,身體呈三道彎狀 (4)靠著牆或貨架,無精打采地胡思亂想,發呆,打呵欠 (5)吃零食 (6)專注地整理產品,無暇注意顧客 (7)用餘光看顧客,然後再跟同事竊竊私語,並發出令人不快的笑聲
正確的 待機位置	站在能夠照顧到自己負責的產品區域,並容易與顧客做初步接觸的位置
待機階段的 工作	1. 檢查貨品。店員必須利用待機時間認真檢查貨品品質,把有毛病的貨品挑選出來,防止流入顧客手中 2. 整理與補充貨源.店員整理與補充貨源的工作主要有:　將經過顧客挑選之後的貨品重新擺放整齊　查看當天賣出的產品並做記錄,隨時補充售出的貨品　查看價目是否倒了或放反了,要一邊整理一邊注意顧客的光臨
時時 以顧客為重	不論店員在待機時間裏做什麼準備工作,都只能是銷售行為的輔助工作,一旦顧客有所求,就應立即放下手頭工作來迎接顧客
引起顧客的 注視	在待機的過程中要千方百計地吸引顧客的視覺,讓顧客注意自己所促銷的產品,例如通過移動產品、改變產品的陳列等多種方式

需要說明的是，打招呼時不能簡單地說一句「歡迎光臨」，而應該為下一步的銷售做好鋪墊。最常用的打招呼方法有以下 3 種：

①簡要指出產品的銷售重點，例如「這是今年最流行的樣式和顏色」。

②強調顧客的感受，例如「這種布料手感很柔軟」。

③正確回應顧客，例如「您喜歡什麼顏色的」。

3.接近顧客

通常情況下，當一名正在不停流覽產品的顧客抬頭時，表示想要購買該產品，否則就是不想要那件產品了。如果顧客做了否定的決定，店員要爭取瞭解顧客不中意的原因，這對以後的銷售會有幫助。店員找到適當的時機，就該走到顧客身邊與顧客進行初步溝通了，這個過程叫做接近顧客。要注意的是，店員不要離顧客距離太近。

店員可以問：「看中什麼東西沒有？」只要顧客開啟金口，或點頭同意，表明此次行動已經成功了。那麼什麼是接近顧客的適當時機呢？

心得欄

----

11 接近顧客的時機

表 9-4　店員接近顧客的時機及其策略

時機	顧客分析	應對策略
當顧客長時間注視某一產品時	當顧客長時間地凝視某一產品時，就表明顧客對該產品有極大的興趣，可能會將這個心理過程轉移到「聯想」階段，此時店員要做的是跟顧客做初步的接觸	1. 站在顧客的正面或側面跟顧客打招呼：「您好，有什麼需要我幫忙的嗎？」注意，打招呼時一定要站在顧客能夠顧及的地方，切不可從顧客的背後冷不丁冒出來一句話，這樣有可能會降低顧客的購買慾望 2. 語言不要僅僅局限於「歡迎光臨」、「我能幫您什麼忙嗎」之類的客套話，還可以根據具體情況使用「嗯，您真是有眼光，這是我們這兒賣得最好的一款」之類的話 3. 跟顧客打招呼要注意觀察，當顧客的心理進入「聯想」階段時，在腦子中會浮現出自己使用該產品時的圖像，會表現出很專注的樣子。此時店員要這樣對顧客說：「這款××（產品）擺放在您家裏一定很氣派！」以幫助顧客進一步豐富自己的聯想

續表

當顧客觸摸產品時	當顧客將產品拿在手中翻來覆去地看或觸摸產品時就表明其對產品產生了興趣	此時顧客對產品的興趣度要比長時間地凝視產品時小一些，因此店員可以採取上面第一種或第二種做法
當顧客注視產品然後又突然抬起頭時	當顧客注視產品後又再抬起頭來時，其原因只有兩個：一是想進一步瞭解該產品；二是決定不買了，想要離開。這時店員應立即跟顧客進行初步接觸	1. 如果是由於第一種原因，這時只要店員稍加介紹和說服，這筆交易很有可能就達成了 2. 如果是由於第二種原因，儘管很不利於銷售，不過此時仍有補救的機會，此時店員應馬上迎過去，親切地對顧客說：「您如果不喜歡這種顏色，我們還有許多其他的顏色，您喜歡那一種，我幫您拿來看看！」或者對顧客說：「這件衣服比較素雅，我們剛剛推出了兩款很時尚的，我拿給您，您可以試試看！」這樣，顧客就可能說出自己認為不滿意的地方，店員就有機會介紹符合顧客意願的產品
顧客正走著突然停下來時	如果顧客走著走著突然停下來就表明一定是某種產品吸引了他，店員此時應該立即過去跟顧客打招呼	當顧客突然停下腳步時，店員一定要注意顧客留意的是那一種產品，並針對該產品的優點和特徵進行說明。否則，如果顧客喜歡的是 A 產品，而店員卻針對 B 產品大談特談，顧客一定會逃之夭夭

續表

當顧客的眼睛在搜尋東西時	此時，顧客往往正急於購買某一產品或者是目的很明確地要買某個產品	看到這樣的顧客店員應趕快走過去問：「您好，您需要什麼？」在這樣的情形下，初步接觸可以直截了當，愈快愈好，因為通常此時顧客時間比較緊張，當店員能幫他節省時間和精力時，顧客一定會感覺非常高興
當顧客與店員四目相對時	此時說明顧客注意到了這裏的產品並且基本上滿意，否則一般是不會去看店員的	此時店員應當向顧客點頭並寒暄，儘管這樣不一定能立即達成銷售，但可以表現出店員應有的禮貌，留給顧客一個很好的初步印象，以後當顧客有需求時，就會主動找店員
顧客直奔店員	看上了店員所負責的品牌	不要猶豫，鼓足勇氣，主動上前，微笑服務
顧客來到櫃台前	尋尋覓覓，已在眾多型號中挑花了眼	主動且謹慎地接近，以專業人士的口氣與姿態幫助顧客
顧客由其他品牌來到店員的櫃台前	看上了幾個同類產品，但拿不定買那家的，希望得到進一步的信息	儘快出手，向顧客介紹本公司產品的特色、重要功能等優勢
顧客一行數人邊說邊走過來	已有購買意向，帶來專業「顧問」	機會難得，要穩住顧客，回答問題要謹慎，多介紹自己非常明白的功能，不要不懂裝懂

　　小孫是某超市生鮮部門水產部的店員。一天，開始營業不久，經常來買東西的楊阿姨向水產品方向走過來。於是小孫熱情地和她打招呼：「楊阿姨，來了啊！」

楊阿姨：「今天有什麼新鮮的魚嗎？」

小孫：「有啊，您到這邊瞧，我來幫您挑。」

案例中小孫的做法是比較成熟的，楊阿姨是熟客，而且生鮮產品不是大額消費品，一般顧客過來都是要購買的。所以，小孫就趕快跟楊阿姨打招呼，接近楊阿姨，讓楊阿姨感覺到小孫很熱情，很親切。

12 用顧客喜歡的方式接近他

打招呼是店員開展銷售工作的第一個步驟，可縮短與顧客之間的距離，從而在顧客心中樹立一個良好的形象。

無論對那種類型的顧客，無論是立即打招呼的時機如何，打招呼是店員開展銷售工作的第一個步驟，也是迎接顧客中最關鍵的步驟。你的招呼可以在短時間內縮短和顧客之間的距離，在顧客心裏樹立起一個良好的印象。

我們與顧客打招呼，目的是為了告知顧客四個資訊：

· 我知道您來了！——你會隨時準備為他服務。

· 你很重視他！——你會為他熱情的服務。

· 你非常專業！——你的穿著得體，動作規範。

· 你是非常友善的！——你的態度和藹可親。

請記住：這位顧客可能是你今天接待的第 100 位顧客，但你可能是他在店內遇到的第一位店員。

也許你接待了很多顧客，可能會感到心情煩躁，但是你的顧客大多是帶著愉悅的心情走進來的，如果你的態度不佳，會把這種不良的情緒傳染給他，那麼這位顧客就因此對你、你公司產品產生不良的印象。所以作為店員千萬不要把自己的不好的情緒轉嫁到顧客身上，你

應該帶著與顧客同樣愉悅的心情去與他打招呼，熱情的接待他。

1. 你應該說什麼——常用句型

打招呼的常用句型：

· 歡迎光臨！

· 請隨便看看！

· 您好，××先生！

· 下午好，××小姐！

· 新年好，歡迎光臨！

當顧客走進櫃台時，我們通常可以用這兩個句子：「歡迎光臨」、「請隨便看看」。此外，還有一些特殊情況：在遇到熟客光臨時，最好以熟客的姓名打招呼，這樣可讓熟客有被重視和受歡迎的感覺，以說「您好，李先生」、「下午好，王小姐」等；如果在節日，為了迎合節日的氣氛，我們可以先以節日來打招呼，例如「新年好」、「聖誕快樂」，然後再說「歡迎光臨」。

2. 你應該做什麼——七「要」原則

原則一：時機要把握

前面也提過當顧客行為黃燈或是綠燈出現時，我們就可以跟顧客打招呼了。而紅燈信號出現時，我們只需維持常態就可以了，直到顧客行為出現黃燈與綠燈時，我們再與其打招呼也不遲。

另外，要注意的是，一些價格低、購買率高的商品，其顧客群多是習慣性購買的，從注意到購買的過程相對較短。這類櫃台的店員與顧客打招呼的時機宜趁早。

原則二：距離要適中

這時我們要注意把握好與顧客的距離，這個距離最好在保持在1.5～3 米之間，不遠也不近。可以讓顧客看見你的存在，又不會給他們太大的壓力。

原則三：眼神要接觸

直視顧客才能讓顧客知道你關注到了他的到來，讓他有受尊重的

感覺。但要注意不要直愣愣地盯著顧客看，稍稍與顧客的眼睛接觸即可，你的視線最好位於顧客眼睛與鼻子之間的位置，千萬不要用眼睛上下打量顧客，那只會讓顧客反感。

原則四：要微笑、點頭

在打招呼時要保持微笑，在說話時頭部也要稍稍地點頭。

原則五：手要自然地擺放在身前

如果你正好在工作，例如在整理貨品、清潔等，當顧客出現時，應該馬上放下手中的工作，把手放在前面，再與顧客打招呼。

原則六：語氣要溫和、親切

無論是什麼顧客，無論其消費屬於什麼檔次，其態度如何，我們都應該一視同仁，打招呼時要保持溫和親切的語氣。不過由於顧客有著個體的差異性，所以在態度上我們也要注意因人而異。

當走進櫃台的是一個年輕人時，我們的神態可以顯露活潑、熱情；如果是異性顧客，你跟他打招呼的態度就要顯得莊重大方，讓對方感覺既親切又不輕浮；對於老年顧客，我們的態度就要穩重大方。當然，不同的語氣可能很難找到一個固定的標準，這只能靠我們在日常工作時多加注意和練習，自己摸索出其中的差異。

原則七：要與所有同行者打招呼

與顧客打招呼還要注意一個原則，就是要與所有同行者都要打招呼。很多時候，你遇到的顧客是與朋友、親屬一同前來的。不要小看這些同行者，他們的意見可能會影響顧客購買的決定，所以要給顧客留下好印象，對顧客同行者打招呼是非常重要的。顧客會感覺不但自己受到重視，自己的朋友也受到了重視。同行者對你有了好印象，他可能會在顧客猶豫不決時促成這筆交易。

13 接近顧客，誘導顧客說話

　　店員接近客戶後，必須主動、適當的談話，並且設法誘導客戶說話。

　　在販賣櫃台，觀察顧客的行為只是探尋需求的第一步，要想確定顧客的真正需求，還需要和顧客進行深入的交談和溝通。

　　要讓顧客主動開口說話並不容易，要想打破沉默的僵局，我們就需主動地誘導顧客說話，讓顧客自己說出他們的需要。下面請來看幾個例子：

表 9-5　如何誘導顧客說話

顧客行為	誘導顧客說話的問句
顧客拿起一個架上的每一件衣服，互相比較。	這是我們新進的貨，您可以試試。
男人在流覽一些女性的服裝。	您是否打算買東西送人呢？
顧客一進店就走向一件產品，大概看了一下就想離開櫃台。	我很抱歉您找不到您要找的東西……我能幫上忙嗎？
顧客拿起一件產品，看了又放下，又拿起再看，似乎很難下決定。	您以前有沒有用過這種產品呢？
顧客推著一部購物車，拿著一張清單，然後慢慢地在通道之間推著購物車走。	如果您需要找什麼，請告訴我，我樂意幫忙。

　　俗話說：「見人說人話，見鬼說鬼話。」在銷售中，這也是一種常用的方式。我們誘導顧客說話時，要注意因人而異，不同的人要用不同的方式去誘導他。

1. 對於有購買需求或是有購買目的的顧客

　　我們可以採用直接詢問的方法。因為這類顧客可能一進門就會盯

著某種商品看，所以我們就可以直截了當的問他是不是對某商品感興趣，並提議為其詳細介紹。

　　· 我給您介紹一下產品。

　　· 您真有眼光，這是我們最暢銷的產品。

2.在面對沒有購買目的的顧客

　　這類顧客可能本身對你的產品也不太瞭解，所以我們可以給顧客一些選擇、參考，讓其從中挑選。這樣就能容易找到他的喜好。

　　· 您喜歡那種口味的呢？

　　· 我們的輕巧型產品很受歡迎，您要不要看一下？

3.回頭客或者熟客

　　對於回頭客和熟客，我們的態度可以稍微親昵一點，但要注意分寸，不要問及顧客個人的隱私。

　　· 上次您買給朋友的茶葉，他喜歡嗎？

　　· 今天您想買點什麼？

　　· 今天天氣挺熱

14 誘導顧客開口三妙法

　　在日常工作中，讓顧客開口說話的方法很多，下面介紹三種簡單有效的方法：

1.讚美法

　　在任何行業的推銷技巧中，讚美是一個非常重要的技巧。

　　每個人都渴望別人的重視和讚美，只是大多數人把這種需要隱藏在內心深處罷了。沒有人會拒絕你對他說「您真漂亮」、「您很會打扮」之類的讚美話，這些話常常可用來作為交談的引子。

　　我們讚美的內容主要有個人的能力、外貌、外表、同伴等。那麼，讚美與賣東西有什麼關係呢？表面上看確實是沒什麼關係。但是一個人一旦得到別人的讚美，他的戒心就會降低，他開始願意接納你。讚美就像一個盒子的鑰匙一樣，打開了顧客的心，你就可清楚地看到他內心的真正需求是什麼了。

　　讚美的方式有很多，例如當顧客拿著某一件商品在看時，你可以說：「小姐，您真有眼光，這是我們公司最新推出的產品。」當一個顧客帶著小孩子進來的時候，你可以先讚美他的孩子，例如「你的小孩真可愛，又白又胖的，您真會帶孩子。」又例如稱讚顧客「你這件衣服真好看。在那兒買的？」雖然你不賣服裝，但是當顧客很興奮地告訴你他購買的地點後，他同樣會很樂意與你繼續交談下去。

　　恰當的讚美會讓人心情愉快，但是不恰當的讚美也會讓人反感。我們在運用讚美時，要注意適度，說讚美話時內心和表情都應該是真誠的。切忌肉麻、做作，虛假的讚美只會趕走顧客。

　　讚美顧客的內容有很多，包括：

—— 讚美其能力；

—— 讚美其外貌；

—— 讚美其外表；

—— 讚美其同伴。

例如：

・您的髮型真漂亮，在那裏做的？

・您的樣子很像明星×××。

・您的小孩真可愛。(不可以說，這個小孩真可愛)。

・小姐，您真有眼光，這是我們一款最受歡迎的產品。

　　請記住，這種方法的要點是，發現顧客的優點，然後由衷的去讚美。讚美的主題儘量不要與產品相關，等顧客放下了戒備心理，你才開始提與產品相關的問題，這樣，顧客就會在一種放鬆的狀態中與你進行溝通了。

2.優惠法

當人發現自己的某項行為將會給自己帶來好處時，那麼這種好處將會成為其行為的推動力。顧客在購買商品時同樣抱著這樣的心理。如果他自己會因為買了某件商品而獲得某項利益，那麼他的購買慾望將會大大提高。這種優惠包括了贈品、折扣、優惠等。其中尤以價格對顧客的吸引力為最大。因為在通常情況下，顧客在購買商品時首先會考慮商品的價格。例如，他會翻看價格牌，這時候，如果他所關注的商品是打了折，那麼這件商品對他的誘惑力就會相應的增加。

如果我們要打開顧客的話匣子，我們可以使用利益誘導法，例如告訴他正在流覽的商品現今是特價；如果他正在看的商品沒有打折，那麼我們可以提醒他，讓他知道有什麼品牌在做特價酬賓，並強調特價帶來的好處。如果顧客因此被吸引，那麼我們就可以繼續問其他的問題，瞭解他的需求。

例如：

- 小姐，您的運氣真好，我們公司現在在舉辦促銷活動，您看的這款服裝打八折。
- 您要是買夠 300 元，我們會贈送您一張會員卡，以後買任何東西均可獲得九折優惠。
- 買一台冰箱，將會獲贈一台微波爐。

3.發問法

當你認真觀察了顧客的行為以後，你就會對顧客的需求有一個初步的判斷，但是這時你的判斷可能未必是準確的，所以你可以把你的初步判斷向顧客提出，以取得其確認。這種方法的好處是直截了當，你可以因此探尋到顧客的意圖。例如，一個男性到女裝櫃台仔細的看，你就可以判斷他絕對不是買他自己的服裝，而是要為別人購買。這時候你就可以以「先生，請問您是幫朋友選衣服嗎？」這樣來打開話局。

我們提問可以圍繞著顧客自身的需求。例如：您喜歡那種口味的

飲料呢？從而得知顧客感興趣的品種；當你問：「您是自己買還是送人呢？」如果他表示是送人的，我們就可以進一步去詢問受禮者的喜好；當你問：「您有沒有想好要買什麼呢？您的朋友會喜歡那些口味的產品呢？」「您以前用過我們的產品嗎？」如果他表示用過我們的產品，那麼我們就不必再詳細向其介紹其他產品，可以直接向其推薦他用過的相關的一些新產品。詢問顧客的需求目的，就是希望得到他的口味、喜好、購買的用意，從而為介紹產品階段打下基礎。

　　在接近顧客時，還可以從產品入手誘導顧客說話。可以對顧客說：「這是我們最新推出的產品」、「這款型號是我們最受歡迎的產品」，以最「新」、最「好」這些包含產品特色的字眼去引起顧客更多的興趣和關注。

　　例如：

從顧客需求入手：
‧您喜歡那種口味？
‧您是自己買還是送人呢？
‧您以前用過我們的產品嗎？
……………………

從產品需求入手：
‧這是我們最新推出的新型產品。
‧這款型號是我們最受歡迎的產品。
‧我們的產品均獲得了國家優質質量獎。
……………………

15　秩序漸進的誘導客戶說話

　　你是否有耐心，直接影響著你誘導顧客說話的成效，有些顧客來到你的櫃台，他並不一定是目標明確的，如果你僅僅希望通過一句或是兩句問話就找到顧客的真正所需，這是不可能的。可能你要反覆地詢問顧客，才能發現或是讓顧客自己發現到底想買的是什麼。所以，在誘導顧客說話時耐心是非常重要的。我們在向顧客提問時要記住；用循序漸進的問話方式，可以引導顧客發現他們的需求。在問話的過程中，你也能和顧客逐漸建立起信任關係。

　　店員：您喜歡什麼樣顏色的？

　　顧客：我也說不清楚。

　　店員：這款服裝有米色、淺粉色、淡黃色，還有純白色，您
　　　　　比較喜歡那一種顏色呢？

　　顧客：沒有一定，也許淺一點比較喜歡。

　　店員：哦，這幾款顏色都比較淺。您要不要試一下。

　　顧客：好。

　　顧客試用了各種顏色後，自己選了一種顏色，買下了。雖然案例中的店員向顧客提的幾個問題都是有效的，但是店員並沒有通過問話為顧客找到真正適合他的顏色。店員只是把最後的選擇權交給了顧客。但是顧客是非專業的人士，他最終的選擇未必適合他，說不定他回去後會後悔買了這件衣服。這個店員的行為並沒有錯，但是不夠專業和負責。

　　如果我們再耐心點，再多問顧客幾個問題。

　　店員：您喜歡什麼樣顏色的？

　　顧客：我也說不清楚。

店員：這款服裝有米色、淺粉色、淡黃色，還有純白色，您
　　　比較喜歡那一種顏色呢？

顧客：我好像比較喜歡淺一點的顏色。

店員：那您可以告訴我您準備在什麼場合穿嗎？

顧客：我想在上班的時候穿。

店員：如果您想在上班時感覺自己有活力又不失女性溫柔，
　　　我建議您選擇淺粉色和淡黃色；如果您想讓自己顯得
　　　莊重一點、有權威感一點，米色和白色比較適合。當
　　　然，這還要根據您的膚色來定。您願意我幫您做一個
　　　膚色測試嗎？

顧客：那太好了，要另外付錢嗎？

店員：不用。我很樂意幫助您找到最適合您的顏色(店員為顧
　　　客做了膚色測試……)好了，您看，您的膚色屬於秋天
　　　系列，那麼淡黃色和米色是最適合您的，當然還有其
　　　他秋色系列的顏色都會很適合您。那麼您會選擇什麼
　　　顏色呢？

顧客：哦，那我試試淡黃色的吧。

店員：好的，我幫您拿一件適合您的，試衣間在那邊，我帶
　　　您去……。

　　店員多問了三個問題：「那您可以告訴我您準備在什麼場合穿
嗎？」「您願意我幫您做一個膚色測試嗎？」「那麼您會選擇什麼呢？」
就為顧客找到了他真正所需的物品。

　　只要我們耐心地再多問幾個問題，就能找到顧客的真正所需，顧
客自己也覺得非常滿意。

　　在誘導顧客說話時，可以抱著與顧客建立一種朋友式對話的討論
氣氛，而不是一種審問式的交談，這樣的話，我們自己就會心情輕鬆
起來，在向顧客提問和交流時就能取得較好的效果。

第 十 章

店員如何介紹產品

 **1** 店員介紹產品的技巧

1. 使用顧客聽得懂的語言

店員在與顧客談話的過程中,除非是難懂的專有名詞,一般應使用通俗易懂的語言,盡可能讓顧客聽明白。作為一位店員,說話不能太囉唆,一件事嘮叨個沒完,這樣顧客會很厭煩。另外,店員的語言要流利,避免太多的口頭禪,在介紹產品時應避免「啊」、「嗯」、「大概」、「大約」、「差不多」、「可能」、「等於是」、「盡量」等口頭禪和話與話之間過長的停頓。

2. 運用聲音的魅力

所謂有魅力的聲音,是指語調溫和、言辭通達,使人樂於傾聽。說話的技巧在於聲調。店員如果嗓音不好,的確需要進行必要的修飾。除此之外,不必裝模作樣、打官腔或用假嗓子等。務必用自己本來的嗓音,把想說的話心平氣和而又愉快地傳達給顧客。口齒清晰、發音有力又容易聽懂是有魅力的前提條件。

3.話題要豐富

身為店員，聊天是工作的一個重要部份。話題要針對不同時機、不同對象因人因時而異，為此，應事先準備各種不同的話題。店員的知識要先求寬，再求精，要適應各種不同愛好及不同興趣的顧客。但要注意，千萬不要以此來炫耀自己。

4.注意巧妙地使用方言

專業的店員需要儘量學會說各種方言，如果不會說方言就有可能影響銷售效果。

5.介紹要實事求是

店員介紹產品時，一定要本著誠實的原則，實事求是地介紹，千萬不要信口開河，把不好的說成好的，沒有的說成有的，一旦顧客發覺上當，便會憤然離去，甚至永不上門。

6.設身處地為顧客著想

店員必須處處站在顧客的角度，為其利益著想，只有這樣才能比較容易說服顧客購買產品，也比較容易以顧客的話說服顧客。

店員在對顧客介紹產品及進行說明之際，推測顧客所需，以便為其推薦合適的產品。店員在進行產品介紹時如果能明確地說出本產品與其他產品相比較所具有的優點，則更能增加顧客的信賴感。

7.針對顧客的需要進行介紹

店員在介紹產品時應有所側重，針對顧客最想知道的部份進行重點說明。假如不配合顧客的需要就介紹產品，對重視款式的顧客大講產品的先進性能，對追求品質的顧客大講價格便宜，這種張冠李戴的介紹不但不能使顧客產生信賴感，反而會導致失敗。

8.強調產品的性價比

優秀的店員必須強調產品的安全性、優質性、合法性以及滿意保證，而不是花大力向顧客說明自己的產品如何便宜，卻不注意強調產品自身的價值。因為隨著人們生活水準的提高，價格已經不再是顧客考慮的唯一因素了，品質才是更重要的。

9.巧妙運用數字

有時顧客的需求並不僅限於一個重點,而會出現兩種或多種需求重點,店員在介紹時把產品的多種功能概括起來,如「這個產品主要有 4 種功能,第一……第二……」用數字概括的產品說明是一種很有效的方法,它能使顧客一下就記住功能數量,如果他非常感興趣的話就會一項一項探尋功能的內容。

10.根據不同的產品特點來介紹

不同種類的產品具有不同的特點,店員可用不同的技巧來介紹。

對於不同的產品,店員需要對顧客採取不同的介紹技巧。

表 10-1　不同產品的介紹技巧

產品種類	特點	購買心理	介紹技巧
日用產品	價格低、消耗快,不需挑選	顧客對商標、企業沒有過多要求,只圖方便、實惠,通常就近購買	對這類產品應該迅速取貨算賬,最好記住顧客常購買的東西
選購產品	一般價格比較高	顧客對價格、品質和樣式較重視,但常憑感覺、氣氛購買。有的顧客比較容易聽從勸告,店員對產品稍加介紹他就決心購買;有的顧客則從眾購買	抓住顧客的瞬間心理,投其所好地在產品價格、品質、式樣的介紹上做文章
特殊產品	滿足顧客的某些特殊偏愛	顧客對商標和產品的使用性能有較多的知識,在購買前一般都有預定的計劃,屬計劃性購買	介紹要細緻,尤其要抓住產品的某個突出特點,而且不管顧客買還是不買都要熱情、耐心地介紹,為其以後再買打下基礎

2　介紹產品的八種方法

　　產品介紹是指店員將產品的特點、優點和利益點與顧客進行充分溝通，從而激發顧客的購買慾望，採取購買行動的過程。

表 10-2　店員介紹產品的 8 種方法

方法	定義	優點	要求	使用技巧
直接介紹法	店員直接勸說顧客購買其所介紹產品	會讓顧客覺得這個店員的工作很有效率，還懂得替顧客著想，節省顧客的時間和精力，很容易被顧客接受	與顧客交流過程中，要針對顧客的需求介紹產品的有關情況，突出產品的優點及特性，誘發顧客的購買動機	1. 不必介紹促銷產品的所有特點，而是把促銷產品的特點與顧客的購買動機結合起來 2. 有針對性地運用不同的語言對產品進行生動、形象的描述 3. 認真分析購買環境，看場合說話，尊重顧客的個性，避免冒犯顧客
積極介紹法	用積極的語言或其他方式（如熱情語言、讚美語言、正面提示及肯定提示等）勸說顧客購買產品	會對顧客產生很強的說服力和感染力，增強促銷面談的效果	要求店員用積極的語言或其他積極方式向顧客直接提示銷售產品的利益和特點	1. 堅持正面提示顧客，只能用肯定的判斷語言，絕對不用反面的、消極的語言 2. 用提問的方式積極提示顧客，以充分激發顧客的積極性 3. 從正面向顧客提供促銷信息，儘量證明促銷產品的可靠性

舉例介紹法	通過舉一些使用產品的實例，來說明它體現了那些效用、優點及特點	不直接向顧客講解，可以使顧客感到輕鬆和容易接受	在介紹時始終不能脫離銷售這個主題，不然就起不到應有的作用	所介紹的產品的優點和特點應該是顧客所關心的、能吸引顧客的
邏輯介紹法	利用邏輯推理來勸說顧客購買產品	具有理智購買動機的顧客傾向於思維條理化，善於做出正確的比較和評價	把邏輯方法和藝術手段結合起來，對顧客曉之以理，動之以情，從而增強銷售說服力和感染力	1. 選擇適當的推理方式，充分運用邏輯思維，進行科學推理，做到以理服人 2. 把邏輯方法和藝術手段結合起來
假設介紹法	將產品最終帶來的利益及好處以問句詢問顧客，使顧客產生好奇心並充滿期待	當介紹完產品之後，只要能證明產品或服務能夠達到所承諾的效果。那麼顧客就不會拒絕	在做產品說明和介紹時，店員首先要確定所面對的是不是潛在顧客	在銷售過程開始時，店員要做的第一件事情就是通過向顧客問一些假設性的問題，來確定是不是潛在顧客
明星介紹法	借助一些有名望的人來說服顧客購買產品	利用顧客迷信權威的心理，借助於權威效應來消除顧客的疑慮，迎合顧客求名的情感購買動機，從而誘發顧客的購買慾望	一定要用真人實事，切忌胡亂編造。因為一旦顧客發現真相，肯定會非常生氣，從而失去對該店員的信任	1. 所提示的明星必須是被顧客所接受或認同的有名人物 2. 向不同的顧客提示不同的明星，這樣才能提高促銷效率 3. 根據明星效應的特定範圍來選擇提示的明星，使提示的明星與介紹的產品能自然地聯繫起來

續表

資料證明介紹法	通過演示有關證明資料來勸說顧客購買產品	證明資料最容易令顧客信服，如某產品獲××獎，或經過××部門認定等資料	必須拿出具有說服力的有關促銷證明來，若能在洽談、演示中不知不覺地使顧客瞭解證明資料則更好	1. 必須針對顧客的疑點或促銷重點，演示有關的促銷證據 2. 促銷證明資料必須是真實可靠的，促使顧客採取購買行動 3. 應講究演示藝術，讓顧客在不知不覺中瞭解促銷證據
下降式介紹法	逐步介紹產品的好處和利益，把最容易吸引顧客興趣的利益點或產品特色放在最前面解說	重點介紹吸引顧客的利益點，之後就可以直接與顧客成交	仔細觀察顧客對那些事項最感興趣，然後將 80% 的精力，放在強調這些顧客最感興趣的購買利益點上	1. 要清楚所促銷的產品可能吸引顧客的顯著特點 2. 同顧客建立良好關係 3. 經過規劃和設計的產品介紹方式比沒有經過規劃的產品介紹方式的說服力要高 20 倍

3　店員介紹產品的步驟

介紹產品的步驟如下所示。

一、介紹產品特性

　　店員在向顧客介紹產品時，應該首先向顧客介紹產品的特性。產品的特性是指產品的實際情況，包括產品的原材料、產地、設計、顏

色、規格、性能、構造等資訊。

以某品牌的手機為例,它的特性包括:採用鈦合金外殼;具有連續拍攝功能;支持收發彩信等。

在向顧客介紹產品特性時,店員應該注意以下 4 點。

⑴掌握介紹順序。店員介紹產品特性時應該循序漸進,從直觀的、顧客能夠直接看到或感受到的特點開始介紹。

例如,服裝店員在進行服裝的講解時,首先應該為顧客介紹的應該是服裝的顏色、款式等資訊,然後再進一步介紹服裝所使用的面料、剪裁技術等。

電視機店員在介紹產品時,應該先介紹產品的外觀特徵、圖像品質、音響效果等顧客能夠直接感受到的內容,然後再向顧客介紹產品的各種功能。

⑵強調與競爭產品的差別。店員在向顧客說明產品特性時,應該重視與競爭對手差別,針對產品相對於競爭對手產品的優勢,應該重點介紹,以強化顧客對產品的認知。

⑶把握介紹數量。店員在向顧客說明產品特性時應該注意顧客的記憶存儲。根據統計學研究,顧客最多只能同時記住 6 個概念。所以,店員在向顧客說明產品特性時,要控制說明的數量,只需將最重要的幾個特點向顧客說明就可以了。

⑷語言要簡單、易懂。枯燥乏味的講解會讓顧客失去興趣與耐心,過分專業的語言會讓顧客不知所以,因此,店員在向顧客介紹商品時應該儘量使用簡練、通俗易懂的語言。

顧客:「這件襯衣怎麼洗啊?」

店員:「這種襯衣只要用溫水泡上中性洗滌劑,就可以洗乾淨,而且洗後不用燙,很容易乾。」

這種說法過於理論,顧客不容易抓住重點。店員應該簡明扼要地告訴顧客:「這件襯衫乾得快而且免燙,頭天晚上洗,第二天就可以穿著上班。」

二、說明產品優點

產品的優點不同於產品的特點，它是對產品特點的進一步解釋。產品的特點是產品的客觀屬性，是有形的；而產品的優點則是無形的，它不能被看到、嘗到、摸到和聞到，例如更耐用、更輕便、更結識、更美觀、更安全等。

僅僅說明產品的特點是遠遠不夠的，店員還應該根據產品的特點引申出產品的優點。

仍然以上述品牌的手機為例，店員可以根據產品的每一個特性，找到其相對應的優點。

表 10-3　手機特性及其對應優點

產品特性	產品優點
鈦合金外殼	外觀時尚，結實
連續拍照	隨時隨地拍攝
支持收發彩信	可以接收和發送圖片及音樂

三、說明顧客利益

顧客在聽取了店員對產品優點的解說後，就會對產品有了感性的認識。但是有了感性的認識還是不夠的，顧客真正購買產品不是由於產品具有某些特徵或優點，而是因為產品能夠給他帶來切實利益。

顧客利益是指使用該商品能為顧客帶來的好處與幫助。店員此時應該著重描述顧客如何通過該商品獲得實實在在的利益，只有讓顧客切實瞭解到產品能夠給他帶來的好處，才能激發起顧客的購買慾望。

以手機為例，其產品特性、優點及為顧客帶來的利益如表 10-4 所示。

表 10-4　特性、優點及為顧客帶來的利益

產品特性	產品優點	顧客利益
鈦合金外殼	外觀時尚，結實	不怕摔
連續拍照	隨時隨地拍攝	可以隨時拍下想拍的畫面
支持收發彩信	可以接收和發送圖片及音樂	可以和朋友共用圖片及音樂

產品為顧客帶來的利益越明顯、越具體，顧客就越有可能選擇該產品，因此，店員在為顧客講解產品給顧客帶來的利益時，應該越明顯越好。

對比兩種說明顧客利益方法，很容易就能看出孰優孰劣。

「我公司提供的輕鋼構件採用優質連續熱鍍鋅鋼帶，能有效抗腐防銹，大大延長建築內裝修的壽命。」

「輕鋼構件採用優質連續熱鍍鋅鋼帶，能有效抗腐防銹 10 年以上，無需維護，節約了顧客成本。」

顯然，第二種說法給顧客提出了更詳細的利益，即「能有效抗腐防銹 10 年」，因而對顧客具有更強的說服力。

四、列舉相關證據

最後，店員還應該出示各種證據，以證明產品確實能夠滿足顧客的需求，打消顧客的購買疑慮，增強其購買信心。

以手機為例，證明產品特點、優點及給顧客帶來利益的方法如表 10-5 所示。

將這個例子中產品的特性、優點、顧客利益及證明方法聯繫起來，店員可以對這款手機進行這樣的解說：這款手機具有連續拍攝的功能，可以隨時隨地拍攝，例如您可以在生活中隨時拍下您孩子瞬間有趣的模樣，也可以在工作中把重要的事情拍下來作為證據等。來，您自己操作一下試試。

表 10-5 特點、優點、顧客利益及證明方法

產品特性	產品優點	顧客利益	證明方法
鈦合金外殼	外觀時尚、結實	不怕摔	現場示範
連續拍照	隨時隨地拍攝	可以隨時拍下想拍的畫面	進行功能演示
支持收發彩信	可以接收和發送圖片及音樂	可以和朋友共用圖片及音樂	出示產品說明書

4 店員要如何演示產品

產品演示是為銷售產品而進行的各種說明、示範活動，旨在向顧客宣傳產品、近距離接觸產品，從而讓顧客接受並達成交易。

一、適合演示的產品

適合現場演示的產品主要分為如下兩種。

1. 效果非常明顯的產品

對於功能單一、操作簡單、功能訴求性強、適合現場演示的產品，例如榨汁機、按摩棒、吸塵器等，它們的主要功能立馬就能展示出來，現場效果很明顯，顧客一眼就能看出產品的性能，也能當場決定買或不買。

高檔防水和刮鬍刀是飛利浦新推出的產品，通過「在水中浸泡」的演示，使得飛利浦刮鬍刀「高品質」的形象在顧客心目中的印象進一步加深了。

此外，現場演示一定要注意時效性，效果必須立竿見影，如果要

過幾個小時讓顧客再返回來才看到效果，那麼就很容易失去現場演示的意義。

要凸顯紫砂鍋區別於普通壓力鍋、電鍋的「燉煮」功能往往需要 4〜6 小時，很難想像有幾個顧客會為買一個鍋等上那麼長時間。因此，要對紫砂鍋進行現場演示，其效果自然不會很理想。應季銷售的遠紅外電暖器由於升溫迅速，在通電還不到 1 分鐘的時間裏，在它輻射範圍的 3 米內空氣立刻變得暖呼呼的。只要顧客往演示現場一站，馬上就能感覺到一股股「暖流」。這樣的演示效果就非常明顯。

2.有獨特賣點的產品

如果要演示的產品與同類產品相比沒有更新的功能，就沒有必要為演示而演示了。只有更新、更為獨特的賣點，才能通過現場演示激發顧客的購買慾望，從而達到滿足現場演示的要求。

店員將一款吸塵器的「強勁吸力」功能作為獨特的賣點來宣傳，以「吸保齡球」為演示的獨特點。

3.趣味性的演示

店員在進行產品演示時，應注意演示與講解的有機配合，講究演示藝術和講解藝術的結合，盡可能為演示和講解增添趣味性。

假設在銷售現場銷售一種油污清洗劑，店員通常採用這樣的示範方法：清洗劑將一塊黝黑的布洗淨來說明它的效果。為了創新，店員也可以做這樣的改變，故意將自己的衣袖弄髒，然後用油污清洗劑將衣袖洗淨。這樣做效果就不一樣了。如果店員在演示時具有幽默感，並以輕鬆的方式突出，這樣就很容易傳達給顧客愉悅的心情。

例如，在促銷刮刀時拿桃子開刀，將毛茸茸的桃子表面的細毛刮乾淨，又不傷及軟軟的桃皮。這一點帶有戲劇性，引人入勝。

二、演示產品的操作要點

1. 抓住演示的關鍵點

要想真正吸引顧客，演示時，店員必須演示出產品最能吸引顧客的主要優點和顧客最關心的利益點。演示的時間也要把握好，不要太長，演示也不要過於全面，不要對產品的每種使用價值都進行演示，演示活動要將促銷與演示有機結合起來。

餐具公司為展現玻璃製品無比堅固的特性，在演示現場把玻璃製品當鐵錘用，將一個三寸的鐵釘釘入一塊兩寸厚的木頭內，但訂餐具時，其本身卻毫無損傷。由於這種現場演示充分抓住了主要賣點，所以演示效果非常突出。其他賣點就不需要店員做過多的解釋，講解時一句話帶過即可。

一是對所演示產品的主要功能特點仔細把握；二是要把握好演示過程中的要點和顧客關心的疑點，使得演示更加可信。

2. 從特點到優點再到利益點

講解水準可以從 3 個層次劃分：店員只是簡單地講解產品的基本特點；店員能夠講出所演示產品優於其他品牌產品的地方；店員能最大限度地站在顧客的角度，聲情並茂地講解產品給顧客的生活帶來的切身變化和實質利益，這一層次是店員應該努力達到的境界。

在演示進行中，必須適時穿插與競爭產品的對比分析，突出自身的優勢，強化顧客的認知度。

3. 關注顧客享用產品的感受

某品牌榨汁機在某個商場進行示範表演，店員為了演示榨汁杯「摔不爛」的特點，現場邀請顧客拿起杯子往地上摔，承諾如發現裂紋，當場贈送一台榨汁機。隨著「呼啦啼嘟」的聲音不斷響起，杯子任顧客怎麼摔也碎不了，圍觀的顧客紛紛交頭稱讚。

例如某品牌吸塵器為演示其強勁吸力，利用一個高達 2 米的水

柱,將水在瞬間提吸起 1.5 米至 1.8 米,也一下子抓住了顧客的「心」。

店員需要根據顧客的不同情況,靈活轉換、活學活用。以吸塵器演示為例,未用過吸塵器的顧客可能會比較關注吸力大小、雜訊大小、塵袋清洗的便捷程度等;用過吸塵器的顧客首先會關注雜訊的大小或塵袋是否便於清洗等,其次才是吸力的大小。

4.讓顧客參與其中

好的演示一定要有顧客的參與,使其樂在享用產品的感覺中。因此,店員在設計演示方法時一定要考慮如何邀請顧客參與,參與那些演示環節,以實現良好的現場互動。

如果實在不能讓顧客親自操作,儘量讓顧客參與演示活動,例如要求顧客幫助做某一動作、傳遞物件等。這樣就容易吸引顧客的注意力,增強演示效果。

在進行現場演示活動時必須提前設計好一整套的標準演示用語和演示動作,將演示活動流程化、程序化,對於容易打動顧客的關鍵點一定要按標準演示,不得任意為之。這樣做的目的就是提高促銷活動本身的品位與檔次,塑造一個良好的促銷氣氛,有助於企業品牌與形象的傳播。

如果演示方法設計不當,不僅對銷售沒有幫助,而且可能有損品牌形象。

5.演示舉止要從容

良好的口才是銷售活動成功的一半。因此,要保證銷售演示的生動有趣,店員的說話內容就必須讓顧客明白。在銷售說明及演示中的一舉一動都深刻影響著顧客。因此在整個銷售過程中,店員應以自己的言談舉止、音容笑貌鼓勵顧客,以增強顧客的購買信心。

如果店員笨手笨腳地擺弄絲襪,或者小心翼翼地關上車門,好像車門很容易損壞似的,那樣就會給顧客留下不好的印象。如果家庭主婦本來就抱怨傢俱操作不便,而店員在作示範時也顯得沒有把握或不熟練,就很難成功。

6.發揮演示與輔助器材的效果

店員在產品演示的初始，應該將顧客的注意力吸引過來，不要讓其他因素分散顧客的注意力。有的店員在演示之前就將產品的說明書或輔助器材遞給顧客。這樣，在進行演示時顧客的注意力仍停留在說明書和輔助器材上，店員的表演可能就收不到效果。正確的方法應該是先通過自己的生動表演，然後將說明書、產品、輔助材料傳遞給顧客，回答顧客還不明白的問題。始終讓顧客有濃厚的興趣，店員才可能打開產品銷路。

5　拿、放商品的方法

拿，是指根據顧客的要求拿取商品。放，是指把商品放在顧客面前，讓顧客鑑別、挑選。店員在櫃台販賣時，隨時需要拿、放商品，其基本技術要求是：

1.拿、放得當，迅速準確

店員必須學會觀察顧客的購買心理，做到心中有數，熟悉商品知識，以便拿取顧客需要的商品。

根據顧客眼睛注意的視線，身體動作姿態，表達語言，來判斷其對某種商品購買的慾望；根據顧客的年齡、著裝、打扮、體形特徵等，瞭解顧客的愛好，從而主動、訊速、準確地拿出適合顧客需要的商品。

2.掌握方法、顯示全貌

拿、放商品必須講究方法。同樣的商品，高明的店員把它從貨架上取出來，往櫃台一放，就深深地吸引著顧客的注意，使顧客產生購買興趣，我們把這種動作稱為「顯示」。顯示商品要讓顧客看到商品的全部特點以及商品的外貌形狀，以便挑選。

　　掌握了正確的方法，在顯示商品時，才能做到使顧客看得清，又不使商品受到污損，能給予顧客一種享受。拿放商品的方法不是一成不變的。熟練的店員在長期的售貨中，總結出許多寶貴經驗。如衣服提衣領，前後左右轉，然後看衣裏；帽子托在手，帽簷先朝顧客；布鞋，棉鞋，首先揮一揮；碗碟輕輕揮；布匹搭在肩，展開供遠觀；樂器調音律；金筆、圓珠筆，拔帽試筆尖；電池、電燈泡，當面做試驗。總之，顯示商品，爭取突出商品本身的藝術感染力，以達到促進顧客聯想，刺激購買慾望的目的。

3.輕拿輕放

　　顧客到商店是為了購物，而滿足這種慾望除了物質以外，更重要的是需要得到精神上的滿足。這種精神上的滿足，也必須靠店員的服務工作得到。

　　店員能禮貌地把商品拿給顧客，初步就會使顧客首先在精神上得到滿足，感受到服務的熱情，從而引起購買商品的慾望。作為一名合格的店員不僅要迅速、準確的拿放好每一種商品，而且應當自始至終地、禮貌地拿放商品，並貫穿於接待顧客的整個服務過程中。

4.準確提拿商品

　　準確的提拿商品，是指店員通過對顧客的舉止觀察、分析、判斷，揣摩顧客購買的心理活動，抓住顧客購買心理變化過程的瞬間，將符合顧客要求的商品提拿給顧客的服務過程。

　　店員要準確提拿商品，除必須掌握顧客心理和商品知識外，還要練好基本功，以行業而言，在售貨中才能做到「看腳拿鞋」、「看頭拿帽」、「看體拿衣」、「看體計料」等技巧，說明如下：

(1)看腳拿鞋

　　以鞋店販賣鞋子為例，店員在售貨中，根據顧客的腳的大小，憑著自己熟練的售貨技巧，一看腳型就能準確地拿出適合顧客的鞋。

　　要掌握看腳的本領，依靠觀察顧客的體型，一般來說，身高體胖的顧客，腳板肥大；身矮體瘦的顧客，腳板瘦小。第二，要看顧客所

穿的舊鞋，鞋面皺褶多，腳面高，其腳必然很瘦；鞋面繃得很緊，其腳必然很肥；如果鞋頭翹起很高，其腳必然很大。第三，要觀察顧客的手型，手型瘦長，一般腳也瘦長；手型短粗，一般其腳也短粗。

最後，還要考慮顧客的年齡、性別、職業、生活習慣以及制鞋原料的特性等。如布鞋有伸縮性，可穿緊一點，皮鞋不透氣，穿鬆一點。體力勞動者宜寬大，腦力勞動者以適合腳最好。還有老年人喜歡柔軟、大方、舒適的鞋。店員應該根據以上特點，通過觀察顧客的腳型，迅速準確的拿出適合顧客的鞋。

(2)看體拿衣

以服飾店賣衣服為例，看體拿衣是店員在售貨中，根據顧客的體型和愛好，迅速準確地提拿服裝的服務技巧。

目測體型，是店員在售貨過程中根據對顧客的體型和特徵的觀察，從體型高矮胖瘦，身高、胸圍和腰圍，以及分析判斷顧客的心理，準確拿遞適合顧客的服裝。

看體拿衣的重點，應掌握以下要領：

①必須準確地目測顧客的體型，判斷顧客需要的服裝規格。

②要分析顧客的習慣和愛好，揣摩顧客的需求心理，拿出適合顧客的款式的服裝。

③要善於觀察顧客的膚色、年齡、性別、職業等，選擇適合顧客心理的服裝。

④要熟悉掌握服裝型號標準和規格尺碼。

⑤要將出售的服裝按規格順序碼放整齊，並熟悉存放貨架的位置，以免拿錯規格。

(3)看體計料

看體計料是店員在出售商品時，觀看顧客的體型，準確為顧客計算用料數量的一種服務技能。既要看得準，又要算得對，要掌握以下重點環節：

①要看顧客的體型特徵，對有生理缺陷的顧客要特別注意。

②看顧客的穿衣習慣及需要。

③根據面料的幅寬、縮水率，準確地計算衣料。上衣以衣長、胸圍、袖長為標準。褲子以褲長、腰圍、臀圍為標準。

在計算出用料以後，上衣再加上 3.3 釐米的貼邊；褲子如要做捲邊的再加 4.5 釐米的捲邊尺寸；有縮水率的衣料，還要加上縮水率。

店員應熟悉自己販賣商品的特點，準確地把握顧客心理。當顧客走近櫃台時，應迅速洞察顧客心理，並依據對顧客心理的分析判斷，準確地為顧客提拿出款式、花色、規格尺寸等符合顧客要求的商品。

6 巧妙展示商品的方法

對上門而來的顧客，店員要在口頭上溝通、介紹商品，更要對商品加以適當展示。

商店經營的商品品種繁多，形態各異，用途不同。展示的方式和方法也不相同；由於顧客購買心理千變萬化，性格、習慣、愛好各不相同，同一商品對不同的顧客展示方式、方法也不一樣。一般可歸納為「敞開式的展示商品」、「指導示範式的展示商品」兩種方式：

一、敞開式的展示商品

「敞開式的展示商品」是將商品敞開或展示開，向顧客展示商品全貌，引起顧客注意的一種展示方法。

採用敞開式展示商品的關鍵是要展示商品全貌。不僅讓顧客看清商品外表，還要讓顧客觀看商品的內在質量和特徵。使顧客全面瞭解商品，引起興趣，產生購買慾望。

1.布料的展示方法

店員要展示帶圖案的布料時，首先將布從布捲上抖開 2～3 米，再把布頭搭在右臂上或用手托在胸前，提高約 50 釐米，稍稍後退，離開顧客一段距離，讓顧客看清布匹的花色圖案。如顧客購買衣料，店員可將放開的布料比做衣服披在身上，方法是：左手將垂下的一頭捏住提起，向左斜圍在身上，布的一邊搭在自己的左肩上，並用左手扶住，右手按住另一頭圍在右腰處（也稱搭肩法）。還可以將放開的布搭在左手手臂上，提至肩高，右手提住布另一頭的布邊，然後退後一步給顧客觀看。

2.床上用品的展示方法

床單、線毯、毛毯、毛巾被、踏花被、蓋被、床罩、枕套、被罩等商品都是床上用品，顧客不僅對其質地十分關心，而且對其整個圖案佈局、色彩搭配也很重視。

展示要根據顧客的要求進行。展示這類商品可採用展示局部和展示全貌的方法。如果顧客要求展示局部，店員可將商品拿出，敞開局部讓顧客鑑別、挑選。如果顧客需要展示全貌時，就需要兩人合作（兩名店員或店員同顧客）將商品的折疊部份全部打開來進行展示。

操作方法是：每人捏住兩角面向顧客呈 45 度傾斜度，以使顧客看清商品全部圖案，瞭解商品質地及有無疵點、污點等問題。

如果條件不允許，也可由店員單獨操作，即兩手分別捏住床單一頭的兩個角，輕輕提起來抖動一至兩下，使床單全部展開，兩手朝兩旁撐開帶住，使床單中部搭在櫃台上，手捏住一頭，適當擡起一定高度，另一頭垂在櫃台外。展開後，使床單平整端正，正面朝向顧客，讓顧客仔細觀看。展示床罩的同時，還需檢查床罩的接縫處及各補花、繡花、彩布拼接處有無污點，跳線等質量問題。一般情況下，展示床上成套用品需要檢查局部和整體的色彩、組合方面內容，對顧客進行全面展示。

3.鞋類商品的展示方法

展示鞋子時,應選拿一隻(右腳)鞋進行展示,展示的方法是:用右手捏住鞋底中部兩側,托住鞋底,鞋的前面向顧客,然後,用手捏住鞋幫,轉向右邊,再轉向左邊,這樣便於顧客看到鞋子外表全部情況。最後,把鞋底換在左手,展示鞋底和後跟。透過展示,顧客能夠基本瞭解鞋子式樣和特點。當顧客決定購買後,店員再拿出另一隻鞋,先把鞋尖對齊朝向顧客,用右手拇指和食指捏住鞋後內幫,左手微微托住鞋底,請顧客再仔細觀看。

4.服裝的展示方法

長短大衣、西服、料服、休閒服一般可採用提拎法。提拎法是指將用衣架掛起來的服裝提拎起進行展示。展示時,左手提起衣架,右手扶住衣服,使顧客看清衣服的款式、規格等;也可以把衣架拿掉,用右手托著衣服的肩袖,左手捏住衣襟提起,讓顧客觀看;還可用雙手分別捏住兩肩,輕輕一抖,使衣領朝上,正面朝向顧客進行展示,讓顧客鑑別挑選。

有些外衣進行展示時,店員可將其搭在自己肩上,或穿在自己身上,充分利用店員的人體條件,以自身為模特,形象地展示商品全貌。這樣更能給顧客一種穿著的美感。有些式樣新穎、縫製工藝非常考究的服裝,除了展示前後面,還要展示衣服的裏部及其它部位,使顧客看清衣服的式樣,花色及衣料的質地和縫製技術。

長褲的展示方法常見的有三種:一種方法是左手提起長褲的腰頭,右手捏住靠近褲腳處輕輕展開,放在櫃台上進行展示。第二種方法是把褲子搭在左臂上,將右臂擡到適當高度,左手捏住褲腳展示給顧客。第三種方法是用雙手捏住褲子的腰頭,貼在自己的側腰部,後退到顧客看得清的地方展示。無論是採用那一種方式,都應展示褲子的長度和樣式,以及褲子的面料質量、顏色等,這樣才能使顧客更好地挑選商品。

二、指導示範式的展示商品

指導示範式是指通過店員示範操作來展示商品的方式，一些結構比較複雜，需要掌握要領的商品，如電腦、照相機、打字機、洗衣機、微波爐、小家電等，要由店員進行現場操作示範，才能使顧客瞭解商品特點及性能。

1.鐘、錶的展示

展示鐘、錶主要採用手托法，要點是：穩拿輕放，快慢適當、示範講解，仔細交待。手錶的展示方法是用右手拇指按住手錶的上下耳簧，中指向右側托住錶背，請顧客挑選。也可用右手輕輕把錶拿好，平放在絨布上向顧客展示，或者將手錶放在右手心中，左手托送，右手展示。在展示時，要向顧客講解怎樣對針、設定日曆和上發條等知識。對於較貴重的商品，一般每次只拿一件展示，以免丟失。遇到顧客要求自己檢驗挑選的，店員應先交待清楚，並隨時指導，以免顧客不熟悉操作而損壞鐘錶。

2.照相機和照相器材的展示

照相器材的樣式各異，種類繁多，功能不同，根據其性質、特點的不同，使用方法也各有不同。

照相機的種類很多，但展示方法基本相同，大體上分為以下幾個步驟：

‧ 打開保護套，取出相機，展示機身是否完好；
‧ 察看鏡頭有無損傷和鏡片有無雜質；
‧ 觀察暗箱是否有漏光現象；
‧ 調試快門速度、光圈、測距、看閃光裝置是否正常。

另外，還應按照詢問，展示和說明應該注意的有關問題。展示後，可將相機交給顧客使用，但應切實注意顧客的操作，不正確的操作，要及時說明和糾正，以免損壞相機。

3.器械調試法的展示

器械調試法指通過器械或儀器顯示商品性能的方法。

一些商品的功能特性,不能通過觀看而瞭解其情況,必須經特定工具進行測試才能反映出來。如測試電池是否有電,為燈泡、燈管需試亮,光學儀器、電工儀錶等類商品需經儀器、儀錶檢測;某些商品的物理、化學性能,也需經過一定的器械或儀錶進行測試。

店員用器械展示商品時,一定要熟練掌握器械的使用方法,調整好可用器械,並向顧客解釋說明器械顯示的測試結果與商品質量、性能的關係。

4.表演展示法的展示

表演展示法是指通過店員親自表演來顯示商品性能、質量和方法,主要用於樂器、兒童玩具、遊戲機、家用調理機等商品的展示。

店員應能親自表演,把商品內在性能展示。如服裝類商品可採用一些專業服裝模特表演,以便更好地表現服裝的內在美,給顧客以直觀印象。

5.試用展示法的展示

試用展示法是請顧客品嘗商品味道和口感,感觸商品質量的一種展示方法。主要適用於食品和煙酒、飲料和可操作類商品的促銷活動。包括可以讓顧客試聽、試玩、試看、試嘗等,以充分顯示商品的技術性能、優勢和特點,博得顧客對商品的信賴。此方法尤其適用新推出產品的促銷工作。

6.局部展示法的展示

局部展示法是指展示商品的關鍵部位,來顯示商品內在質量的一種方法。

有些商品的內在質量不需要展示商品全部,只需要展示關鍵或核心部位,就可瞭解商品的主要特徵。如電冰箱、冷氣機等突出展示壓縮機的功能,手錶展示機芯的功能。還有些商品是成雙配對的,也可採用局部商品展示法,如各種鞋、手套等可採用單隻展示。

7.拆裝展示法的展示

拆裝展示法適用於幾部份組成的商品的展示。

店員在給顧客提拿商品的過程中，先把商品的各部份逐項分解，然後再組裝。在分解過程中向顧客介紹商品性能，並教會顧客安裝方法，如自行車、某些組合傢俱、各種拼裝玩具等。店員平時就熟悉自己經營商品的結構，是做好拆裝展示的前提條件。

8.商品演示法的展示

商品演示法是指店員對商品進行現場操作，達到使顧客瞭解商品的一種展示方法。現場操作的目的是吸引顧客，刺激顧客的購買欲。商品演示法主要包括下列：

(1)商品功能的演示

通過對商品功能的演示，使顧客進一步瞭解商品的功能，激發顧客的購買慾望。例如，把 VCD 播放機與彩色電視機連接在一起，播放 VCD 光碟，吸引顧客停步觀望，既能使顧客瞭解 VCD 播放機的播放功能，而且通過店員對商品進行現場操作，也使顧客瞭解了 VCD 播放機的優異功能。

(2)商品效果的演示

通過對商品性能的演示，使顧客進一步瞭解了商品的性能和使用後的效果，從而激發顧客的購買慾望。例如，在出售電動按摩椅時，按摩椅操作後，按摩的效果一目了然。

(3)使用操作的演示

使用操作演示，是指店員將商品的各種功能進行現場操作的演示方法。例如，在出售各種家用食品處理機時，店員將壓麵、切麵、切碎、切片、切條等各種功能分別進行操作演示，使顧客真切體驗商品功能，從而達到吸引顧客的目的。

(4)演示商品時應注意的事項

· 在進行商品演示時，要面向顧客，使顧客看到演示的全過程，使顧客全面瞭解商品；

- 要耐心細緻地演示商品的操作方法，要給顧客以理解的時間；
- 要對每個功能都進行演示，對重點功能反覆演示，直到顧客弄懂學會；
- 講究語言藝術，要吐字清楚，講解生動，引人入勝，更要有嫻熟的服務技能。

7 有技巧地推銷商品

一、說明商品的技巧

用說明或陳述的方式向顧客推介產品，是店員必備的一項專業技能。做導購不僅要瞭解自己銷售產品的特性，還需要瞭解行業內的所有產品，進行詳細的市場分析，並做出策略性的應對方式，這樣在導購過程中就能夠知己知彼地開展工作。同時更要用充滿激情的詞句向顧客進行推介，讓顧客心動而行動。

1. 事實陳述

通過語言介紹，讓顧客瞭解產品的基本情況。

顧客在購買產品之前，非常想知道這個產品在使用時的效果。因此，店員一定要想方設法多向顧客介紹這方面的情況，其中包括產品的款式、種類、試用方法、功能、原料等，這也是做產品展示的過程，展示的目的就是要使顧客看清商品的特點，減少挑選的時間，引起其購買的興趣。主要方法如下：

⑴講故事。通過故事來介紹商品，是說服顧客的最好方法之一，一個精彩的故事能給顧客留下深刻的印象。故事可以是產品研發的細節。生產過程對產品品質關注的一件事，也可以是產品帶給顧客的滿

意度。

　　(2)引用例證。用事實證實一個道理比用道理去論述一件事情更能吸引人，生動的例證更易說服顧客。介紹產品時可引為證據的有榮譽證書、品質認證證書、數據統計資料、專家評論、廣告宣傳情況、報刊報導、顧客來信等。

　　(3)用數字說話。應具體地計算出產品帶給顧客的利益是多大，有多少。

　　(4)比較。用顧客熟悉的東西與你銷售的產品進行類比，來說明產品的優點。

　　(5)佛蘭克林說服法。即把顧客購買產品後所能得到的好處和不購買產品的不利之處一一列出，用列舉事實的方法增強說服力。

　　(6)形象描繪產品利益。要把產品給顧客帶來的利益，通過有聲有色的描述，使顧客能在腦海中想像自己享用產品的情景。

　　(7)　ABCD　介紹法。A(Authority，權威性)，利用權威機構對企業和產品的評價；B(Better，更好的品質)，展示更好的品質；C(Convenience，便利性)，使消費者認識到購買、使用和服務的便利性；D(Difference 差異性)，大力宣傳自身的特色優勢。

2.解釋說明與示範

　　對你陳述內容的重點部份(特點、好處等)要向顧客進一步解釋說明，必要時還要進行示範。

　　所謂示範，就是通過某種方式將產品的性能、優點、特色展示出來，使顧客對產品有一個直觀瞭解和切身感受。店員可以結合產品情況通過刺激顧客的觸覺、聽覺、視覺、嗅覺、味覺來進行示範。一個設計巧妙的示範方法，能夠創造出銷售奇蹟。

3.把產品的特點轉化為顧客購買點

　　就是講利益而避功能原則。店員在給顧客介紹產品的過程中，一定要介紹產品給他帶來的好處，而不是一味介紹產品的結構、功能。單純介紹產品本身的成分、作用等是不夠的，因為這樣好像與顧客沒

什麼關係，所以你這時要假設已經成交，你把顧客使用產品後會有一些什麼效果、發生什麼變化，把那樣的情景和畫面描述出來讓顧客看到，這樣才能真正吸引顧客。

例如給長期便秘的人推薦高纖餐，你要從顧客使用的角度告訴他：「食用產品後，高纖維在消化道內吸收六到七倍的水分膨脹，像一把刷子一樣將您腸道內的「宿便」等垃圾清理掉，一段時間後，您的腸道會變得非常乾淨，排便也會感覺很暢通、很輕鬆，而且腸道乾淨了，血液也會很乾淨，你會發現自己的皮膚會變得很細膩，散發著那種自然的光澤，整個身體也會變得非常輕鬆，渾身充滿活力！」

你要用自己的語言把類似的畫面描繪得就像眼前正在發生一樣。

當店員介紹所推銷產品的具體特徵時，如果不針對顧客的具體需要說明相關的利益，顧客就不會對這種特徵產生深刻印象，更不會被說服購買。通常店員遇到的情況是：當自己口乾舌燥地向顧客介紹了一大堆產品的特徵之後，顧客臉上仍然是一副無動於衷的表情。當你停止介紹向顧客詢問意見時，他們的回答可能是：「那又怎麼樣？」或者是「這對我來說有什麼意義？」

如果店員針對顧客的實際需求，將產品的特徵轉化為產品的益處，顧客就會被這些利益所動，至少他們會知道，這種產品是可以令自己的某些需求得到充分滿足的。

強調所推銷的產品給顧客帶來的種種好處，可以引起顧客的注意和興趣，從而有助於銷售目標的實現。

二、介紹商品的原則

產品介紹是非常重要的銷售工具，要利用這個工具要掌握必要的技巧如下。

1. 熟悉並熱愛你的商品

如果一個店員不熱愛自己推銷的商品，在推銷過程中也就會缺乏

自信和熱情，顧客不禁會懷疑你推銷的商品的品質，產生「為什麼他自己都不喜歡？」的心理疑問。試想，你推銷的是吉列牌刮鬍刀，但你自己使用的是舒適牌刮鬍刀；或者你推銷「馬自達」牌汽車，自己卻開著「奧迪」，顧客若知道了心裏會怎樣想呢？日本最佳推銷員都認為：自己對自己的商品不能入迷，則打不動顧客的心。日本豐田有個不成文的規定，凡是豐田人必駕駛豐田車。

　　一般說來，在熟悉了自己的產品之後，常能熱愛自己的產品，推銷成功的可能性也隨之增大。因此，店員要尋求各種途徑去熟悉和掌握自己推銷的商品。當顧客要求你介紹產品的性能和工作原理時，你也不能廻避，店員在心裏還是要多準備些顧客問的「為什麼」，對自己的產品要瞭若指掌，說起來才能如數家珍。

2.用顧客聽得懂的語言來介紹

　　通俗易懂的語言最容易被大眾所接受。所以，你在語言使用上要多用通俗化的語句，要讓自己的顧客聽得懂。店員對產品和交易條件的介紹必須簡單明瞭，表達方式必須直截了當。表達不清楚，語言不明白，就可能會產生溝通障礙，就會影響成交。此外，店員還應該使用每個顧客所特有的語言和交談方式，因人因地而異。

3.強調推銷要點

　　一個產品所包含的利益往往是多方面的。店員在介紹利益時不能面面俱到，而應抓住顧客最感興趣、最關心之處重點介紹。推銷的一個基本原則是，「與其對一個產品的全部特點進行冗長的討論，不如把介紹的目標集中到顧客最關心的問題上」。

　　推銷要點，就是把產品的用法，以及在設計、性能、品質、價格中最能激發顧客購買慾望的部份，用簡短的話直截了當地表達出來。

　　店員推銷的產品儘管形形色色，但推銷的要點不外乎以下幾個方面：適合性、相容性、耐久性、安全性、舒適性、簡便性、流行性、效用性、美觀性、經濟性。要有選擇有重點地進行推介，不能完全照本宣科。

4.以誠為本進行介紹

店員要說服顧客接受他的推銷，實現購買行為，首先就是要靠真實、誠摯的商品介紹。而數以萬計的店員也正是以他們的真誠獲得一次又一次的成功。

因此，在我們推銷介紹產品時，一定要恪守誠實的信條，不要肆意地誇大產品優特點，過分的誇張就是對顧客的一種欺騙。只有以誠待人，以誠為本去介紹展示產品，你才能獲得信任，推銷才能成功。同時，誠實、真摯的推銷活動也樹立起了企業誠實守信的形象。

8 掌握銷售要點

所謂「介紹商品」，就是店員直接向顧客推薦購買商品，或向顧客說明商品，或對顧客所提出的有關商品性能使用、保養等的答詢。這是店員促進銷售的一種手段。

一個店員只有十分熟悉自己販賣的商品情況，才能得心應手地做好商品介紹工作，贏得顧客的興趣並使其購買。例如，懂得商品各個環節的業務工作；對所經營商品會使用、調試、組裝、維修；知道商品的產地、價格、質量、性能、特點、用途和使用、保管方法等等。

店員要掌握得當的介紹方法，即要根據不同商品的特點，必要時可以邊介紹邊展示，讓顧客充分瞭解商品，促使顧客下決心購買。

介紹商品的具體方法，可參考以下幾種：

一、針對商品的不同處進行介紹

凡商品均有特點，分別表現在成分、性能、造型、花色、樣式、

質量、價格、用法等方面，可以突出其某方面的特點進行介紹。例如：

1. 強調介紹商品的成分、性能

對有特殊效能商品的介紹，應從其成分、結構講起，再轉到其效能。例如，對兒童加鈣餅乾的介紹，應先講其成分(結構)是由麵粉加入蛋、奶、維生素和適量的優質鈣而成。因而其效能(特點)具有營業豐富、容易消化和幫助兒童牙齒和骨骼生長的作用。

又如，對塑膠杯的介紹，要先講其成分(結構)是以密胺和醛為主要原料，加入適量的紙漿纖維為輔助材料製成，因而其效能具有耐酸、耐鹼、無毒無味，經著色後，其外觀和手感如同瓷器，卻有比瓷器耐用且不易碎的特點。

食品、副食品、飲料、日用化工產品、化纖類呢絨類紡織品等商品，宜從商品的成分、性能方面入手介紹。例如，洗衣粉有中性的、鹼性和酸性的；洗髮水有油性的、乾性的；化妝品有中性的、微鹼性的和微酸性的。其成分不同，性能也就不同。

2. 強調介紹商品造型、花色、式樣

以造型、花色、式樣取勝商品，要側重介紹商品的造型、花色、式樣。

藝術品、玻璃器皿、暖瓶、布匹、時裝等商品，往往獨樹一幟、別具風格，在介紹這些商品時，宜側重介紹其風格特點、藝術價值。

3. 強調介紹商品的質量特點

具有精密性、技術性的高級商品和耐用消費品，顧客對其質量都有一定要求，店員要特別抓住構成商品質量的主要因素、商品質量的標準等方面，給予積極地介紹，讓顧客更好地作出選購決定。

4. 強調介紹名牌產品的特點

享有盛譽的名牌商品，要側重介紹它的產地和信譽。如龍井茶、金門高粱酒，這些都是享譽世界的名牌產品。店員應主要介紹這些商品的產地、歷史、技藝等。

5.強調介紹商品的獨特性質

有些商品或具有獨特的風格，或具有獨特的性能，或具有獨特的風味。在介紹時，應側重介紹這些獨具一格的地方，引起顧客的興趣，促使顧客購買。

二、要掌握銷售要點

店員在商店內推銷、介紹商品以及對顧客所說的話，必須掌握銷售要點，所謂「銷售要點」(SELLING POINT)包括有：商品設計、機能、品質、價格……等等。

當店員以簡短、有力的語句向顧客做商品介紹時，一定會以某個要點來向顧客說明，漸漸地，顧客就會被店員所打動，於是「銷售要點」變為「購買點」(BUYING POINT)。

1.原則 1──要考慮 5W1H

所謂 5W1H 包括：WHO(什麼人)、WHERE(什麼地方)、WHEN(什麼時候)、WHAT(什麼事)、WHY(為什麼)、HOW(如何)。

(1)何人使用(Who)

銷售商品時，一定要考慮使用的對象是什麼人，是學生？家庭主婦？年輕的男性？年長的女性？是為特定的人所準備的？還是所有人都可以用？……這些都要好好的想清楚，才能擬定正確的銷售要點，而向顧客做重點的介紹。

(2)在何處使用(Where)

使用的地點是辦公室？家庭？是室內用品？還是室外用品？在陸地上使用的？還是在海灘使用的？……正確的使用地點應該講清楚，才不至於鬧笑話。

(3)什麼時候用(When)

是清晨？中午？還是午夜時用的？使用的時間必須加以考慮。同時，特別要在注意商品的季節性及氣候性，亦即是夏天用的？還是冬

天用的？是客人來時的招待品？是平常用品？還是緊急狀況時的代用品？總而言之，店員應該視商品的性質，分門別類的區分其使用時間。

(4)需要什麼(What)

店員應該調查出顧客最需要的是什麼？有了最需要之物後，他還想要什麼？並且要明白其所需要的數量和分量，如此才能為顧客做最妥善的服務。

(5)為什麼要使用(Why)

顧客買東西一定會有他自己的理由，店員必須找出此理由，才能瞭解應強調那一個銷售要點。顧客使用商品的原因不外乎：為了襯托身分、為了節省時間、喜歡……。這些信息對銷售工作非常重要，所以店員應該特別仔細的加以詢問。

(6)如何使用(How)

這件商品的使用方法是只能一個人一個人輪流來用？還是可以大家在同時間內共同使用？是興之所至想到就可以用呢？還是必須在一個特定的時間內才可以用的？是每天都要上發條？還是全自動的？是用乾電池？或是插電的？

有時候，在做銷售要點說明時，並不一定會完全用到 5W1H 原則，但是在考慮時，應該儘量將這六個因素包括在內，如此可能會得到一些始料未及的巧妙靈感也說不定呢！

2. 原則 2──詞語愈簡短愈好

就像字面上所說的一樣，做銷售要點的介紹時，一定要把「要點」指出來，因此，說明的言詞應簡短而有力。

例如，賣襯衫的店員如果以「這種襯衫只要用溫水泡上一些中性洗潔劑，就可以洗得很乾淨了，而且洗好後不用燙，衣服就會很挺的……」為開場白，就未免太長了，如此顧客可能連一個字也聽不進去。所以應該將言詞濃縮成：「這件襯衫是免燙的。」或：「這件襯衫快乾且免燙，晚上洗，第二天早上就可以直接穿去上班了。」這種說

法才是最理想的。

美國有一個專門研究「銷售要點」的人，他曾說過一句發人深省的話：「說明銷售要點時，字數要像打電報那樣的簡短，而不要像寫信那般的冗長。」此話是他經過研究後所下的結論，也可以說是他實地體會後的經驗。

因此在做銷售要點介紹時，字數如能像電報那樣的簡短，相信必能更加吸引顧客的注意力。

3.原則3——要具體表現出來

對於銷售要點所使用的言詞，如果一心一意的要使它簡短，就可能失之於抽象，而呈現非常不理想的效果，例如：

「本店應有盡有，包君滿意。」—— 這句話雖然簡短而有力，但是顧客卻看不出他們所賣的是那一類型的商品。

「套裝尺碼齊全，包您合意。」—— 這句也很吸引人，但是女士們卻不瞭解這家商店所賣的衣服是適合那一種年齡的人穿的。所以，此廣告詞便失去了它的效果。

「買了之後會使你全家人都得到快樂的滿足感。」—— 這句話更是令人莫名其妙，猜不透他們所賣的到底是玩具，還是什麼新奇的東西？

這幾句話可以改成——「本店的電器用品應有盡有，包君滿意。」、「少女服飾尺碼齊全，歡迎選購。」

這類的銷售用語不是既簡短又清楚嗎？

銷售要點如果用抽象的意念表現出來，會讓顧客有茫然而不知所以的感覺，所以一定要用具體的言詞來將銷售要點表示出來，如此效果較好些。不過，也不可以將商品的優點一股腦兒的全都說出來，因為那將會使顧客誤會你是在自吹自擂，所以只要抓住重點，做一個簡單的說明就可以了。

總而言之，做銷售要點說明時，不僅要簡短，而且要具有說服力，所以最好運用事實來說明商品的優點，如此，你的銷售成績就將更上

一層樓了。

4. 原則 4──銷售要點要隨著時代而變化

鐘錶店的銷售要點，以前是放在「準確」之上，所以店員只要對上門的顧客說：「這種牌子的手錶，非常的準確，一年的誤差不到三十秒……。」顧客就會被他說服而購買了。

但是，目前科技高度發展，大家都認為手錶的「準確」乃是理所當然之事，所以鐘錶店的銷售要點早已不放在準確上了。既然每只手錶都很準確，那麼銷售要點應該放在那裏呢？因為目前生活水準提高，任何物品都講求氣派，因此很多人選手錶都是要求其漂亮、優雅、連掛在牆上的鐘也成了一種裝飾品，所以手錶的銷售要點必定在「外觀」上。例如「這款手錶外觀亮麗，配合衣服很出色……」

男士的西服以前都是用訂做的，所以當時的西服店都以「價錢便宜」，或者是「交衣迅速」為口號。但是，現在已經出現了成衣式的西服，這種西服不僅可以隨買隨穿，而且花樣多、尺碼齊全，因此他們的號召已經改為：「穿起來很合身」、「可以表現個性」、「式樣站在流行的尖端」……。

再拿服飾來說吧！以前標榜著：「快乾、免燙」，但是後來消費者的嗜好改變成喜歡穿棉、毛……等舒服的衣料，所以宣傳口號就成了：「輕便、舒服」。

食品類以前是標榜：「好吃、香脆」，但是最近因為大家對健康的注意，所以食品類的宣傳就變成了：「絕對不含防腐劑」、「不含色素」……。

由以上例子看來，銷售要點是隨著時代的不同，以及社會風氣的變遷而隨時改變的。

5. 原則 5──要符合客戶心中的需求

惠勒有句名言說：「不要賣牛排，要賣鐵板燒。」

所謂鐵板燒，就是把牛排放在烤熱的鐵板上，使它發出聲音來，當顧客聽到這種聲音，以及看到正在冒煙的牛排時，都會不由自主的

想吃它。

　　還有，在電影街、夜市一帶，常有烤魷魚、炸雞腿等食品出售，通常那邊都圍了一大堆人在等著買，相信他們必定是被這些食物的香味，以及烤、炸時所發出的聲音所吸引吧！

　　通常襯衫的宣傳用語是：「好穿」、「合身」、「好看」、「式樣流行」⋯⋯但是這些話都是老生常談，早已失去了它的效果，因此不再能吸引顧客的注意。所以美國有家襯衫公司為了促銷其商品，特別請專家惠勒先生為他們設計一句宣傳用語，沒想到這句話一打出來，這家公司的襯衫馬上被搶購一空，甚至還發生缺貨的情形！我想您一定很好奇那一句話是怎麼說的吧！原來美國的婦女都不喜歡縫扣子，總擔心所買衣物的扣子會掉下來。所以惠勒便把銷售要點放在「扣子的牢固」上，而以「這種襯衫即使放到洗衣機裏去洗，扣子也絕不會脫落。」為宣傳語。這句話對當時的美國婦女真是正中下懷，因此產生了預期之外的效果。

　　不管銷售要點是什麼，一定要能夠吸引人，符合顧客的需求，而且必須與實情相符，否則如果強調扣子不掉，可是衣服一洗扣子便掉光了，如此就會使顧客對商店的信譽及店員的人格大打折扣。因此銷售要點不可虛假，亦不可誇張，應該將說明著重在商品的優點，以及對於顧客有利之處，如此才能吸引顧客。

　　隨著對象的不同，店員也應該將商品的銷售要點略做改變。例如：小朋友自己去買糖時，店員可以對他說：「這種糖果甜甜的，很好吃喲！」而當爸爸去買時，店員就應該說：「這種糖果對小孩子的牙齒不會有損害，而且味道甜甜的，你家寶寶一定會很喜歡吃的。」

　　買玩具時，如果是小孩子，就說：「這種火車跟真的一樣，會跑也會冒煙。」但是假如是媽媽去買，就應該說：「你買了這個小火車回去之後，小寶寶就會幻想他真正搭上火車時的情景，那麼他一定會很快樂的。」

　　因人而改變銷售要點，是促銷商品的一個好方法。

　　根據以上五個原則，商店的老闆可以在每天晚上打烊之後，或是清晨店門未開之前，將全體店員召集起來，把每件商品一一加以討論，內容包括：商品的用法、特點、每一種客人的應對方法……，請大家自由發表意見。每件商品至少要歸納出三種銷售要點，然後將這些銷售要點實際應用在顧客的身上，再找個時間一起檢討，於是就可以研究出最適當的交易方法了。

　　同一種商品的銷售要點可以有很多，例如洗衣機的銷售要點就有：容量大、省電、外型美、不生銹……，因此店員就應該視顧客的喜好，選擇商品的任何一種特性，向顧客做要點說明。

　　因為這個時候顧客的購買心理過程已經到了「比較檢討」的階段，所以店員如果能夠提出合於顧客喜好的要點說明，那麼顧客就會對商品有所信賴了。

　　店員所做的要點說明，是否能夠切合顧客的喜好，可以從顧客回話時的表情及態度上看出來。如果顧客對你所做的要點說明還存有懷疑的話，你也可以先讓顧客看看商品，然後再以商品的其他要點向顧客做更進一步的說明。

心得欄

⑨ 運用 FAB 戰術推薦商品

　　古人打仗講究兵法，講究出奇制勝、先發制人。店員要想攻破顧客的關，也要講究一定的兵法，而不能強攻硬打，FAB 就是一種很好的兵法。運用 FAB，店員就可以縱橫商場，所向無敵。

一、要採用 FAB 戰略

　　那麼到底什麼是 FAB 推銷法呢？

　　FAB 是三個英文單詞(Features Advantages Benefits)的縮寫：特性(Features)是指產品的特性。你可以介紹有關產品本身所具有的特質給顧客，例如衣服的質料、原產地、織法及剪裁等；優點(Advantages)是指產品特性帶來的優點。例如衣服的質料是棉質，那便具有吸汗的優點；好處(Benefits)是指當顧客使用產品時所得到的好處。這些好處是源自產品的特性，引發所帶來的優點，從而使顧客感受使用時的好處。

　　大李的隨身聽沒電了，於是他到商店裏買新電池。櫃台裏有兩種電池，一種是國產電池，另一種是進口電池，進口電池比國產電池的價格貴一倍。大李猶豫了，不知是買進口電池好，還是買國產電池好。這時售貨員過來了，拿出一個國產電池和一個進口電池，在手上掂了掂後，說：「先生您看，這個進口電池非常重。」然後售貨員停住不說了——她省略了所推薦電池的作用和益處的後半截話，也就是買進口電池實際上所花的錢更少。這就是 FAB 法則在銷售展示中的用處。

　　如今市場上各種商品品種眾多，款式令人眼花繚亂，價格高低不等，因此一般顧客都對商品的特性和優點並不瞭解，對於如何選擇商

品更是一片迷茫。顧客並不知道每種商品對於他來說「有什麼好處」或「能帶來什麼好處」，在選購的過程中只注重價格，而店員也不知道應該如何將產品的優勢賣點轉換成顧客的利益點，怎樣去解決顧客的困惑，怎樣有順序地組織語言，使多個重點的介紹最有效。FAB 推銷法在這時就充分發揮了作用，因為它將所推銷商品的特徵轉化為帶給顧客的某種利益點，充分展示了商品最能滿足和吸引顧客的利益點，所以又稱它為利益推銷法。

FAB 是一種推銷方法，在實際應用中它表現為一種說話的技巧。如果把產品的介紹詞連成一句有說服力的說詞，它是這樣的：因為……（特性）……它可以……（功效）……對你而言……（利益）……

例如，因為晨光兒童專用奶粉內含鈣、鐵、維他命 B_2，它可以使你的小孩吸收更充分的營養，讓他長得又快又壯。

二、FAB 戰術的注意要點

商場中的商品種類繁多，每種商品都有自己的特點和功用，不能都用同樣的一句話來推介。運用好 FAB 戰術還要學會變通，注意各種具體的方法。

1. 對商品充滿信心

店員首先要對自己的商品有信心，表現出對該商品的熱愛，才能打動顧客。要使用堅定、肯定的語氣，讓顧客感覺到這個商品是最棒的，這樣才有可能打動顧客，取得推銷的成功。

2. 說出所有的利益

利益永遠是顧客最關心的方面，店員要關心顧客所有能獲得的利益，而不是僅僅陳述自己認為最好的利益。即使是顧客已知的利益，店員也要再次說明，這樣做一方面可以強化顧客的印象，另一方面也可以打消顧客可能產生的懷疑。如果店員不提及，顧客就可能認為已經取消了這項優惠，從而心中不滿，而且很多時候顧客並不說明不

滿,只是在心裏改變主意。

3.用通俗易懂的語言

店員在和顧客溝通時,儘量使用顧客聽得懂的話語,避免生澀的行業術語。如果使用的行業術語過多,顧客會聽得一頭霧水,反而不知道商品的性能及好處,這樣的推銷也必定會失敗。如果一定要使用行業術語,必須用能讓顧客聽得懂的話來加以解釋。

4.營造輕鬆的氣氛

在一個和諧輕鬆的環境中,顧客更容易放鬆自我,進入購買角色,從而在交談中透露更多的個人資訊,使店員更易於抓住顧客的特點,促使銷售的成功。因此,一個和諧輕鬆的環境,更有利於店員成功地引導顧客購買。

5.不要過分熱情

過猶不及,店員要把握住火候,拿捏好分寸,太過熱情反而會令顧客反感,太多嘴,或說話大聲,語速又快,把商品的特點一股腦地抖出來,顧客也會反感。

6.坦然地面對失誤

如果店員在推銷商品的過程中犯了技術上的錯誤,應該立即修正錯誤,並向顧客道歉。如果是顧客的錯誤,店員大可不必追究到底,小問題大可一笑了之,要顧及到顧客的面子。

7.講好處不要太多

FAB 是要把商品能給顧客帶來的利益說出來,但是也要說的恰到好處,不能太多、太濫。據統計學的研究,顧客最多只能同時接收六個概念。因此店員在介紹商品時要注意控制商品特點的數量,不能太多,否則說了等於沒說,顧客記不住,有時還會引起顧客的反感。店員在銷售過程中還應儘量讓顧客參與進來,一起討論商品的特點、優點以及能給顧客所帶來的利益。因為溝通形式不同,顧客接收資訊的程度也不同。

每個命題都有自己的逆命題,雖然並不是所有命題對應的逆命題

都成立，但是有的逆命題是成立的，FAB 的逆命題就是這樣。運用 BAF 的推介方法，在很多情況下依然可以取得良好的效果。

　　在倒著運用 FAB 時，店員首先要在不引起顧客反感的前提下，用試探性的問話迅速捕捉到客戶的需求，然後再深入介紹能夠滿足這個需求的「B」，接著才是介紹這個產品之所以能夠滿足需求的「B」的不可替代性「A」，最後才是水到渠成的這個產品的「F」。此時顧客對這個產品的「F」才會有興趣聽，才會深信不疑，產生進一步溝通的慾望。

心得欄

- -

- -

- -

- -

- -

- -

第十一章

店員的販賣過程

 1 顧客購買心理過程八階段

店員要研究出一套應對顧客的銷售技術，必須先瞭解顧客購買商品時的心理變化過程。假如你掌握不了這種心理，那麼，就絕對沒有辦法對顧客做巧妙的應對。

先瞭解顧客的心理變化過程，再針對這個過程運用推銷技巧，店員的販賣就會成功。

第一個階段：注視

顧客如果想買一件商品，他一定會先「注視」這件商品，亦即在經過商店門口時，注意看店內櫥中所陳列的商品，而後進入店裏面，請店員拿出自己中意的商品，再反覆看……，這就是購買心理過程的第一個階段。

第二個階段：興趣

顧客注視商品之後，便會對它產生興趣。此時，他們所注意到的部份，包括商品的色彩、式樣、使用方法以及價格……等。當顧客對

一件商品產生興趣之後，他不僅會以自己好惡的感情去判斷這件商品，而且還會加上客觀的條件，以做最合理的評斷。

第三個階段：聯想

顧客如果對一件商品產生了濃厚的興趣後，他就不會再停留於「注視」的階段，而會有以手觸摸此件商品的慾望，繼而就會從各個不同的角度去觀察它，然後再聯想起自己使用這種商品時的樣子，於是便不知不覺的興起一種興奮的感覺。

例如，看到一件漂亮的毛衣時，便會想：「下一次我穿這件衣服去公司，大家一定會對我大加讚美，嗯！太棒了，我非買下它不可……」經過裝潢店時，看到鮮豔的窗簾布，便想：「這種窗簾布如果掛在我房間裏，一定會使得整個房子增色不少，住起來更會感覺到非常舒服。」就像這樣，顧客常常會將商品和自己的日常實際生活聯想在一塊兒。

這個「聯想」的階段非常重要，因為它直接關係了顧客是否要買這種商品，例如：當一位準媽媽到百貨公司的嬰兒用品部閒逛時，她看到那些琳琅滿目、漂亮可愛的衣服、玩具，一定會心花怒放的想：「我的寶寶手裏拿著這些玩具，身上穿著這些衣服，他一定會很高興的……。」因此就一邊走一邊想，而且在不知不覺中，便將這些商品一件一件的買下來了。

因此，在顧客選購商品時，店員應該適度的提高他的聯想能力，這也是銷售成功的秘訣之一，方法是把玩具試給顧客看、把商品用給顧客看……，這些方法都是提高顧客聯想力的一種手段。

第四個階段：慾望

當顧客對某種商品產生了聯想之後，他就開始需要這件商品了，但是，他是不是在這個時候就會對店員說「我要買這個東西，你幫我把它包起來」呢？顧客的心理當然不可能如此單純，在他產生了擁有這件商品的慾望時，他會同時產生懷疑，如：「這件東西對我合不合適？」、「是不是還有比這個更好的東西呢？」等，然後他的心裏，就

會描出一種理想的圖案，而形成一種願望。

疑問和願望，會對顧客的心理產生微妙的影響，而使得他雖然有很強烈的購買慾望，但卻不會立即決定購買此種商品，而是將心境轉入下一個「比較檢討」的階段裏。

第五個階段：比較檢討

當顧客產生了購買某種商品的慾望後，就會開始在心裏將商品做個評判，並與其他物品相比較：「這種東西是不是很適合我呢？」「這個東西是不是最好的？有沒有比它更好的呢？」⋯⋯於是顧客就會用手摸摸、用眼睛看看，甚至在腦中浮現出曾經看過的此類商品，來彼此做個比較，比較的內容有：色彩、尺寸、質料、價錢、大小⋯⋯等。

在「比較檢討」的這個階段裏，也許顧客會猶豫不決、拿不定主意，此時，就是店員為顧客做諮詢服務的最佳時機了，也就是說店員應該適時的提供一些意見給顧客，讓他做個參考。

顧客在做「比較」工作時，通常都喜歡到處看看、摸摸，所以店員應該特別注意商品的陳列方式，要整齊、容易看得清楚。

目前許多百貨公司家庭用品部門的商品陳列法，已經由依材料區分，進步到依用途區分了，這就是考慮到使顧客方便做「聯想」及「比較檢討」而做的改變。

第六個階段：信心

顧客做了各種比較工作之後，他就會覺得：「嗯！這種東西的確是不錯。」於是便產生了信心。一般來說，顧客所以會產生信心，是來自於三方面的。

第一、相信店員。店員如果能對顧客提出建設性的建議，顧客便會信賴他，例如，店員說：「這種電子鍋非常好用，煮一次飯可以保溫全天，讓您每日都吃到熱騰騰的三餐，而不必為了洗米、煮飯浪費大量的時間。⋯⋯」並且說話時要儘量誠懇，語調清晰，如此才能打動顧客，顧客也就會因此而信賴店員了。

第二、相信商店或製造商。一般來說，年輕人迷信牌子，而年紀

大的人則注重商店的信用。這和商店平日的宣傳，以及店鋪、製造廠商的知名度有很大的關係。不過，最重要的還是商店本身的信譽，因為即使是迷信牌子的年輕人，如果他受騙幾次，那麼他一定會對此牌之商品產生厭惡情感。所以，商店及製造廠商必須時時做好品質管制，保持產品的品質，才能永遠吸引顧客。

第三、相信商品。顧客如果用慣某種商品，並覺得它不錯的話，就會一直用下去，這就是對商品有信心的表示。這種相信商品的人，大多是自認為擅於挑選商品的顧客。

第七個階段：行動

所謂「行動」就是顧客在心中決定購買此種商品，並且具體的對店員說：「我要買這個，請你幫我把它包起來。」同時當場付清價款。這種購買行動，對店員來說，叫做「成交」，也就是雙方交易完畢的一種表示。

成交的關鍵，在於能不能巧妙地抓住顧客的購買時機，假如能夠把握這個時機，便能很快的把商品銷售出去。但如果失去了這個好機會，就可能使原有希望成交的物品，仍然滯留於店內。所以，商品是否能在適當時機銷售出去，就要看店員如何運用自己的手腕了。

第八個階段：滿足

所謂的「滿足」有兩種：一種是顧客在購買商品以後所產生的滿足感；另一種是使用商品時所得到的滿足感。

購物後產生的滿足感，又可分為兩類：一種是顧客認為購進的商品的確很合用，因而產生出滿足的感覺；另一種是由於店員親切的應對態度，給予顧客滿意的感受。

假如顧客到一家商店購買物品之後，能得到上述兩種滿足感，那麼當他再缺乏任何物品時，就一定會首先想到這家商品，而成為此店的固定顧客了。

以上就是「顧客購買心理過程的八個階段」。有人認為「購買心理過程」，到第七階段的「行動」就算完成了，假如把包裝、付款、

乃至店員送顧客出門的過程都算在銷售工作內的話，那麼「購買心理過程」就應該包括「滿足」這一項。

　　一般來說，顧客在購買商品時，都會有心理的變化過程。但是，由於顧客及其所選購商品的不同，購買心理過程也會有所差別，亦即有人會跳過若干個階段，而有的人則會一再的重覆某個階段。

　　但是，經過詳細的調查，就可以發現這種屬於例外的心理變化過程，也可以歸納成幾個固定的模式。因此，幾乎所有的顧客動態，都可包括在「顧客購買心理過程的八個階段」裏。

2　如何善用銷售技術八階段

　　顧客購買的心理變化，有一定的過程，店員需要因應「顧客心理變化」而採取相對的銷售技巧。

　　希望店員們根據「購買心理過程的八個階段」，研討出一套應對顧客的方法，使其成為「科學的銷售技術」。

　　圖 11-1 很明顯的區分為上、下兩部份。上面就是「顧客購買心理過程的八過階段」，下面則是店員在各個階段裏，應對顧客的各種動作。希望你能仔細觀察上、下兩部份關係。

　　現在，請你先看從顧客的注視商品到對商品發生興趣為止，店員為了雙方的接觸所以做的「待機」工作。

　　當顧客踏入店中時，雖然店員應該很熱情的向顧客說「歡迎、歡迎」來做初次的接觸。但是這個時間不可過早，也不可過遲，因為過早會使顧客產生戒心，而過遲則往往會使顧客減低購買興趣。

　　迎接顧客的最佳時機，應是在顧客對商品產生興趣時，因此我們把「初步接觸」，寫在興趣與聯想之間，我想你應該可以體會其中的

意義吧！

圖 11-1　購買心理過程的八個階段、應對顧客的方法

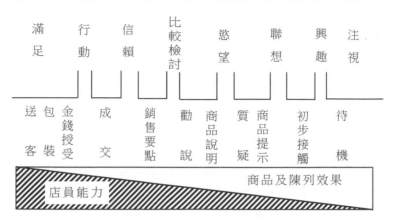

接下來，店員就該讓顧客觸摸商品，並問他：「你喜不喜歡這條項鍊呢？」「你想不想買下這個玩具，擺在你的床頭櫃上呢？」這就是所謂的「商品提示」。而做商品提示的適當時刻，是在顧客興起聯想與產生慾望之間。

「商品提示」並不是只把商品給顧客看看就好了，而是要設法提高顧客的聯想，並儘量刺激顧客的慾望，一定要做到這兩方面，「商品提示」才有其存在的價值。

此外，店員還要時時問顧客：「你覺得這種東西好不好啊？」「這個怎麼樣呢？」這也是探測顧客慾望大小的一種手段。

如此，在把握了顧客的慾望後，再把顧客所想要的商品做個簡單的介紹，並且說明你所以推薦此種商品給顧客的理由，此階段即是「商品說明」。

其實從「商品提示」開始，到後來的「成交」階段，一直都包括了「商品說明」在內。

「勸說」是遊說顧客購買商品的一個重要階段，因為許多顧客雖然心裏想要擁有這件商品的慾望，但是他們仍會有所懷疑：「到底這

個東西是不是最好的呢？」，「那種牌子的會不會比這種好呢？」，於是顧客就會把各種廠牌、質料、價格不同的同類商品，放在一起做「比較檢討」。

在顧客做比較檢討時，店員要提供給他一些商品的情報，並且要向他介紹最適合的商品。因此，「勸說」階段可說非常的重要，它直接關係著顧客是否購買此商品。

顧客將許多商品做了比較後，如果他真的覺得你所介紹的商品是最好看的，那麼你就應該在此時開始巧妙的運用銷售要領，來說明商品的特性，而讓顧客認為他的確需要這種商品。

待顧客的心理進入「信心」階段時，店員就應該引導顧客進入「成交」階段，以結束購買活動，這是非常重要的一個步驟。此時，如果店員稍有遲疑，就很可能失去成交機會。

當顧客問：「這個多少錢？」並且要求你包裝、找錢時，雙方的交易活動就算完成了。但是，這個時候店員還不能夠將精神鬆懈下來，因為真正的銷售工作，是在送顧客出店門之後才結束的。

店員在上述一連串的應對活動中，如果能夠有效的應對顧客的心理變化，就能使銷售工作成功。

這種應對工作，就是「科學銷售技術」的基本原理，店員應該充分瞭解這些理論，並且儘量將其應用在實際的銷售工作上，才能成為一個好店員。

從前在無意識狀態中所做的動作，如果能漸漸明瞭它的意義，那麼在應對客人、做銷售工作時，更能增加無數的樂趣，學到更多的技巧。

現在，請你再度翻到前面圖的地方，看看下面那個長方形，它表示商品及其陳列效果和店員的能力，代表兩者的平衡狀態。

當顧客在注視商品時，商品和商品陳列的效果可以發揮到100%，而店員的能力則毫無發展的餘地。但是，到了真正進行銷售工作時，店員以他自身的口才說服顧客購買商品，則二者之間的比率就

慢慢發生變化了。

顧客的心理從注視到聯想，再進入慾望階段時，商品和商品陳列的效果就會慢慢的減弱（圖的白色部份漸漸縮小），而店員的能力慢慢的發揮出來（斜線部份愈來愈大），直到送顧客出門為止，店員的能力就可以發揮到百分之百了。

因此，顧客的心理愈是進入後半部，店員的態度和動作愈是容易左右顧客。例如，王太太家裏已經有一隻吹風機了，所以她實在不需要，也沒有必要再買另一隻新的吹風機。可是今天下午她經過電氣行時，看到了好多漂亮的吹風機，本想看看就走，但店員卻走出來親切的招呼她，並且誠懇的介紹一種新型的吹風機，於是她便高高興興地提著新吹風機回家了。

陳太太家裏的熱水瓶昨天被小孩摔破了，所以她今天特別到百貨公司，想買一個新的熱水瓶。她在家庭用品部門東摸摸、西看看的時候，沒想到突然衝出一個店員對她說：「太太，請你不要亂摸好不好？萬一碰壞了你願意賠嗎？」聽了這句話之後，陳太太的購買慾望頓時消失，然後一句話也不說，拎著皮包走了。

我想你一定可以從前面兩個例子中，充分看出店員態度對顧客心理的影響是多麼的大！

既然店員的態度對顧客的心理具有莫大的影響，那麼店員就應該盡量去瞭解顧客的心理，並且以自己的誠心去對待顧客，如此一來，顧客才會產生購買慾望。

🔊 *3* 等待顧客時，店員應有的做法

顧客未到來時，店員應做好各項準備工作，等待有利時機來臨。

店員在掌握了顧客的心理活動過程後，就能根據顧客購買心理變化的過程，採取恰當的接待步驟，熟練、順利地招呼客人。店員對顧客的接待工作由等待時機、接近顧客、提示商品、介紹商品、提出建議、買賣成交、收取貨款與交貨、送客階段構成。

「等待時機」並不是「等待顧客到來」的意思，而是「整理準備、等待機會到來」的意思。所以接待工作從顧客進店之前就開始了，在沒有顧客時店員可進行以下作業：①檢查商品；②整理、補充商品；③打掃整理櫃中和玻璃；④整理收銀台和票據等。

這些動作可增加商店的生氣，吸引顧客進店。在等待銷售時機時，應注意下面的事項：

1. 店員在等待時，應保持正確的站立姿勢

等待時動機的正確姿勢是：

(1)雙腳自然稍開，以不感到累為好。

(2)雙手合於前方。

(3)雙手重疊置於前面。

(4)注意顧客的一舉一動。

2. 站立的位置要合適

等待顧客時的正確位置是：

(1)能對商品和顧客的活動一目了然。

(2)能看到顧客視線。

(3)能立即接近顧客。

應避免以下不正確的做法：

- 和同事聊天。
- 顧客上門了，仍不知道。
- 靠著櫃台出神。
- 讀書看報。
- 離開工作崗位。
- 打哈欠；掏耳垢。
- 對顧客進行評論。

3.準備要充分

每個店員在接待顧客前一定要做好一系列的準備，包括：

(1)整理與補充商品

在沒有顧客臨櫃時，要將經過顧客挑選之後的商品重新擺放整齊，補充售出的商品，認真檢查商品質量。

(2)準備好各種售貨用具

要檢查包紮用品是否夠用；計量用具是否準確靈敏，固定放置，各種用具亦要檢查好、準備好，以便在接待顧客時，操作起來得心應手。

(3)做好櫃台貨架衛生

檢查櫃台貨架，及時將灰塵擦乾淨。

4.做好準備

在等待的時機裏，每個店員要精神飽滿，並做到儀表優雅。著裝整潔，時刻做好接待顧客的準備。每個人在生活中、工作中都有可能遇到不愉快、不稱心的事，但在工作崗位，就要精神集中，全心投入到工作中去。

不論店員在待機時間裏做什麼準備工作，都是銷售行為的輔助工作，應隨時注意是否有顧客走近，如果有顧客光臨，應立即停止手中的工作，全神貫注地迎接顧客。

4 確認商品交易的工作流程

　　商品賣出之後，並不表示販賣即告終了。客戶對於商品及店員之待客服務都能很滿足，且使客戶有再來本店購物的慾望時，才能稱得上是漂亮地完成販賣。

　　完成販賣應該是本次販賣與下次再找上門來的一個接續點，也是做生意之非常重要的一點。

一、讓顧客滿意的四個確認

　　最後的成交階段，我們的主要任務是要給顧客留下好印象，爭取讓顧客成為回頭客。要想讓顧客成為回頭客，我們首先要做好四個方面的工作：確認交易的貨品；確認價格；確認包裝無破損；確認使用方法。

1. 確認交易的貨品

　　確認交易的貨品是指在顧客決定購買服裝時，要向顧客徵詢意見，是否要購買的就是該產品。這樣可以使顧客購買的商品和需付款的商品吻合，避免出差錯。

2. 確認價格

　　不打折的商品，要出示價格牌；打折的商品，要當面計算，並將打折後的價格告訴顧客。

　　確認價格這個環節也是不可缺少的。如果顧客沒有看清楚價格就付款，那麼很有可能一走出商店的門就會後悔，甚至認為是你在惡意欺詐。因此，我們要讓顧客認同所購買商品的價格。對於不打折的商品，在付款前，需要向顧客出示它的價格牌；對於打折的商品，要當

著顧客的面進行計算，並將打折後的價格告訴顧客。只有這樣，顧客才會覺得是在明明白白的消費。

3.確認包裝無破損

顧客在付款前，還需要讓他們確認包裝有無破損。如果是服裝，要讓顧客仔細察看紐扣、線口、拉鏈等；如果是食品，其包裝的完整性顯得尤為重要，因為包裝會影響商品的保持期。付款前檢查一遍，就可以有效避免糾紛。若發現包裝有質量問題，要馬上更換，並向顧客說明原因，請求諒解。

4.確認使用方法

有些產品在使用時，可能需要一定的操作流程和注意事項，例如某些服裝的洗滌、電器的使用等，作為店員，你必須在顧客付款前向其重申這些操作程序和注意事項，並強調不當使用引致的後果，這樣可以有效地避免糾紛。

二、販賣關連商品時的推薦工作

當客戶決定購買之時，對於有關連的商品也一併推薦，會有雙重的效果。

1. 對於已經購買的商品，如果有相關的商品一併在此時加以推薦的話，那這種相關的商品也很容易地被賣出。

2.即使顧客此時不買這個相關商品，下次來店時一定有機會推銷出去。

三、收取款項

顧客決定購賣後，接著就到了店員向顧客收取金錢階段，這時，有件事千萬不能忘記，那就是向顧客拿到錢後記得把金額細數一遍說出來（例如「收你 500 元」），免得在找零的時候發生爭吵時，少了解

決的證據。

金錢的紛爭，會使再好的服務都付之一炬。而且除引起顧客不快外，有時會損及整個店面的信用，所以，金錢的處理一定要小心才可以。下列是接客應對的順序，介紹收取金額時有關的留意點。

1. 確認賣價

客人決定買了之後，將吊牌上的價格顯示給客人看，並說出金額數字，在口頭上做一確認。因為，顧客中偶爾會有人少看一個數字，因此確認一下比較好。

2. 確認收到的錢

從客人那兒收到錢後，一定要說「謝謝您，收您××元」出口確認一下金額。如果心想反正已經知道就不用再重覆了，待會兒顧客若說給的是 1000，你說 500，這樣一爭執起來，就無法收拾。

若顧客交給你的金額 400 元正是商品價錢的話，那麼就說「剛好收你 400 元」來確認。

3. 拿錢給收銀小姐時，再確認一次

從顧客那兒收到的錢，要拿給收銀員結賬時，再次說「3600 元，收你 5000 元」做確認。

4. 在收銀處把找錢確認一遍

將賣出的商品包好後，從收銀那裏接到要找的錢，一定當場確認一遍，例如：收你 5000 元，找回 1400 元。

5. 將找的錢一邊拿給客人一邊確認

找錢給客人的時候一定要說「讓您久等了，找您 1400 元」，出聲確認交給客人。找回的金額較多的時候，要當著顧客的面一張張數過後再交給客人，並加說「請清點一下！」，促使客人也能自己確認一下找回的金額。

只要忠實地遵守以上五點，就不致發生金錢收授的糾紛。不要以麻煩或者太忙為理由，懶於在金錢上做確認，而惹來不必要的困擾，所以要特別注意。

四、包裝商品

拿取商品必須仔細認真，不可有絲毫馬虎。在包裝商品時必須(1)細心地處理。(2)乾淨利落地處理。(3)很容易攜帶的包裝方式，這些都是應該注意的。

要保證商品在路途不會破碎。對於一些玻璃陶瓷的器皿，你要用碎紙條、牛皮紙、泡泡膠作為間隔，並配以堅硬的紙盒。對於一些農產品、肉類或是其他易漏灑的商品，要以獨立的塑膠袋裝盛。

五、充分地表現出感謝的心情

是否真正的感謝，可從談吐、態度中自然地表現出來。

當客戶購買東西的時候，必須表現出相當感謝的態度。但是有些店員，雖口中說「感謝您的光臨」，但他的表情與表現出來的態度中，却絲毫也沒有給人一種感謝的感覺。感謝的態度應該從談吐及臉上的表情充分表現出來，而不是擺出虛偽的態度。

六、送客

收款後，店員最後的工作就是送客。

1. 首先答謝顧客的購買

顧客在付錢後，在心理上有一種很矛盾的心情。他們會有興奮感，因為即將擁有一個屬於自己的東西。但是他們付出了金錢，所以顧客在潛意識裏也會有一種失落感。所以，我們要充分瞭解顧客的這種心理，在收款後向其表示感謝，例如「謝謝您的惠顧。」

2. 提醒顧客

在顧客拿好商品後，我們還要提醒顧客，是否有落下的東西。例

如：「您的東西都拿齊了吧？」這是一句溫馨的提示，如果顧客是丟三落四的性格，會因你的貼心提醒而為你的櫃台加分。

3.行禮

在顧客轉身離開時，我們要稍稍彎腰行禮，說：「慢走，歡迎下次再來。」表示送客。

心得欄 ------------------------------

第十二章

店員的促銷技巧

1 要讓顧客試用商品

有一個故事：一個農民偶然有一天看到一隻兔子撞死在樹樁上，於是以後每天他都在等兔子來撞樹，可是等了很久再也沒等到。

現在市場競爭非常激烈，生產同一類商品的廠家成千上萬，在超市、商場裏同類的櫃台也有很多。要在激烈的競爭中取勝，我們不但要有良好的形象，還要主動地採取措施，主動的表現自己，突破自己，才能獲得顧客的青睞。如果像那個農民那樣，只是守株待兔，是不可能有好的銷售業績的。

作為店員，要主動地現場演示或讓顧客嘗試商品，以行為吸引顧客。

一、現場操作演示

一般來說，現場演示在食品行業、電器行業的銷售櫃台採用得較

為普遍。所謂現場演示就是在把產品造型、性能、具體的製作方法、使用方法直觀形象地展示給顧客看。例如在現場烹飪香腸、烘烤麵包、榨果汁，讓顧客感受食品的色香味；例如在售賣風扇的櫃台，讓風扇不停地運轉，讓顧客直接瞭解其性能。

1. 現場演示的好處

所謂「百聞不如一見」，現場演示能讓顧客直觀的看到產品的特性，具體來說它有著以下的好處：

(1)可以有效地解除顧客對商品的顧慮

有些顧客有購買商品的需求，但是他們並沒決定購買那種品牌，或者是他們對產品一知半解，這種顧客可能會處於非常隨機的狀態。他有可能會走進你的櫃台，也可能會走進你的競爭對手的櫃台。

但如果你的櫃台有現場演示活動，由於整個演示過程使用的道具是實實在在的商品，可以直觀、形象，毫無掩飾地將產品的造型、功效、性能、使用方法等直接展示在顧客的面前，顧客因此深刻瞭解了你的產品，原有的顧慮就都消除了，他們就會走入你的櫃台了。

(2)能激發顧客的需求慾望

現場演示對於那些沒有消費需要的顧客來說，具有激發慾望的作用。他們親眼看過商品的製作和使用方法以後，不但瞭解了你的產品的優越性，也學會了商品使用的方法和基本技巧，他們會突然感覺自己好像也特別需要這種產品，從而產生了購買的慾望。

(3)能聚集人氣

大多數人都有這樣的心理，當你看到有人圍在一起像在做什麼事的時候，你也會好奇地想知道他們到底在做什麼。銷售不怕顧客多，就怕沒有顧客來。顧客都有從眾的心理，當你的櫃台聚集了若干個人，那麼必然能吸引其他的好奇者走過來。在這些觀看的人中，肯定會有潛在購買者。

(4)宣傳產品形象

當你的產品的造型、功效、性能、使用方法充分的展示在顧客面

前時，即使顧客暫時不會購買你的產品，也會使他記住你的公司和產品的。

2.現場演示要注意什麼

現場演示具有良好的推廣效果，如果條件許可，不妨多採用這種方式，不過進行現場演示也需要一些技巧，總的來說應該注意以下幾個問題：

(1)地點應設在人流量大的地方

製作演示最好是設在人流較多的地方，這樣才能引起廣泛的注意，達到吸引顧客的目的。

(2)現場演示要注意挑選適宜的時機

節假日或是每天的傍晚時分會有較多的人流，這時進行現場製作能夠取得顯著的效果。

表 12-1　你的現場演示技能如何

序號	題　目	答　案
1	你進行產品演示之處為店鋪或賣場的旺處。	□是　　□否
2	你一般是在人流較旺的時候開展演示。	□是　　□否
3	你的演示台整潔乾淨，井然有序。	□是　　□否
4	你用於演示的工具都放於安全之處。	□是　　□否
5	你非常熟悉產品的性能。	□是　　□否
6	你能以熟練的手法對產品進行演示。	□是　　□否
7	對於顧客的詢問你會耐心地回答。	□是　　□否
8	你在演示時面帶微笑。	□是　　□否
9	你會經常主動地去熟悉和瞭解產品的使用方法和優點。	□是　　□否
10	你的公司曾對你進行過現場演示技巧的培訓。	□是　　□否

(3)安全至上

演示介紹的場地一般是公共地方，人流較多，而演示商品需要許多工具（這裏特指食品演示注意事項），如刀具、各種調味料、電源等，所以演示時要把相關的危險物品放在安全的位置上。例如刀具要放在隱蔽的地方，用油要控制火候，使用電器要確保用電安全等。假如在製作食品時弄掉了工具，或是弄灑了調味料，會給顧客一種非常不專業的感覺；而電器的演示如果不慎讓電器傷到了顧客，或是漏電等，那後果將會不堪設想。

(4)衛生清潔

現場演示要特別注意衛生和清潔，特別是製作熟食品或是即食食品時一定要戴上口罩，清潔雙手，必要時要戴上手套，夾取食品要用乾淨的工具，所有的熟食都要密封擺放。還要時刻保持桌椅的清潔，工作台面千萬不能有任何的髒物、水漬，總之要時時刻刻給顧客衛生乾淨的感覺，才能使顧客產生信心。

(5)動作專業

演示人員在演示過程中，必須非常熟悉整個流程，動作必須是純熟的、標準的、靈巧的。只有規範化的動作才可以給予顧客一個專業的形象，產生強大的說服力。

二、讓顧客嘗試商品

現場演示產品後，可以讓顧客親自嘗試使用產品。如果顧客能親自感受到產品的好處，必然能刺激其購買慾望。一般來說，不同的產品讓顧客嘗試的方式也會略有不同，例如食品的櫃台，大多通過讓顧客試飲、試食的方式，讓顧客親自感受產品的味道、口感；而化妝品櫃台則多以試用的方式讓顧客瞭解其使用效果和質感；服裝則通過讓顧客親自試穿，使顧客瞭解服裝的面料，剪裁及合身的程度。

無論是試飲、試吃、試用、試穿，在讓顧客親自嘗試商品時要注

意以下幾個方面：

1. 要表現出衛生潔淨

由於顧客在嘗試商品時，都會與商品有直接的接觸，例如化妝品要直接塗在皮膚上才能看出效果，所以試用品的衛生潔淨就顯得非常重要。這不但影響顧客對產品的印象，也關乎於顧客的健康問題。在報刊上偶爾也會有因為試用化妝品而引起皮膚過敏的報導。所以，讓顧客嘗試產品時，要抱著關懷體貼顧客的心態，盡可能地做好保潔的工作。

讓顧客試用的食品要以乾淨的容器裝載，每一份試用的食品要用不同的容器裝載，還要提供夾取食物的工具，例如牙籤等；在讓顧客試用化妝品時，雙手要保持乾淨，化妝用具要經過消毒。為了防止交叉感染，可以使用一次性的小包裝的試用裝；讓顧客試穿的服裝也要保持清潔，一旦發現衣服被染上污漬必須立即處理，不能再讓下一個顧客試穿。現在很多試衣間裏都貼著提醒顧客不要把彩妝沾到衣服上的標語，這也是一種非常好的保證試穿安全的手段。

2. 主動邀請顧客嘗試

有的顧客雖然對產品產生興趣，但可能心中疑慮，或是不好意思試用。作為店員，可以主動地邀請顧客試用，可以微笑的說：

「請您試用一下，這是我們的新產品，是用新配方製作的。」

「您可以試穿一下看看效果。」

如果顧客對你的話表示出興趣，你可以主動地將商品遞到顧客面前。

3. 主動詢問顧客嘗試後的感受

當顧客試用時，可以禮貌地詢問顧客對產品的感覺，例如問：

「您覺得這件衣服怎麼樣？」

「我覺得口紅的顏色特適合您，您覺得呢？」

在新產品上市時，如果我們多詢問顧客試用後的感受及其對產品的改進意見，可以具有改進產品外觀、提高產品質量的作用。

4.顧客在嘗試後你要表示感謝

顧客試用以後,你要禮貌地向顧客表示感謝,例如「謝謝您試用我們的產品」、「謝謝您的意見」,使顧客獲得一種受尊重感。即使他不打算購買你的產品,也會對你的產品留下好的印象。

表 12-2　店員的試用促銷技巧

序號	題　　目	答　　案
1	你的櫃台讓顧客試用的商品均是衛生、乾淨、可靠的。	□是　□否
2	你會經常進行保潔工作,讓商品保持潔淨。	□是　□否
3	你會配備一些一次性用具以供不同的顧客使用。	□是　□否
4	你會保持個人衛生(如戴手套、洗手),讓顧客試得放心。	□是　□否
5	你拿取商品給顧客時,動作迅速而且熟練。	□是　□否
6	在顧客嘗試商品時,你會簡要地對商品做介紹。	□是　□否
7	你會主動邀請顧客嘗試你的商品。	□是　□否
8	對於顧客的詢問你會耐心地回答。	□是　□否
9	你會主動詢問顧客嘗試後的感受。	□是　□否
10	當顧客拒絕你嘗試後的請求時,你仍會向其表示感謝。	□是　□否

2　營造櫃台銷售的有利環境

客戶在逛商場、超市,除了要購買商品以外,也希望能在購物中獲得享受,得到一種精神上的滿足。把商品展示在顧客面前是遠遠不夠的,我們還應該給予他們各種感官的刺激,創造出一種使其感覺愉快的活躍氣氛,這樣他們才能心情舒暢,興致勃勃,願意在你的櫃台長時間逗留。

要使櫃台充滿活力，刺激顧客參觀、購買，可以使用音樂、影像、氣味、照明、POP 來幫忙。

一、創造購物環境的音樂

在生活中我們都有這樣的感覺，聽到旋律柔和優美的音樂，會覺得心緒輕鬆、疲勞頓消；聽到深沉哀婉的音樂就覺得抑鬱、憂愁。適當地在櫃台播放音樂，不但可以刺激顧客的購買慾望，減緩顧客的流動，同時也可以降低櫃台內的噪音。

根據權威機構研究證明，當店內平均噪音低於 80 分貝時，音樂環境的中心音量比環境平均噪音高出 3～5 分貝，就會有明顯的降噪效果；當雜訊高於 80 分貝時，音樂中心音量低出 3～5 分貝，也可以具有降低噪音的效果。巧妙地利用音樂，可以讓顧客暫時忽略了環境的噪音，營造出良好的氣氛，從而留住顧客。

並不是什麼音樂都適合在商店裏播放，在選擇音樂時需要注意以下三點：

1. 選擇的音樂要符合產品的特性

櫃台所播放的音樂必須根據產品和目標消費者的不同而設定。如果你的櫃台銷售的商品是面向年輕人的，那麼播放的音樂最好是輕快、有節奏感的流行曲調。例如百事可樂的廣告口號是「新一代的選擇」，這種飲料的飲用對象多是年輕人，如果在櫃台裏播放一些古典音樂，必然會讓想買飲料的年輕人大倒胃口；對於銷售兒童產品的櫃台就選用歡快活潑的兒童歌曲；目標消費者是中老年人的，可以選用古典、悠揚的民族樂曲；假如你的櫃台銷售的是化妝品，由於化妝品屬於高檔消費品，面對的人群是相對有品味，所以，符合這些消費人群的應該是輕柔、舒緩的音樂。

2.音量適中

音量適中的音樂會讓人感覺舒適，但是如果聲音太大，音樂就會

變成噪音。如果你不想嚇跑顧客，一定不要把音樂開得太大。那麼音樂的音量到底在多大時才適合呢？在沒有科學儀器幫助的情況下，要在櫃台內設定一個最佳的音樂音量是極為困難的。其實我們也不必完全拘泥於具體數值，只要聽上去感覺舒適即可。

3.定時更換

不要只播放一首音樂，這樣不但造成店員自己聽覺上的疲勞，而且也會讓經常光顧的老顧客感到厭煩。最好的方式是一天內輪流地播放不同的曲子，並在一段時間後，適當地更換曲目。在節假日時，可適當地播放應節的音樂，這樣能更好的感染和吸引顧客。

二、利用氣味來刺激顧客

根據研究表明，對人而言，每一種氣味都是一種嗅覺刺激，很多氣味能夠直接刺激人的嗅覺神經，引起神經興奮或改變人的內分泌。

好的氣味可以使人心情舒暢，例如花店中的花香，麵包坊中的甜膩的糕餅味，炸雞烤肉的誘人氣味，茶店的清香味；不愉快的氣味會讓人感覺不適，例如剛油漆過的貨架散發的油漆味，空氣不流通所產生的潮黴味，等等。

好的味道能刺激顧客的購買慾望，不佳的味道只會嚇跑顧客。所以對於正常的味道，例如食品的清香，化妝品的幽香，我們可以加大其濃度，吸引顧客走進你的櫃台。如果商品本身味道不強烈，我們可以用人工的方法例如香熏、噴灑清新劑等釋放幽雅的香味來刺激顧客的購買慾望。檸檬、香茅、尤加利、薄荷、松針這些香型的香熏有著穩定情緒、集中注意力、清淨空氣的作用，在店鋪或櫃台中使用較適宜。

對於某些商品的氣味也應適當控制，如化妝品櫃台香水的香味會促進顧客對香水或其他化妝品的需要，但太強烈的香味，會使顧客一時嗅覺失靈，引起反感，這樣反而會把他們趕跑。

三、利用 POP 為櫃台加分

所謂「酒香也怕巷子深」，在商業社會，無論是質量多好的商品，如果沒有適當的宣傳，要獲得良好的銷售量也是極其困難的。因此要吸引顧客的注意力，就必須進行自我宣傳。

POP 是一種非常好的宣傳商品、展現產品品牌形象的道具。POP 廣告是許多廣告形式中的一種，它是英文 Point of Purchase Advertising 的縮寫，意為「購買點廣告」，簡稱 POP 廣告，並被譽為「無聲的店員」和「最忠實的店員」。

POP 廣告指的是在購買場所、零售商店的週圍、入口、內部以及有商品的地方設置的廣告物，例如商店招牌、門面裝潢、櫥窗、商店裝飾、商品陳列、招貼、傳單刊物、表演以及有線廣播、錄影播放等。

在購買場所和零售店內設置的廣告物。它們又分為兩類，第一類是平面廣告，如招貼、掛旗、宣傳手冊、條幅；第二類是立體廣告，例如商品模型、燈箱、展示卡、台卡等。

儘管商品的製造商在推出商品時已經利用各種大眾傳播媒體，對本企業或本產品進行了廣泛的宣傳，但是有時當消費者步入商店時，已經將大眾傳播媒體的廣告內容遺忘。此刻如果在櫃台內擺放了商品的相關 POP 廣告，其強烈的色彩、美麗的圖案、突出的造型、幽默的動作、準確而生動的廣告語言，可以喚起消費者的潛在意識，使其重新記憶起商品的好處。

另外，消費者到櫃台購物，有些是有著既定目標的，也有相當多的人是臨時決定購買的。這種臨時決定往往與銷售現場的裝飾效果、商品展示、熱烈銷售氣氛的刺激是分不開的，所以位置突出、視覺衝擊力強的 POP 廣告，將在消費者面對諸多商品無從下手時，具有促成其下決心購買的作用。

根據一項調查統計顯示，使用 POP 廣告之後，商品銷售總額可

以有效地增加 30%。對於具體商品來說，堆頭陳列的商品採用 POP 廣告時，促銷的效果最為明顯，可以增加銷售額 45%；而對於貨架陳列的商品，採用 POP 廣告時，也能夠增加 5%的銷售額，擺放了 POP 廣告品以後，店鋪或櫃台的客流量可以增加 5%～10%。

我們在使用 POP 的過程中，必須要注意：

第一，要及時更新和替換。POP 時效性非常強，很多都是以季節、節日作為 POP 的主題。所以一旦促銷期已經過去，就必須及時更換 POP。擺放或懸掛過期的 POP 廣告無異於為自己櫃台做反面宣傳，給顧客留下管理不善、服務質量差的印象。

第二，POP 的擺放不要喧賓奪主。因為 POP 的作用只是為了強化產品，它只是產品的點綴品，所以我們考慮其擺放位置時要遵循以產品為主、POP 為輔的原則，既把 POP 放在醒目的位置，但也不能影響產品陳列的效果。

POP 的擺放有不同的要求，例如：

招貼：首選店堂的玻璃門上、店內的柱上、收銀櫃上及產品陳列櫃前。

掛旗：首選店門上方約 2 米左右處、店內的貨架頂部邊沿及在店堂上，應交叉懸掛。

台卡：首選進店櫃台顯眼處及產品陳列前。

展牌：首選店門外兩側和進店後門內兩側，以及產品陳列櫃台的轉角處。

條幅(燈箱)：首選店門處兩側，以及產品陳列櫃台上方。

宣傳手冊(單頁、三折頁)：產品陳列櫃、地櫃顯眼處。

四、營造動感的影像

要增加活躍的氣氛，除了播放音樂，我們還可利用電視播放有關食品製作的廣告宣傳片段，以吸引顧客的注意力。

日本銀座地區是世界聞名的商業區，號稱「購物天堂」，這裏的最大特色就是，所有的百貨商場不單是銷售中心，而兼為資訊中心，其做法是在商場內裝有百餘個螢光屏，不停地播放音樂錄影帶，以及要推銷產品的資訊。幾乎每個角落都安放了螢光屏。這些頗具動感的影像給銀座增添了無窮的魅力，也因此吸引了大批的顧客，其中尤其以年輕人居多，因為年輕一代是與電視錄影一起長大的，他們對於電視有著非常特殊的感情⋯⋯

現在大部份超市、商場都有類似於日本銀座的做法，在電視裏不停地循環播放與產品相關的錄影。不斷重覆的圖像、文字、聲音，可以加深顧客對產品的認識。

播放影像的另一個好處是可以取代店員的解說，因為事先拍攝好的影像必然會比現場演示和解說更具邏輯性、更清晰自然，而且顧客也可以自由地選擇看與不看，使顧客感到舒服和自由。

運用電視播放錄影確實能給櫃台營造出良好的氣氛。一般來說，在櫃台播放錄影時，都是由店員來進行操作的，所以作為店員也要時刻留意電視的播映情況。要讓錄影播放達到預期的效果，店員必須注意三個方面：

一要注意電視機的位置。電視機要對著入口處，這樣無論是經過的人，還是出入的顧客都能看到畫面，從而達到宣傳的效果。同時，還要注意電視機不能遮擋住產品，影響顧客拿放。

二要注意聲音的大小。要注意隨時調整聲音，櫃台內顧客多一點的時候，音量可以稍微放大；如果顧客較少，聲音就要適當地調小。總之要記住一個原則，不能影響你和顧客的交流。

三要注意畫面的穩定。如果播放的畫面經常跳動、停頓，就會留給顧客一個不良的印象。所以店員要隨時留意畫面的播放情況，發現播放不正常時，要立即處理，更換另一張影碟重新播放。

◁))) *3* 要如何配合促銷活動

　　為刺激消費者，商家們處心積慮，爭相推出各種各樣的銷售形式，例如：優惠卡、貴賓卡、限量銷售、減價、打折、饋贈禮品、店慶、季節性優惠酬賓等等。無論是那種促銷方式，店員在執行促銷活動時都要嚴格做到以下幾點：

1.活動前的準備

　　⑴認真瞭解活動目的、時間、方法、商品知識（用於新產品促銷）等細節，確保對促銷內容及要求有清楚的認識。

　　⑵領取活動用具及促銷宣傳品並簽名登記。

　　⑶將各種宣傳品、輔助用具運抵促銷賣場。

　　⑷隨時聽從店長就活動事宜做出的安排。如果是店中店則要與商店事先聯繫好，就活動事宜做出妥善安排。

2.活動的執行

　　⑴嚴格按照商店的要求執行促銷活動。

　　⑵著商店制服並統一佩戴胸卡。

　　⑶將活動用 POP 貼於或懸掛於醒目的位置，以營造良好的促銷氣氛；促銷禮品、宣傳品需要擺放整齊、美觀，以便於顧客拿取，促銷商品一定要擺放價簽。

　　⑷態度積極地向顧客散發宣傳品、介紹活動、推銷商品，語言要親切得體，不可擅自離崗、脫崗。

　　⑸對所有促銷禮品的發放需有效管理，要及時登記；贈出的禮品數量則要與售出商品相符合。

　　⑹促銷過程中如出現問題，應及時向店長彙報並儘快解決。

3.活動結束後

⑴收拾好促銷物品和設備，清理促銷賣場衛生。

⑵根據商品數量的記錄賬卡，清點當日商品的銷售數量與餘數是否符合；同時清點當日剩餘的促銷用品、宣傳品並及時申領不足的用品，仔細保存。

⑶交還促銷用品時必須登記，對非易耗促銷品的毀壞、遺失需做出解釋或賠償。

⑷填寫當日促銷活動報告，記錄促銷銷量及贈出禮品，並請店長簽字。

4 與客戶建立良好的關係

客戶就是企業的衣食父母，若想事業上取得成功，就必須把客戶的需求放在很重要的位置上，滿足他們的要求，讓他們對自己放心，從而將客戶永遠留住。

與客戶建立良好的關係，使客戶忠於本企業，是企業獲得成功的一大法寶。

無論是從金錢上還是從精神上來說，和客戶建立人際關係是一個不斷自我豐富的過程，並且往往是雙贏的結果。但是，有些時候它卻極富挑戰性，必須付出極大的努力，這一努力的關鍵在於滿足或超出客戶的預期。

有位婦人，每週都會固定到一個小雜貨店裏購買自己需要的日常用品，但是有一次因為服務員對她態度不好，於是她再也不光顧這有雜貨店了。10 年後，這位婦人把自己不來店裏消費的原因告訴了老闆，老闆非常耐心的聽完並向這位夫人道歉。隨後，

老闆算了一筆賬，假設這位婦人每週都到自己的店鋪裏消費 20
美元，那麼 10 年下來，自己的損失將近 1 萬美金。因為服務態度
不好而氣走一位顧客，這在一些商家看來，似乎無關緊要。實際
上，路上行人都是會說話的，商家若服務態度、服務質量有問題，
一傳十、十傳百，商家也就沒有了信譽。

顧客滿意是商家的根本，建立良好的客戶關係是需要用心經營
的，以下幾點就是好的實用步驟：

1.讓客戶實實在在地感到你的商品或服務有價值

客戶忠誠於你，其首要的最為明顯的理由是價值。要能夠在同樣
價格水準上，從選擇的商品或服務中獲得比競爭對手所能提供的更大
和更真實的價值，就要讓他們確實感到物有所值。

2.珍惜和客戶建立的關係

為了獲得客戶的忠誠，選派最好的員工加強和客戶的聯繫，花費
大量的時間拜訪單個或成組的客戶，和他們進行交流。

3.瞭解客戶需求的變化

客戶的忠誠度很高的企業，都是大量投資於如何瞭解客戶需求變
化的企業。他們採取各種措施，走訪自己的客戶，積累客戶的需求資
訊，瞭解每個客戶的不同特點，並提供相應的個性化服務，以求留住
自己的客戶。

4.客戶的成功就是企業的成功

讓客戶意識到他們的良好表現與企業的表現是相互依賴的。要努
力強調，客戶的成功就是自己的成功，而且自己的成功源於自己客戶
的成功。

5.努力加強相互之間的聯繫

一旦與某一客戶建立了重要的關係，就要尋找能夠強化這種聯繫
的產品和服務，使這種聯繫不斷得到加強。理想的情況是，企業與客
戶應該有多層關係，讓他們有更多的接觸機會。

使客戶忠誠於本企業，是企業取得成功的一大法寶，它使企業能

夠集中精力發展並贏得能為組織增加價值的新客戶，而不只是補充失去的客戶。

5 如何善用顧客檔案加以促銷

　　店員要妥善處理顧客資料，並且善用顧客資料，掌握各種時機加以促銷商品。

一、建立顧客檔案的重要性

　　店員在獲得了顧客的資料之後，就應著手建立顧客檔案。顧客檔案是店員將搜集到的顧客資料進行歸類、整理、造冊，以便長期保存，有助於推銷、販賣。其重要性表現在以下幾個方面：

1.有利於店員方便地工作

　　店員的推銷工作離不開顧客，離不開有關顧客的各種資訊資料。因工作繁忙，勞動強度大，如果店員不經常對顧客資料進行整理、建檔，那麼，辛辛苦苦搜集到的顧客資料就會因為雜亂無序而不能發揮作用，變為「死料」；也可能會因為工作的繁忙，時間的推移，造成資料的遺忘或丟失等，以至失去與顧客的聯繫。因此，建立顧客檔案，不僅能使雜亂的顧客資料變得有序、一目了然，而且還使顧客資料得到了很好的保存。當店員需要時，可隨時查閱，方便推銷、販賣工作。

2.有利於店員發現理想的顧客，提高推銷業績

　　店員在開發新顧客時，應集中力量開發最有可能購買推銷品，並有實力的顧客。所謂有實力的顧客，是指他們不僅需要並有能力購買，而且是能長期地、大量地購買。因此，店員要對顧客的基本情況，

如資金狀況、經營狀況、銷售實力、信用狀況等進行認真研究。顧客
檔案都較詳盡地記載了顧客的有關基本情況，它是店員進行此項工作
的有力依據。店員則可根據顧客檔案資料，仔細分析、鑑別、篩選出
最合格的顧客，有利於提高店員的推銷業績。

3.有利於推銷人員建立並擴大穩定的顧客隊伍

建立並擴大穩定的顧客隊伍，其秘訣之一就是經常與顧客聯繫。
俗話說：「一回生，二回熟，三回見了是朋友。」雙方交往的次數多
了，自然就會成為朋友。店員經常整理顧客資料，並依據這些資料，
向潛在的顧客進行聯繫。例如，通過拜訪，傾聽顧客的意見要求，幫
助顧客解除困難；在顧客特殊的日子，如生日、結婚紀念日、教師節
等，寄送賀卡，以示關懷和祝福；有空打個問候電話、寄張明信片等。
店員與顧客勤聯繫、勤溝通，這不僅會使店員與顧客的關係越來越親
密，而且還會提升顧客對店員及其所代表的企業的滿意程度、信任感
和忠誠度，最終達到建立擴大穩定的顧客。

4.避免因推銷人員變動而造成顧客流失

在現實工作中，有的企業因對顧客資料未能整理建檔，統一管
理，故在店員離開企業後，造成大量顧客流失，並由此遭受較大的損
失。因此，商店對顧客的有關信息資料，一定要加強統一的建立檔案
工作，以加強與顧客的聯繫與管理，避免顧客流失。

總之，建立顧客檔案不僅方便店員工作，將「死」資料變為「活」
資料，開發更多有實力的顧客，而且有利於店員更好地與顧客聯繫、
溝通、提供服務，提升顧客的滿意、信賴和忠誠的程度，建立並擴大
穩定的顧客隊伍，同時，還利於企業加強對顧客的管理，避免因店員
流動而造成顧客流失。

二、顧客檔案的建立

店員在尋找顧客的過程中，搜集到大量的顧客信息。要讓這資料

充分地發揮作用,必須按照一定的內容、形式、對資料進行分類整理,建立顧客檔案。

1.建立顧客檔案的形式

顧客檔案一般有兩種形式:一是條文式,二是表格式。條文式的顧客檔案,內容詳盡,便於存檔查詢;表格式的顧客檔案,內容較詳盡,重點突出,簡單明瞭,不僅便於存檔查詢,還便於店員隨身攜帶。

2.顧客檔案的主要內容

建立顧客檔案,無論是條文式,還是表格式,都應包括以下主要內容:

(1)基本情況

內容包括顧客姓名、性別、籍貫、出生年月日、工作單位、任職部門、職務、職稱、工作內容、性格愛好、起居習慣、體貌特徵等。

(2)聯繫方式

內容包括工作及住宅所在地、電話、傳真、網址、個人手機號碼。

(3)受教育情況

內容包括文化程度、就讀學校、所學專業、學術成就以及任課教師、同學錄等。

(4)婚姻狀況

內容包括婚否、夫妻感情、結婚紀念日、配偶的姓名、受教育程度、工作單位、部門、職務、職稱、性格愛好等。

(5)子女及家庭其他主要成員情況

包括子女家庭其他主要成員的姓名、性別、出生年月日、受教育情況、就讀學校、工作單位、職務、性格愛好等。

(6)經濟情況

若是個人顧客,內容包括家庭財務情況、投資情況、債務情況等;若是團體組織,則應瞭解該團體組織的生產經營規模、儲運能力、銷售實力、投資情況、市場佔有率及融資能力等。

當然,掌握顧客資料是越多、越細、越好,對陌生的新顧客的資

料，要一點一點地不斷補充，以儘量全面瞭解、掌握顧客。

三、建立顧客檔案的方式

建立顧客檔案，實際上是店員將有關顧客的「死」資料，變為「活」資料的信息處理過程。在具體操作方式上，一般有手工抄寫和電腦存檔兩種。手工抄寫的建立顧客檔案，可在尋找顧客時一步到位，隨時補充，適時分類，然後存檔。電腦存檔也是以搜集來的資料為準。

隨著電子電腦技術的普及與應用，顧客的有關信息資料，將越來越多，使用電腦進行整理、建檔，它具有內容齊全、建檔規範、查詢方便、易於保管等優點。

四、建立顧客檔案需要注意的問題

建立顧客檔案必須注意以下問題：

1. 建立顧客檔案的信息資料必須準確、詳盡。

2. 建立顧客檔案時，無論採用那種形式，其檔案資料後必須留有空白處，以便作為日後補充內容之用。

3. 無論採用那種方式建立顧客的檔案，店員必須據此製作簡易攜帶資料，以便於外出拜訪顧客時使用。

4. 建立顧客檔案時，要註明填寫時間、製作人、另外還要特別註明最易成功的資料。

5. 備份資料，以防丟失。

五、擴大客戶服務

平時的各種交易活動與服務機會，店員都要加強服務績效；為鞏固老客戶起見，應執行有計劃的耕耘活動。

1.計劃性活動

⑴每月設定重點商品，由客戶資料卡挑出可能成交的客戶。

⑵設定重點商圈，以地毯式方式徹底設法使商圈內的住戶都成為顧客。

⑶設定嚴密的訪問計劃，並檢討訪問次序、訪問日期、訪問時間，作有效而徹底的拜訪。

⑷淡季或較閑時應多加分析客戶卡，創造需要。

⑸每月應檢核卡片的增加張數。

2.親切的訪問活動

⑴貿然地進行推銷工作，會讓對方有抗拒心理，故先不進行推銷工作，只要進行日常的訪問活動，就可達到訪問推銷的目的。

⑵針對準客戶進行訪問工作，目的為：

①針對顧客新購買之商品的服務。

②指導產品的正確使用方法。

③商品的詳細檢查，保養狀況。

六、訪問推銷的好機會

平時與客戶維持良好關係，就會創造出許多銷售機會，例如：

1.日常訪問或是送貨、收款、服務，都是進行訪問客戶的最佳機會。

2.新產品的介紹、展示會、大拍賣的招待。

3.曾來買過商品的顧客，即可以服務檢查的名義前往拜訪。

4.利用詢問店裏的修理服務狀況的機會。

5.以對商品保養狀況的問卷調查為名義拜訪。

6.藉慶祝生日、入學或結婚等的祝賀時機前往訪問。

7.對於承購商品的客戶寄出謝函：

某商店對承購商品顧客區分為「剛賣出後」、「一個月後」、「一年

後」，共三次寄送書面感謝函，並指導如何使用與簡易保養方法。

　　8.汽車推銷為加強與客戶之聯繫，在賣車後一個月內、第三、六、八、十、三十、四十二個月，各給予客戶不同的 DM 卡，提醒應注意的汽車保養服務事項。

　　9.在每年八月，各級學校入學考試放榜後，即針對顧客子女上榜者，寄上一封祝金榜提名的賀卡，並趁機推介最適合學生賀禮的各型收錄音機。

　　10.配合客戶雙親慶祝六十或七十大壽時，寄上賀卡，順便推銷電動按摩椅、電子血壓器等保健用品。

心得欄

- -

- -

- -

- -

- -

- -

第十三章

客戶異議的處理技巧

在進行產品說明時，店員需要面對顧客對產品的冷淡、懷疑、異議以及肯定的態度。如果顧客對產品表示肯定，那麼就可以與顧客討論價格，進而直接進入成交的環節。但是多數情況下，顧客是不會那麼快就直接表示對產品的肯定的，因此，店員要學會應對顧客對產品冷淡、懷疑以及異議的態度，並用適當的技巧贏得顧客對產品的滿意。

◀))) *1* 處理顧客異議的原則

處理顧客異議有個最佳時機，如果店員能夠準確無誤地把握這個時機，那麼恭喜你，這個異議你已經處理好了一半，當然前提是你是按照處理顧客異議的原則進行的。而一旦錯過好的時機，店員不免要陷入被動局面，被顧客牽著鼻子走，能否成交也是命懸一線了。

在何時處理顧客的異議，店員都要記得下列原則：

1.事前做好準備

「不打無準備之仗」是店員處理顧客異議時應遵循的一個基本原則。在看到顧客時，店員就應當在心中想好顧客可能會產生的不滿、提出的異議，並且做好應對的種種準備，一旦發現顧客有提出的迹象，最好提前說出來，先發制人，讓顧客放心購買。面對顧客的異議，事前有準備就可以胸中有數，從容應付；事前無準備就可能張惶失措，或是不能給顧客一個圓滿的答覆，說服顧客，從而導致顧客的流失。

2.認真分析異議

異議的種類和來源多種多樣，代表著顧客不同的心理狀態，通過分析、理解、判斷顧客異議的內容和性質，才能有的放矢地處理異議。按其性質不同，顧客異議可分為有關異議和無關異議。有關異議是顧客對店員和商品的真實、負面的看法，是推銷成功的巨大障礙，必須認真對待，有效處理；無關異議與推銷成功無關，是顧客為拒絕購買而編造的各種藉口和理由，不是顧客的真實想法，即使處理也不會成交，這種異議店員完全可以不予理會。

3.避免與顧客爭論

爭辯是推銷的大忌。店員和顧客作為利益不同的主體，在洽談過程中必然會出現各種矛盾，在異議處理過程中這種傾向尤易發生。在回答顧客問題或異議的時候，有時你會發現不知不覺中你已與顧客爭論起來，氣氛相當激烈。這時你要切記，不管顧客如何反駁你，與你針鋒相對，你都要心平氣和，避免與其爭辯，不給他心理受挫的失敗感和抵觸感。爭辯中的勝利者永遠是生意場上的失敗者。

4.要給顧客留「面子」

店員要尊重顧客的意見，顧客的意見無論是對是錯、是深刻還是幼稚，店員都不能表現出輕視的樣子，如不耐煩、輕蔑、走神、東張西望、繃著臉、耷拉著頭等。店員要始終雙眼正視顧客，面部略帶微笑，表現出全神貫注的樣子。並且，店員不能語氣生硬地對顧客說「你

錯了」、「連這你也不懂」、「讓我給你解釋一下……」、「你沒搞懂我說的意思，我是說……」這些說法明顯地擡高了自己，貶低了顧客，會挫傷顧客的自尊心，傷害了顧客自然就沒得生意做了。

如果店員能夠在恰當的時間處理顧客的異議，那麼不僅可以節省雙方的時間，而且還會使顧客感到店員非常瞭解他的想法，說了他想要說的，非常有利於銷售。

◀)) 2 判斷客戶異議的真假

顧客對產品的異議是指顧客對於產品的不同意見，表示顧客不能夠接受店員銷售的產品。顧客對產品表示異議，對店員而言是頗為頭痛的問題。但是，這種情況並不意味著銷售的失敗，店員需要運用恰當的方法，並使顧客接納產品。

表 13-1　真實異議與虛假異議產生原因及顧客表現

異議類型	產生原因	顧客表現
真實異議	(1)介紹的產品不符合顧客的需求 (2)顧客確實沒有相關的需求 (3)顧客可能對產品的功能或特性有誤解	採用明顯的拒絕的用語，而且語氣堅定，如：「我從來沒有聽說過你們這個品牌。」、「我對這種產品沒有興趣」、「我真的不需要這種產品」等
虛假異議	(1)希望能夠降價。顧客雖然對產品提出異議，但是其真實想法是希望能夠降價 (2)顧客對店員的承諾及產品沒有信心，因而對產品提出異議作為藉口或拖延購買時間	顧客前後的表現不一致，語言與行動、表情等方面的不一致或拖延購買時間，如在進行產品說明時，顧客並沒有就產品的功能提出異議，但是在談論到價格的時候突然提出了異議

1. 判斷異議的真假

顧客對產品提出異議時，有可能是真的，也有可能是虛假的，店員需要通過分析瞭解顧客對產品產生異議的真正原因。

2.瞭解處理真假異議的原則

店員要明白在銷售產品過程中，顧客的異議是客觀存在、不可避免的，它雖然是成交的障礙，也是顧客對商品產生興趣的信號。

因此，店員在面對顧客的異議時應該保持冷靜，不可動怒，也不可採取敵對的行為，而應該以積極的態度應對，保持笑臉相迎。

根據顧客異議類型的不同，店員需要選擇不同的應對態度。

(1)對待顧客的真實異議

如果顧客的異議是真實的、準確的，那麼就說明顧客對產品完全沒有興趣或店員對產品利益解說還不夠充分，此時店員就需要利用適當的方法回答顧客的異議，並開始重新瞭解顧客需求，轉而推薦其他的產品。

如果顧客對產品的異議是由於對產品的誤解，那麼店員就需要用委婉的方法向顧客說明產品的真實情況，使顧客瞭解產品，進而產生需求。

(2)對待顧客的虛假異議

①處理顧客希望降價的虛假異議時，店員應該根據產品的競爭情況與可替代產品的價格情況制定對策。

②如果產品競爭不激烈或產品本身有獨特的賣點，那麼店員應該通過說明產品特點的方法，讓顧客產生物有所值的感覺，從而打消顧客想降價的打算。

面對顧客的這種異議，店員應該這樣回應：「雖然我們的產品有這樣的問題，但是其他品牌的產品也有相同的問題。相比之下，我們的產品在××方面有著獨特的優勢，能夠給您帶來更大的好處。」

③如果產品競爭激烈，且產品沒有特殊賣點，那麼店員可以採用適當的方法降價，從而使顧客順利成交。

3 判斷客戶異議的真實意圖

　　有經驗的店員知道，當顧客對某種商品表示異議時，正好表明他對商品感興趣。所以，顧客的異議具有兩面性，既是成交的障礙，也是成交的信號。在得到令人滿意的回答之後，他會很願意購買你的商品。

　　顧客表面所說的話並不總是可靠的，聰明的店員善於把握顧客異議的真實意圖，從而採取一定的方法達成交易。

　　那麼，如何判斷顧客的真實意圖呢？

1. 觀察說出不滿時的神態

　　神態、表情是語言的輔助工具，有時語言表達的並不是人的真正意圖，而從他的表情、神態上可以看到一個人的內心世界。譬如，有的顧客不太瞭解你所推銷的商品，但又不願花時間聽你講解，也不想直接就否定了你的好意，那麼他可能說已購買了或今天很忙，有空再給你電話之類的話作為搪塞。這表明他不想告訴你真正的想法，而你可以從他的表情上看出他有點心不在焉，對你的話不是很專注。對於這樣的情況，多費口舌對你對他都是浪費，莫如做個朋友，也許以後他會成為你的顧客。

2. 仔細傾聽

　　在顧客表現出異議時，有時出於各種各樣的原因，不直接說出真正不想購買的原因，而是刻意隱瞞真相，而有的顧客卻非常認真，具體講述自己的不滿，提出一大堆問題等店員給予確切的回答。這樣的顧客才是真心購買的顧客，只要你能解決他的疑問，他就會買走商品。

3. 察看顧客的反應

　　在你解答顧客的疑問之後，若顧客還是左右搖擺，遲遲不能作出

購買的決定，有兩個可能性，一是他根本就沒有購買的意願，二是解說時感染力不強，雙方沒有交集點，答案不清晰。如果是前者那就索性放棄說服，如果是後者，店員還要仔細思考顧客到底對什麼感興趣，還有那些問題不明白，有針對性地向顧客介紹。

 # 4 破解異議顧客的表面藉口

　　顧客提出異議很多是針對產品和服務的，但是還有很大一部份是關於自身的原因的，如「我想過幾天再買」、「我還做不了主」等，主要是關於需求、購買能力、購買時間、購買決策權等方面的，可以稱之為「自我批評式」的異議。要和顧客達成交易，店員也還必須會破除這類異議。

　　自我批評式的異議雖然是和顧客相關的因素，但是也是實現銷售的攔路虎，店員也必須區別應對，消除顧客的這些異議才能讓顧客採取購買行動。

一、需求方面的異議

　　它是指顧客認為商品不符合自己的需要而提出的反對意見。當顧客對你說：「我已經有這種商品了」、「這東西對我沒用」時，就徹底否定了你的商品目前對他的價值所在，也就更談不上價格、質量了。

　　而對於顧客的需求異議，存在兩種可能。

　　1. 顧客確實不需要或已經有了同類產品

　　在這種情況下，店員應立刻停止推銷，把重點放在給顧客留下一個好印象上，為下一次的「繼續訪問」做好鋪墊。

例如你可以說：「歡迎你以後有需要的時候光臨。」

2.顧客的一種托辭

面對這種可能，店員應當通過自己的觀察和分析，判斷顧客拒絕的原因，爾後運用有效的異議化解技巧來排除障礙，從而進一步開展推銷活動。

具體來說要注意，一是不要說「不」。用這種方法處理顧客的異議，能夠維護顧客的自尊。與面談中的答辯一樣，店員可用「是的，但事實上……」即先肯定，然後再用有關事實和理由婉轉地否認異議。

一位店員在向一位中年婦女推薦一件時裝。

顧客說：「這件衣服太時髦了，我這年紀怎麼穿得出，不要！」

售貨員答：「這件衣服顏色鮮豔，款式新穎，年輕人買的很多；不過，人到中年更需要打扮，人靠衣裝嘛，這件衣服您穿上絕對合適，有不少您這個年紀的人買過，穿上起碼年輕 10 歲。」

二是多用商量的口氣。商量的語氣可以緩解緊張的氣氛，消除顧客怕被店員纏上強行推銷的疑慮，給顧客以選擇的空間。在這樣的情境下，你盡可以用各種方法來嘗試打動顧客，一旦成功就不愁商品賣不出去了。

二、購買時間方面的異議

指顧客認為現在不是最佳的購買時間或對店員提出的交貨時間表示反對意見。如，「我們還要再好好研究一下，等過兩天再說吧」、「我現在還不需要，等以後再說吧」等。在這種情況下，店員應抓住機會，認真分析時間異議背後真正的原因，並進行說服或主動確定顧客能夠購買的具體時間。

購買時間的異議其實真正的理由往往不是購買時間，而是價格、質量、付款能力等方面存在問題。不同階段提出的購買時間異議，反映了顧客不同的異議原因。在一開始時提出應視為是一種搪塞的表

現,是顧客拒絕接近的一種手段。在推銷活動進行中提出,大多表明顧客的其他異議已經很少或不存在了,只是在購買的時間上仍在猶豫,屬於有效異議。成交的可能性很大,在推銷活動即將結束時提出,說明顧客只有一點點顧慮,稍加鼓勵即可成交。

對於這種異議可以採用以下幾種方法來處理。

1. 提示法

通常的做法是重新指出產品的全部優點,因為你的顧客需要再次確認購買的理由才能下定購買的決心。這時無需像陳述利益時那樣一一述說,只需對你與顧客達成一致的地方再次確認即可。

2. 良機激勵法

這種方法是利用有利的機會來激勵顧客,如促銷、降價等,使其不再猶豫不決,拋棄「等一等」、「看一看」的觀望念頭,當機立斷,拍板成交。例如「目前我們正在搞店慶活動,在此期間購買可以享受15%的優惠價格」,「我們存貨已經不多了,而如果您再猶豫的話,就可能被別人買去了」。這種方法具有一定的局限性,必須確有其事,千萬不可欺騙顧客。

3. 意外受損法

這種方法與「良機刺激法」正好相反,是利用顧客意想不到,但又必將會發生的變動因素(如物價上漲、政策變化、市場競爭等情況),要求顧客儘早作出購買決定。

三、支付能力方面的異議

支付能力異議是指顧客以支付能力不足或沒有支付能力為由而提出一種購買異議。這一異議往往以「產品確實不錯,可惜無錢購買」、「如能在價格上通融一下,我還是很想買的」等方式出現。但有的時候,它並不直接地表現出來,而間接地表現為質量方面的異議或進貨管道方面的異議等,店員應善於識別。

在顧客提出支付能力的異議時，有以下三種可能的情形：

1. 顧客確實沒有足夠的資金付款

由於經濟限制，對於顧客來說這種商品的價格確實太高了，以至於讓他承擔不起，只能坦言無力支付購買。

2. 顧客暫時無現金支付貨款

這類顧客經濟狀況一直很好，有相當的實力，只是因當時身上未帶足夠的現金或另有它用而無法立刻決定購買，只要店員再努力一下，這筆交易做成的可能性很大。

3. 藉口

顧客本身並不存在支付困難的問題，提出異議只是一種藉口。有時顧客常以無錢為藉口，向店員施加壓力，希望在價格支付方式或其他方面得到優惠。這類顧客的支付能力異議是虛假異議，店員要善於分析，加以區別、判斷，採取妥善的辦法處理。當然，也有可能是顧客根本就沒打算購買，只是以此來擺脫店員的糾纏。

當顧客提出支付能力異議時，店員不能直接從字面上理解為顧客真的沒有購買的能力，而應該對顧客提出的財力異議進行認真分析，判斷顧客提出異議的真實原因是什麼。如果通過仔細分辨，判定顧客確實無力支付貨款，最好的方法是以禮相待，對顧客表示理解，告辭時要表示出禮貌的態度，儘量給顧客留下深刻的印象，建立友好的人際關係，為今後的再交易創造條件。如果顧客是暫時沒有現款，最好能和顧客約定下次購買的具體時間。如果判定顧客提出異議實為討價還價，則可以採用處理價格異議的方法加以處理。需要注意的是，店員不要輕易降價，要避免一聽對方資金不足就立即降價，顧客之所以稱無錢購買，原因是多種多樣的。如果推銷人員聽到顧客財力不足就立刻降價，在價格上做出讓步，顧客可能會對商品表示懷疑，甚至會激起顧客把價格壓得更低的慾望，對成交造成困難。

4. 權力異議

權力異議是指顧客以自己無權決定購買產品而提出的一種異

議。如顧客說「這個事情我作不了主，實在很抱歉」等。

權力異議亦有真實與虛假之分，店員要區分清楚。當顧客以自己無權決定購買拒絕時，店員不要簡單地以為他真的沒有購買決策權，而要通過自己的眼睛去判斷對方是不是真的沒有權力決定。要做到準確判斷，店員必須注意聽顧客之言、觀顧客之行，自始至終都要全神貫注，稍不留神就可能錯失重要資訊。在店員探詢顧客有無購買決策權時，顧客很可能不願說實話，真正有決策權的人往往深藏不露，心平氣靜，而那些虛張聲勢、吹噓誇耀的人往往是沒有決策權的。

對於雖然提出異議但實際上有決策權的顧客，店員要細心觀察、誠心傾聽，因為顧客遲遲不拍板購買肯定是另有緣由，店員必須找出問題的所在，進一步刺激顧客的購買慾望，必要時可以在價格、服務等方面做出一定的讓步，或者以顧問的身份幫助顧客解決困難，達成交易。對於沒有決策權的顧客，店員也要擺正心態，以禮相待。儘管這些顧客並沒有真正的決策權，但千萬不要藐視他們或意圖擺脫他們。一方面這些顧客很可能是你的準顧客，即使是這次不買，以後也可能會再來購買。另一方面，如果能讓顧客對你的產品產生興趣，相信他會為你做免費的廣告，對你的銷售工作也是有幫助的。店員要把眼光放長遠一點，認真對待每一位顧客，千萬不能太過勢利，否則最終受害的只會是自己。

四、價格太高的異議

價格異議是指顧客認為商品的價格與自己估計的價格不一致而提出的異議。在銷售過程中經常會聽到這樣一些議論，「這個商品的價格太高了」，「這個價格我們接受不了」，「別人的比你便宜」等。這是顧客受自身購買習慣、購買經驗、認識水準以及外界因素影響而產生的價格方面的異議。

商品的價格是顧客最關心的問題之一，也是店員在銷售過程中遇

到最多、最常見的一種顧客異議。據美國的一項調查顯示，75%的店員在推銷時會遇到價格方面的問題。一般來說，顧客在接觸商品後都會詢問其價格，因為價格與顧客的切身利益密切相關，所以顧客對產品的價格最為敏感，一般首先會提出價格異議。即使店員的報價比較合理，顧客仍會抱怨，「你這價格太高了」。在顧客看來，討價還價是天經地義的事，他們希望通過對價格提出異議從而獲得更多的利益（低價購買）或心理滿足。

價格異議一般有兩種表現形式，一是顧客認為商品價格過高，這是價格異議中常見的、主要的形式，常常成為顧客討價還價、爭得更多交易利益的托辭，或者是顧客拒絕購買的一種藉口。對此，店員要進行適當的解釋與說服，讓顧客感到物有所值，並在必要的時候做出適當的讓步。二是顧客認為商品價格過低，懷疑其存在質量方面或者其他方面的問題，或認為其缺乏購買或收藏等方面的價值。對此，店員要給顧客一個明確的解釋，以消除顧客心中的疑慮，否則極易引起誤解，形成推銷障礙。

1.先談價值，後談價格

價格是顧客極為敏感的話題，因此店員不要主動去提及這個話題，而應該多在商品的介紹說明上花費工夫。店員可以從產品的使用壽命、使用成本、性能、維修和收益等方面進行對比分析，說明產品在價格與性能、價格與價值、商品價格與競爭品價格等方面中某一方面或幾方面的優勢，讓顧客充分認識到商品的價值，認識到購買能帶給他的利益和方便。等到顧客產生了濃厚的興趣和購買慾望之後，再水到渠成地回答顧客的詢價，這樣可以儘量避免價格異議。

2.強調相對價格

價格代表產品的價值，是商品價值的外在表現。除非和商品價值相比較，否則價格高低本身沒有意義。所以，店員不要與顧客單純地討論價格問題，而應該通過介紹商品的特點、優點和帶給顧客的利益，使顧客最終認識到，你的商品實用價值是高的，相對價格是低的。

一位店員向一位女士推薦一種高級香水，她真的很喜歡，但卻說：「我沒有這麼多錢啊！」

店員說：「這可是高級香水啊！您知道使用這種香水很能表明人的身份，只有高收入、高品位的人才買。」

最終，這位女士沒有再在價格上爭執，購買了這種香水。

3.心理策略

在向顧客介紹產品價格時，可先發制人地首先說明報價是出廠價或最優惠的價格，暗示顧客這已經是價格底限，不可能再討價還價，以抑制顧客殺價的念頭。

4.適當讓步

在有些情況下，通過適當的讓步既能消除顧客的價格異議，又能順利達成交易，也是一種很好的選擇。但是在讓價時需要注意：

⑴不要作無意義的讓步，讓步要體現出「雙贏」的原則；

⑵作出的讓步要恰到好處，用最小的讓步帶給顧客最大的心理滿足；

⑶不作損害企業利益和形象的讓步。

五、擔心服務的異議

服務異議是指顧客對商品交易附帶承諾的售貨服務的異議，如對服務的方式方法、服務延續的時間、服務的延伸度、服務實現的保證程度等多方面的意見。

在市場競爭日趨激烈的情況下，加強服務、提高商品的附加值已經成為企業競爭的一種重要手段。顧客購買行為的發生，在很大程度上取決於商家能夠提供什麼樣的服務。優質的服務能夠增強顧客購買商品的決心，樹立企業及其產品的信譽，防止顧客產生服務異議。這類異議主要源於顧客自身的消費知識和消費習慣，處理這類異議，關鍵在於要提高服務水準。

　　店員首先應當重視服務異議，不要以為和產品沒有多大關係就不以為然，很多顧客會因為你的不以為然而另找賣家。當顧客提出服務異議時，店員要仔細傾聽，弄明白顧客的擔心具體是在什麼地方，是對服務方式的不滿，還是對服務期限表示擔心，然後才能有針對性地回應顧客的異議。有時顧客只是誤解了你的意思，而並不是真的有異議，這就要立即為顧客澄清事實，打消他的憂慮。因此，覆述顧客的異議很有必要。

　　最後要對顧客的異議表示理解和支援，技巧性地解決顧客對服務的擔憂，可以重申自己服務的特色與可靠性，如有不能令顧客滿意的地方，可以向對方解釋清楚為什麼，以求得諒解，掃除成交路上的障礙。

5 把握處理顧客異議的時機

　　在銷售過程中，店員應對顧客提出的異議進行分解處理。

　　那麼，如何把握處理顧客異議的時機呢？

1. 先發制人，提前處理

　　防患於未然，是消除顧客異議的最好方法。有經驗的店員，能比較準確地預測顧客會在購買活動中提出什麼問題，會有那種異議，以便在銷售過程中主動提出來並妥善予以解決。顧客異議的發生有一定的規律性，如店員談論產品的優點時，顧客很可能從差的方面去琢磨問題，有時顧客沒有提出異議，但他們的表情、動作及談話的用詞和聲調卻可能有所流露，店員覺察到這種變化，就可以搶先解答，這是處理異議的最佳時機。因為這樣做店員可以爭取主動，先發制人，避免先糾正顧客的看法，或反駁顧客的不同意見，也避免了與顧客發生

爭執。

另外，在進行銷售介紹時，不僅要向顧客介紹商品的特點和優勢，也要向顧客說明該商品的不足之處和它的使用注意事項。這樣做，通常會使顧客感覺到店員沒有隱瞞自己的觀點，能客觀地對待自己的商品，從而贏得顧客的信任。

店員：「這些嬰兒服都是經過多次的試驗與推敲，採訪了多位母親與保姆後而有針對性地設計的，樣式都是最適合嬰兒的。」

顧客：「看著還可以，不過……」

店員：「這些內衣全部都是採用 100%的純棉原料做成的，手感非常柔軟，不會刺激嬰兒幼嫩的皮膚。不信，你試試看。」

年輕母親摸了摸衣服點頭稱是，並為自己的寶寶買了兩套內衣。

這位店員就是提前作好了準備，在這位母親還沒有說出不滿之前搶先對她的疑問進行了回答，從而打消了顧客的疑慮，堅定了顧客購買的決心。

2.雷霆行動，即時處理

一般而言，除了顧客出於偏見、惡意等原因而提出的一些無端的、虛假的異議外，對其他異議店員都應及時回答。顧客都希望店員能夠尊重和聽取自己的意見，不回避問題，並做出滿意的答覆。店員若不能及時答覆顧客所提出的問題，顧客就會採取拒購行動。因此，在銷售過程中，店員應視具體情況，答覆那些需要立即答覆的顧客異議，及時排除銷售障礙，促進交易的順利達成。即刻回答顧客異議，要求店員具有豐富的知識、敏捷的思維、靈活應變的能力、善辯的口才和一定的臨場經驗。

3.含糊其詞，推遲處理

在銷售過程中，店員對於顧客的某些異議不及時回答可能會危及整筆交易，而對有些異議，店員如果不量力而行，企圖立即做出答覆，則可能會葬送整筆交易。因此，對於顧客提出的某些異議，如果店員

認為不適合馬上回答，可採用延遲回答的辦法加以解決。

　　若客戶的異議顯得模棱兩可、含糊其詞、讓人費解；異議顯然站不住腳、不攻自破，異議不是三言兩語可以解釋的；異議超過了店員的議論和能力水準；異議涉及到較深的專業知識，解釋不易為顧客馬上理解，等等。急於回答顧客此類異議是不明智的。經驗表明，與其倉促答錯十題，不如從容地答對一題。

　　總之，在銷售過程中，店員對顧客提出的異議應具體分析，區別對待，處理好那些真實的、有價值的、對銷售工作有幫助的顧客異議。

6 處理顧客異議的步驟

　　在處理顧客的異議時通常有 6 個步驟，如下所示。

表 13-2　處理顧客異議的 6 個步驟

步驟	說明	舉例
第 1 步：不插話	當顧客在陳述異議的時候，不要搶在顧客之前說出顧客正想說的話	店員要認真傾聽顧客的異議，在回話前，要稍微停頓幾秒，因為顧客也許會自己回答自己的異議
第 2 步：回敬異議	店員可以將顧客提出的異議再回敬給他	當顧客說「太貴了」的時候，店員可以用疑問(表現要真誠)的形式重覆此話「太貴了」，這樣顧客就會解釋他認為貴的原因或收回異議
第 3 步：表達同感或稱讚	不要讓顧客感到孤立，店員要向顧客表達有同感	可以對顧客說：「我理解你的感覺，不過，我們的產品因為……」店員還可以稱讚顧客，讓他產生好的感覺，例如：「這是一個非常好的主意，多數人都沒想到。」

第4步：孤立異議	讓顧客的異議鑽進死胡同出不來	當顧客說：「您的洗衣機洗不乾淨」時，可以這樣回答：「是的，您說得不錯，不過這種情況出現在極不愛衛生的人身上。您這樣體面的人士絕不會這樣做。」顧客一般不會承認自己是醜麒的人，那麼他的異議就消除了
第5步：戰勝異議	從正面直接回答顧客的異議，正面闡述產品性能優質的一面，讓優質的性能戰勝顧客的疑慮	以下是一種學生學習用品的促銷對話。顧客：「我的孩子愛運動，××雖然攜帶方便但經得起摔打嗎？」店員：「這您完全可以放心，××在內部設計上不同於複讀機，複讀機內部構造完全是機械設計，容易破碎，而××完全是數碼線路設計，不怕摔打。××在出廠之前經過了權威部門的各種各樣的抗摔打測試，因此您可以放心使用。」
第6步：繼續前進	戰勝異議後，店員可以用平穩的方式過渡到下一個話題	店員：「我們可以將產品送上門……」如果店員已經提出讓顧客購買，則可以再次與他談成交的事，例如：「來，讓我幫您開一張交款單。」

第十四章

店員的促成交易

　　成交即達成交易，指顧客接受店員的演示或建議並立即購買產品的行為過程。

　　在實際購買中，為了滿足自己所提出的交易條件，顧客往往不輕易主動提出成交，而顧客的購買意向又總會有意或無意地通過各種方式表現出來。因此，店員必須練就一副慧眼，要善於觀察顧客的言行，善於捕捉稍縱即逝的成交信號，抓住時機，及時促成交易。

1 促成交易的 4 項原則

1. 主動出擊

　　主動出擊就是店員主動向顧客提出成交。店員若不會主動地向顧客提出成交請求，就像瞄準了目標卻沒有扣動扳機一樣，是永遠不會命中目標的，這是經常犯的錯誤。有些店員由於害怕遭到顧客拒絕，不敢讓顧客做出購買決定。如果顧客不聲不響，無所表示，這些店員

就以為時機還不夠成熟，就這樣直接或間接地把本來經過努力可以成交的大好時機白白錯過了。所以，店員一定要選擇時機主動出擊。

2.自信鎮定

自信樂觀的店員達成的銷售額比起那些缺乏自信的店員要多出20%～40%，店員在向顧客提出成交要求時，一定要以自信的口吻向對方提出要求，千萬不可猶猶豫豫、吞吞吐吐。

無論顧客在聽完店員說明之後是否馬上做出購買決定，店員都不要驚慌。以平靜的口吻同顧客繼續進行討論，向顧客說明這種產品正是他所需要的。店員要注意控制住節奏，讓顧客有充分考慮的時間，不要催促顧客，盡量避免同顧客談論有關購買決定。店員不說「如果您購買了它……」，而代之以「當你在使用它時……」，更容易和顧客達成交易。

3.敢於堅持

堅持就是店員要多次向顧客提出成交要求。許多店員在向顧客提出成交要求遭到拒絕後就開始另尋找下一個顧客了，總是希望遇到在他們提出要求時能馬上答應的顧客。

成交是一個過程。當時機成熟時，店員向顧客提出成交的建議，顧客就會猶豫或提出要求。店員設法消除顧客的異議並做出必要的讓步，然後再次提議、釋異、讓步，不斷重覆，不斷深化，一次次爭取直至成功。拒絕是常有的事，所以店員要正確面對，即使遭到拒絕仍要具有毫不退縮的精神。

4.保留餘地

保留一定的成交餘地，就是要保留一定的退讓餘地。任何交易的達成都必須經歷一番討價還價，很少有一項交易是按最初報價成交的。因此，店員在成交之前，不能把優惠一下子全說出來。如果把所有的優惠條件都一股腦兒地端給顧客，當顧客要求再做些讓步才同意成交時，店員就沒有退讓的餘地了。為了減少被動，有效地促成交易，店員一定要保留適當的退讓餘地。在成交關頭，店員可以進一步提示

推銷重點，加強顧客的購買信心。例如「還有 3 年免費保修服務呢！」
「還有兩件贈品呢！」「還有這個特點呢！」等等。

2 注意客戶的購買信號

看瓜熟不熟，老瓜農會用手敲一敲聽聽聲音，看桃子、蘋果熟了
沒有，人們會看它的「臉兒」是否變紅了。凡事總有一定的徵兆，買
賣成不成也是有信號的，這就是購買信號。能否抓住購買信號，是店
員能否推銷成功的重要因素。

能否抓住顧客的購買信號，是店員能否推銷成功的重要因素。店
員要準確把握顧客所發出的信號，以最快的速度促成買賣。

所謂成交信號，是指顧客通過語言、行為或情感表露出來的購買
意向，是有利於達成交易的稍縱即逝的機會，成交信號包括 3 類，即
語言信號、行為信號和表情信號。

1. 語言信號

語言信號的種類很多，有表示讚歎的，有表示驚奇的，有表示欣
賞的，有表示詢問的，也有以反對意見形式表示的。歸納起來，假如
出現下面任何一種情況，那就表明顧客產生了購買意向，成交已近在
咫尺。

⑴詢問關於產品的使用與保養注意事項及零配件供應等。

⑵開始討價還價，問可否再降點價等。

⑶給予一定程度的肯定或贊同。

⑷講述一些參考意見。

⑸要求繼續試用及觀察。

⑹提出付款條件等新的購買問題。

(7)對產品的一些小問題，如包裝、顏色、規格等提出很具體的修改意見與要求。

(8)忽然提到同行其他企業產品的樣式、規格、數量等較為敏感的問題。

(9)顧客請店員稍候，而與第三者討論相關的各種內容。

(10)要求看樣品或實品。

(11)表達一個更直接的異議。

(12)用假定的口吻與語句談及購買等。

另外，當顧客由堅定的口吻轉為商量的語調時，或者當顧客由懷疑的問答用語轉變為驚歎句用語時，也是購買的信號。

2.行為信號

一旦顧客拿定主意要購買產品，他會覺得一個艱苦的心理活動過程結束了，於是他會出現與店員介紹產品時完全不同的動作。所以，店員也可以通過觀察顧客的動作識別顧客是否有成交的意向。

表 14-1　顧客有意成交的行為信號

信號	表現
由單方面動作轉為多方面動作	顧客由遠到近，由一個角度到多個角度觀察產品，再次翻看說明書等
由靜變動或者由動變靜	原先顧客採取靜止狀態聽店員的講解，後來由靜態轉為動態，如動手翻動資料，仔細觀察模型等
動作由緊張變放鬆	原來傾聽店員的介紹，所以身體前傾，並靠近店員及產品，這時變為放鬆姿態，或者身體後仰，或者擦臉攏髮，或者做其他舒伸動作等
有簽字傾向動作	顧客找筆，摸口袋，甚至靠近訂貨單，拿訂貨單看等，這是很明顯的購買行為信號

3.表情信號

人的面部表情不是容易捉摸的，人的眼神有時更難猜測。因此最

能夠直接透露購買信息的就是顧客的眼神。經過反覆觀察與認真思考，店員可以從顧客的面部表情中辨別出顧客的購買意向。以下變化表示顧客有意成交。

⑴眼睛轉動由慢變快，眼睛發光，神采奕奕，腮部放鬆。

⑵由咬牙沉思或托腮沉思變為臉部表現明朗輕鬆、活潑與友好。

⑶情感由冷漠、懷疑、深沉變為自然、大方、隨和、親切等。

3 促成交易的 10 種方法

店員需要根據具體的情況，適當地選用以下 10 種方法促成交易，完成最後的「臨門一腳」，從而順利地完成銷售任務。

1. 直接成交法

直接成交法又稱請求成交法，顧名思義就是店員用一句簡單的陳述或提問請求顧客購買商品的一種方法。可以快速地促成交易，充分利用了各種成交機會，可以節省銷售時間，提高工作效率，可以體現一個店員靈活、機動、主動進取的銷售精神。

這個例子中，店員在利用直接成交法要求顧客成交時被顧客拒絕後，巧妙地利用其他的成交方法，重新掌握了成交的主動權。

店員：「先生，沒問題的話我幫您開單了？」

顧客：「等我再看看。」

店員：「哦，您還有什麼問題嗎？」

顧客：「價格能不能再便宜一點？」

店員：「我保證，這是您在本市買到這個產品的最低價格了。」

顧客：「是嗎？那好吧。」

例如，「先生，那我就給您開單了」、「小姐，請您到這邊去結

賬，好嗎」等。

對老顧客時，店員瞭解老顧客的需要，老顧客也曾接受過推銷的商品，因此，雙方有一定的信任，因此老顧客一般不會反感店員的直接請求。

當顧客對商品有好感，也會流露出購買的意向，發出購買信號，可又一時拿不定主意，或不願主動提出成交的要求時，店員就可以用請求成交法來促成顧客購買。

當顧客對產品表示出興趣，但並沒有意識到成交的問題時，店員在回答了顧客的提問，或詳細地介紹商品之後，就可以提出請求，讓顧客意識到該考慮購買的問題了。

2.假設成交法

假設成交法是指店員在假定顧客已經同意購買的基礎上，通過提出一些成交後才應考慮的具體問題，從而要求顧客購買商品的一種方法。

假設成交法的提問方式轉化了店員在銷售過程中的角色。在此過程中，店員已經轉變成教顧客使用產品的朋友，從而對顧客產生催眠的作用，使顧客有一種已經擁有商品的感覺。這樣就能極好地刺激顧客的購買慾望。

採用假設成交法可以直接將顧客帶入購買階段，提高了銷售效率。由於沒有直接要求顧客購買，因而可以適當地減輕顧客的成交壓力，加大成交的可能性。

例如，在顧客表現出強烈的購買慾望後，店員可以直接對顧客說：「您看您什麼時候方便，我們好把貨給您送上門去。」

對於老顧客以及對店員比較信任的顧客都可以採用假設成交法。

對於已經明確發出購買信號的顧客，可以使用假設成交法。

對於對產品表現出很大的興趣，且沒有提出疑慮的顧客，可以使用假設成交法。

對於聽取了多次解說，離開展臺後又返回來的顧客，可以使用假

設成交法。

3.選擇成交法

選擇成交法是由店員向顧客提供一些購買決策的選擇方案，並要求顧客從中做出選擇的成交方法。

選擇成交法可以減輕顧客的心理壓力，製造良好的成交氣氛。從表面上看來，選擇成交法看似把成交的主動權交給了顧客，而實際上，顧客掌握的只是選擇權，無論最終的答案是那一個都是成交的表現。選擇成交法可以使顧客主動地參與成交活動，減輕顧客的心理壓力，從而有效地促成交易。

例如，「您是要這兩台中的那一台呢」、「您是現在就付全款呢，還是先付一部份定金呢」等。

選擇成交法的關鍵是給顧客以選擇的餘地，但無論選擇那一個，都表明顧客同意購買產品。它巧妙地避開顧客「要還是不要」的問題，而讓顧客回答「到底要那一個」的問題。

在使用選擇成交法時，店員所提供的選擇事項要使顧客從中做出一種肯定的回答，不要給顧客拒絕的機會。因此，店員在向顧客提出選擇時，應該儘量避免提出太多的方案，否則會使顧客拿不定主意，影響成交的順利實現。

4.避重就輕成交法

從顧客的購買心理分析，顧客面對重大交易決策時會產生較強的心理壓力，此時往往比較慎重，而對較小的交易則較容易做出決定。

避重就輕法是指店員避免直接提出重大的成交問題，而是利用較小的成交問題，來間接促成交易。例如，「先生，關於產品安裝的問題您可以完全放心，我們有專業的安裝人員上門為您安裝調試。如果沒有其他問題，那就這麼決定吧？」

利用避重就輕成交法可以減輕顧客的成交壓力，避重就輕成交法為店員主動促成成交留有一定的餘地。利用較小的交易問題提示顧客成交時，即使被顧客拒絕，店員仍然可以繼續利用其他的次要交易問

題進行嘗試。

5.引導式成交法

引導式成交法是指店員不停地詢問顧客關於商品的意見，使得顧客不停地認可店員的意見，從而將認可強化到顧客的潛意識中，最終使得顧客順理成章地成交。例如下面這個例子。

店員：「這套西裝的款式非常適合您，您覺得呢？」

顧客：「對。」

店員：「而且顏色也是現在最流行的，對吧？」

顧客：「沒錯。」

店員：「我覺得它非常地適合您，您覺得呢？」

顧客：「嗯，的確是。」

店員：「那我幫您包裝上，好嗎？」

顧客在回答這麼多「是」之後就會產生慣性思維，如果說「不是」的話心裏反而會覺得不舒服。而且在這麼多肯定之後要立即找一個否定的理由是很困難的，所以此時顧客仍然說「是」的可能性是非常大的。

6.疑慮探討法

疑慮探討法是店員在提出成交請求後對猶豫不決的顧客採取的一種排除疑慮的方法。

當顧客已經表現出了成交信號，但是仍然在猶豫時，店員可以揣測顧客心理，直接詢問顧客猶豫的原因，並立即消除對方的疑慮，然後與其他的成交方法相配合，這樣就能很快地促成交易。

店員：「您不能做決定是因為對我們的售後服務不放心吧？」

顧客：「對，我還是有一點擔心。我覺得售後服務很重要，而據說你們以前做得並不好。」

店員：「您這樣擔心是對的。我們也意識到了這個問題，所以我們現在的售後服務……」

顧客：「哦，我明白了。」

店員：「既然您覺得沒有問題，那我就先幫您開票了。」

7.保證成交法

保證成交法是指店員直接向顧客提出成交保證，促使顧客立即成交的一種方法。當商品的單價過高，或顧客對此種商品並不十分瞭解，對其特性沒有把握而猶豫不決時，店員應該向顧客提出保證，以增強信心。所謂成交保證，是指店員對顧客所允諾擔負交易後的某種行為。例如，「您放心，這台冷氣機我們明天下午就給您送到，全程的安裝由我親自來監督。如果使用時遇到什麼問題，您隨時給我們打這個電話，我們保證在 24 小時內幫您處理好。」

保證成交法可以消除顧客成交時的心理障礙，增強成交信心；同時還可以增強說服力和感染力，有利於店員妥善處理有關的成交疑慮。

店員應該看準顧客的成交心理障礙，針對顧客所擔心的幾個主要問題，直接提供有效的成交保證條件，以解除顧客的後顧之憂，增強其成交的信心，促使進一步成交。

店員應該根據事實、需要和可能，向顧客提供可以實現的成交保證，切實地體恤對方，同時還要維護企業的信譽。

8.激將成交法

激將成交法是指店員採用一定的語言技巧刺激顧客的自尊心，使顧客在逆反心理的作用下完成交易的成交技巧。

使用激將成交法可以減少顧客的異議，縮短整個成交階段的時間。合理的激將不僅不會傷害顧客的自尊心，還會在購物過程中，滿足顧客的虛榮心。

使用激將成交法時，店員應該要特別的小心。有時可能會由於使用時機、語言方式的微小變化，導致顧客的不滿，甚至憤怒。

例如，一位顧客在挑選商品時，對某件商品很有興趣，但是又一直拿不定主意。

此時，店員可以適時地說一句：「要不要先徵求一下您先生的意

見？」此時一般的顧客都會回答：「不用和他商量」，從而做出購買決定。

9.從眾成交法

從眾成交法是指店員利用顧客的從眾心理，來促使顧客立即購買的一種成交方法。

此法利用了顧客的從眾心理，通過顧客之間的影響力，給顧客施加無形的社會心理壓力，從而降低顧客擔心的風險，增強顧客尤其是新顧客的信心。

顧客：「你們這款衣服賣得怎麼樣？」

店員：「您的眼光真好，這是我們賣得最好的款式，現在就剩最後幾件了。您現在要是不買，恐怕過幾天就沒有了。」

從眾成交法要注意到可能會引起顧客(特別是那種個性較強的顧客)的逆反心理：「別人是別人，跟我無關」，從而影響成交。

10.優惠成交法

優惠成交法又稱為讓步成交法，是店員通過提供優惠的條件促使顧客立即購買的一種方法。

例如，「先生，本來我們的促銷活動規定了只有買三件才可以贈送一份禮品的，不過如果您現在就決定購買的話，您買兩件我們也給您贈送一份。請您給我們多宣傳，多帶朋友來惠顧。」

店員適當地使用讓步成交法可以增加顧客的購買衝動，使顧客迅速下決心購買。優惠成交法應該對那些已經表現出明顯的購買信號，且對價格比較敏感的顧客使用。如果使用不當，可能會使顧客對產品價值產生懷疑，從而影響成交。

4　不同性格的顧客的成交技巧

　　店員在面對不同性格的顧客時，也要注意採取不同的成交技巧。對文靜思索型顧客口若懸河，或者對粗野而疑心重的顧客有失禮貌等，都會對成交造成困難。

表 14-2　面對不同性格的顧客的成交技巧

顧客類型	顧客表現	顧客分析	應對策略
友善外向型	態度謙恭而有禮貌。如果店員開始說明，他們就積極發問。他們只想把產品的情報帶回去	沒有購買的障礙，只要喜歡所看到的產品，就隨時會成交。他們是因一時衝動而購買的典型，只要有了動機就毫不猶豫地買	店員不妨說：「現在正是盤點的時期，故能以特別優惠的價格賣給您。」如果能讓顧客覺得這是個「難得的機會」，那就一定能成交
優柔寡斷型	對於任何事都同意，不論店員說什麼都點頭說「是」。即使店員做了可疑的產品介紹，他們仍同意，卻不做任何決策	只是為了提早結束產品的介紹而表示同意，認為只要隨便點頭附和，店員就會死心而不再推銷，但內心卻害怕如果自己鬆懈，店員就會乘虛而入	店員乾脆問顧客：「為什麼今天不買？」顧客會因店員看穿其心理而驚異，從而失去辯解的餘地
萬事通型	這類顧客常常說「我知道，我瞭解」之類的話	認為自己對產品比店員精通得多。他們不希望店員佔優勢或強制他。但他們知道自己很難對付優秀的店員，因此建立「我知道」的防禦以保護自己	如果顧客開始說明產品，店員就不必妨礙，並有意從他的話中學習些什麼或點頭表示同意，然後店員說：「不錯，您對產品的優點都懂了，打算買多少呢？」

續表

頑強型	一看到店員就說：「我已經決定今天什麼也不買。」或「我只是看看，今天什麼也不想買。」	雖然採取否定的態度，卻在內心很明白若此種否定的態度一旦崩潰，就會不知所措。他們對店員的抵抗力很弱	顧客最初採取否定的態度，但只要店員在價格上對此類顧客給予優待，就可以成交
強詞奪理型	此類顧客似乎在指責一切都是由店員引起的，他們完全不相信店員的介紹，對產品的疑心很重	通常有私人的煩惱，例如家庭生活、工作等，因此想找個人發洩。店員很容易被選中	店員應該以親切的態度應付他們，介紹產品時應該輕聲、有禮貌，並注意留心他們的表情，讓顧客感覺到店員就是他的朋友，然後向其介紹產品
不聲不響型	站在櫃台前思索，完全不開口，以懷疑的眼光凝視。他們細心，動作安穩，發言沒有差錯，會立即回答質問	想注意傾聽店員的話，也想看清店員是否認真。以知識份子居多，對產品或企業的事知道得比較多，屬於理智型購買者	從顧客言語的細微處看出他們在想什麼。對此類顧客要有禮貌，採取保守的推銷方式，但關於產品及公司的政策應熱忱說明
消極主義型	採取自己買不買都無所謂的姿態，看起來完全不介意產品優異與否或自己喜歡與否	不喜歡店員對他施加壓力或推銷，喜歡通過比較來選擇。對細微的信息很是關心，注意力強	必須煽起顧客的好奇心，使他們突然對產品發生興趣。如果到了這個地步，店員就可以展開最後的「圍攻」了

5 客戶總說「隨便看看」怎麼辦

　　在銷售的過程中，店員最常碰到的一類客戶，就是那些「隨便看看」的，當店員詢問他需要購買什麼的時候，他們不會輕易地告知店員什麼，而是冷冷地丟下一句「我隨便看看」，然後自顧尋找自己想要的商品，或者乾脆逕直離去，讓店員很是難堪。很多時候店員面對這樣的客戶都會感到無計可施，只能眼睜睜地看他離開。

　　其實，並不是每一個進店來的客戶都是來購買東西的，很多時候他們是來收集一些信息，或者純粹就是來閒逛，因此，客戶說自己「隨便看看」也是事實，當然也有一些客戶是害怕店員給自己造成壓力，想要自由一些，也會這樣說，不管怎樣，店員都不能因為客戶的一句話就放棄推銷，而應該給客戶一些積極的引導，把客戶的「隨便看看」變成「認真看看」。

　　一位年輕的先生來到家私市場看家俱。

　　店員一看有客戶進來，於是很熱情地打招呼：「先生，您好，請問您需要什麼款式的家私？」

　　年輕的先生冷冷地看了店員一眼說：「哦，我只是隨便看看！」

　　店員又說：「沒關係的，您需要什麼款式，我都可以給您介紹。」

　　這時，那位先生還是堅持說：「不用，謝謝，我自己隨便看看。」

　　店員被堵了回來，一時沒詞了，只好說：「那好吧，您隨便看看吧！」然後就去忙自己的事情了。

　　上例中的店員的做法和言行是比較消極的。「放任」客戶隨便去看，就等於是說：「看吧，看不上就走。」這樣一來，店員就很難再次主動接近客戶，並與客戶進行深度的溝通了。因此，即使客戶會說出「隨便看看」這類消極性的話語，店員卻不能因此放棄，而應該想

辦法，積極地去引導客戶。

　　從心理學的角度來看，客戶來到一個陌生的環境，要接觸很多陌生的人，心裏一定會產生戒備，因此就會不願意回答店員的問題，不願意一直被店員跟著，也不願意受到店員的「脅迫」。這也是一種正常的反應。面對客戶比較冷淡的反應，店員不能操之過急，而應該循序漸進，一步一步地去接近客戶，對其進行積極的引導和說服。

　　很多時候，客戶會有這樣的感受，當聽到店員問起自己需要什麼時，都會不由地感到緊張，好像自己一開口，就一定要購買他的產品似的。特別是對於那些閒逛的客戶，如果被店員攔住並接二連三地詢問需要什麼樣產品，價位在多少，什麼品牌的，需要具備那些功能等，就會感到極不自在，好像這裏只能屬於那些願意購買的人才能來。店員要學會換位思考，要顧及到客戶的感受，因此就需要選擇合適的時機來接近客戶，而不是急於求成，上來就直接生硬地推銷。

　　既然客戶表示自己想隨便看看，那就意味著他不喜歡被打擾，想要一定的自由，這時店員應該做的就是管好自己的嘴，少說話，並與客戶保持適當的距離，跟著他的視線走，必要時做出一些簡單明瞭的介紹。如果客戶感興趣的話，他會多停留一會，或者會向你提問。如果他沒有感興趣的東西，繼續看，店員也要繼續這樣跟他保持適當的距離，或者很放鬆地跟同事聊幾句天氣，讓顧客覺得你給了他足夠的個人空間。

　　店員要在尊重客戶意願的基礎上，儘量想辦法減輕客戶的心理壓力，將客戶的藉口變成接近他的理由，並透過一些簡單的問題引導客戶開口說話，這樣才能瞭解到客戶的真實需求。

第十五章

完成交易後的附加銷售

1 完成交易的最後 4 項工作

　　經過店員耐心熱情的介紹、演示和說服，當顧客做出是否購買的決定後，許多人認為促銷工作已經到此結束。其實不然。作為一名優秀的店員，其工作並不是從顧客購買了產品之後就結束了，相反，店員還要為顧客提供良好的配套服務，真正使顧客滿意而歸。即使顧客決定這次不購買，也不能冷落顧客。

一、店員要積極進行附加銷售

　　附加銷售是指當顧客不一定購買時，店員嘗試推薦其他產品，讓顧客對服務留下良好的印象。或在顧客完成購買後，再推薦相關產品，引導顧客消費。

　　例如，顧客剛買了一件某品牌的 T 恤，店員追加介紹他再買一條褲子搭配。

店員進行附加銷售的時機有如下 5 個。

⑴介紹貨品時推薦可能搭配的產品或配件。

⑵在顧客沒有明確目的時介紹新品、暢銷品。

⑶試用時建議成套試用。

⑷收銀時針對其他打折促銷品做附加推銷。

⑸建議陪同顧客的朋友購買。

附加銷售要挑選推銷時機，如果時機不對，店員很可能得到相反的效果，甚至得罪顧客。另外，附加銷售的產品不應偏離顧客本身需求太遠，銷售的產品要與顧客原有的興趣關聯。

店員在進行附加銷售時，有的人會讓顧客感覺到硬塞給自己，這會讓顧客感覺不舒服，這就需要店員使用一些技巧，例如給顧客推薦褲子的時候說：「有這樣的上衣配上這條褲子可能更好，沒有關係的，您可以先試一下。」往往顧客就連上衣也買了。所以，在進行附加銷售時，要注意選擇得體的搭配飾品組合，讓顧客看到效果，介紹要貼切，讓顧客感受到店員是真正在幫助他。

店員進行附加銷售有以下 4 個標準舉動。

⑴讓笑容永遠掛在臉上，語氣溫和；

⑵嘗試推薦其他商品，如小飾品等；

⑶進一步瞭解顧客的實際需求，引導顧客消費；

⑷即使顧客沒有購買商品，也要感謝顧客並請顧客隨時再次光臨。

二、店員要幫顧客辦理相關手續

顧客決定購買的時刻絕不是店員服務結束的時刻。因此店員一定要盡心盡力地協助顧客辦理好購買的相關手續。完善的購買手續不僅可以給顧客留下良好的印象，而且可以對售後服務產生益處。

當顧客決定購買後，店員首先應安排顧客付款。此時，店員應當

注意自己的言行，以給顧客留下良好的印象。否則顧客仍有可能反悔。

　　在現實中會遇到不少顧客購買的產品由於使用不當而沒有效果或者造成產品損壞的情況，許多時候並不是產品本身的問題，而是由於店員當時沒有告訴顧客使用方法，而導致顧客使用不當最終發生不愉快的事情。

　　店員在辦理購買手續時需要介紹與產品相關的內容，介紹到何種程度取決於顧客的需求。太多則浪費雙方特別是顧客的時間，無法體現便捷服務的原則；太少則沒有滿足顧客的需求，無法體現熱情的服務。

　　一般來講，店員在協助顧客辦理購買手續時應當向其介紹如下內容。

　　⑴產品的功能。此時如果顧客需要，應該進一步介紹產品的基本功能。

　　⑵產品的使用和保養方法。例如化妝品的使用方法和注意事項，食品或藥品的保存等。

　　⑶產品退換貨的條件。店員當然不希望顧客購買後出現退貨換貨的情況。但是，如果顧客在使用產品後出現一些意想不到的情況而導致無法繼續使用產品，就應給予退換貨。

　　當顧客買了某一種化妝品，使用後發現自己過敏以至於無法再使用時，必然會希望退貨或換貨。所以，店員應該為顧客想得週到些，在對顧客進行促銷時，也要將退貨和換貨的注意事項交代給顧客，這樣不僅可以讓顧客免去退貨的麻煩，也讓顧客覺得店員很體貼。

　　店員應時刻想到自己此階段的所作所為不僅是為了讓顧客滿意而歸，而且直接影響顧客是否再次光臨，或介紹其他顧客來購買的意願。因此，店員要繼續保持高昂的熱情，表現出樂於服務的意願。

　　⑴注意細節，如幫助填表，請顧客出示證件時要禮貌等。

　　⑵協助顧客清點所購產品，如手機、附件、資料、發票、保修卡等。

⑶協助顧客辦理手機入網等相關手續。

⑷對於大件產品，顧客可能採取分期付款，這時候店員要幫助顧客辦理相應的手續。

表 15-1　幫助顧客辦理付款手續時的行為和語言標準

行為標準	語言標準
準確無誤地告訴顧客產品型號和價格 給顧客開具購物小票時，告訴顧客付款的櫃台位置，必要時可以陪同顧客付款 顧客付款清點確認後，開具發票，連同購買產品一同交給顧客 再次確認付款金額和找零金額及簽名確認 展示產品給顧客核對 包裝產品，將包裝好的產品雙手遞給顧客	「謝謝，一共××元，請先到那邊付完款再來提貨。」 「這是××元，找您××元，請您清點一下，謝謝。」 「這是您剛才看中的那款，您檢查一下吧，如果沒問題，我就幫您包裝起來。」 「您拿好，歡迎下次再來，再見。」 「如果您有任何問題請打電話或過來諮詢，我們一定盡力解決，直至您滿意。」

三、店員要熱情提供售後服務

所謂售後服務，就是在產品出售以後所提供的各種服務。從促銷工作來看，售後服務同時也是一種促銷手段。

售後服務一般包括如下內容。

1. 品質保證服務

通常來說，顧客購買後特別擔心的就是產品的品質問題，尤其對於一些大件產品和高檔產品。任何在使用後發生的品質欠佳等問題得不到有效解決，都會讓顧客失望，甚至招來顧客的抱怨和投訴。針對這種可能發生的情況，企業應及時提供產品品質保證服務或售後服務，這樣可以使顧客在產品品質出現問題時能夠及時得到檢修或退

換，從而對由於個別品質事故造成的顧客抱怨和輿論壓力加以彌補。

針對質保服務，店員首先需要說明的是對於顧客所購買的促銷產品，是否提供該項服務（有時對特殊的促銷產品是不提供該項服務的）。如果提供，則要填好質保書、發票等相關資料和購買日期等數據，以便於顧客日後需要服務時使用。

2.安排送貨服務

顧客在購買傢俱和家用電器等大件產品時，由於產品體積大，笨重難搬，攜帶很不方便，為方便顧客，企業和經營商店就有必要提供送貨上門這一服務項目。在給顧客送貨時，店員要核查顧客的購貨數量和品種，這是很重要的。

3.產品包裝服務

有些產品尤其是貴重產品如禮品、玻璃器皿、怕水怕火的產品更需精心包裝。為了顧客攜帶方便，也為了保護產品不受損壞，店員就要對顧客所購產品進行包裝。在包裝品的使用上也有不少講究，店員可使用印有企業名稱、位址、電話號碼、服務內容等的專用包裝。這樣既能起到保護產品的作用，又能宣傳企業形象，是一種既簡單又有效的廣告宣傳方法。

4.跟蹤指導服務

顧客購買產品後，使用中經常會遇到這樣或那樣的問題。店員應建立顧客檔案，認真登記顧客的各項資料，以便掌握顧客的使用情況，為顧客提供指導及產品諮詢服務。這樣做既為顧客提供良好的售後服務，解除他們的後顧之憂，又為產品的更新換代提供各項資料，更好地滿足顧客多方面的需求，形成一定的顧客忠誠度。

5.產品退換服務

退換服務就是對顧客購買的產品在一定時間內，按照一定規定條件允許顧客退換。針對產品退換工作，店員要著重做好以下幾個方面的工作。

⑴對實行包退包換的產品應對顧客分別講清楚退與換的具體尺

度,明確屬於什麼問題允許退,屬於什麼問題允許換,以及什麼情況下不能隨意退換。

(2)明確告訴顧客包退包換的時間期限,如一般日用消費品以 3～7 天為限,超過這個時間限制則不予退換。

(3)對實行包退包換的產品,應發給顧客信譽卡片,作為退換的憑證,同時也起到宣傳廣告的作用。

(4)店員在給顧客退換產品的過程中,應與顧客購買產品時一樣熱情相待,不能表現出不高興或不耐煩的情緒。

6.處理投訴服務

在銷售的過程中,顧客的投訴是在所難免的,關鍵是如何處理好投訴。

四、禮貌送別顧客

無論最後是否成交,店員在經過與顧客的一番「較量」之後,都應該禮貌地送走顧客。

顧客有時就會對剛剛做的購買決定產生懷疑或後悔心理。因此,在成交之後,店員應該對顧客做一個明確的保證,向顧客承諾對自己的銷售業務承擔責任,以消除顧客的最後顧慮,使顧客感到踏實,讓顧客感受到他的購買決定是明智的。也就是說,給顧客一顆「定心丸」。

一般人都怕在別人面前做出不明智之舉,而喜歡他人讚美其理智的行為。在成交之後,店員應以適當的方式和語氣讚美顧客購買產品是明智的決策。得體的讚美必定會引起顧客內心的喜悅和共鳴,從而使顧客對店員產生好感。顧客的這種心理應對日後的重覆購買或推薦新顧客都有積極的作用。

店員要始終保持清醒的頭腦,要善於控制自己的情緒波動,對顧客的購買行為要表現出很感激、很欣賞的樣子。這樣能給顧客留下很

好的印象，但不能當著顧客的面表現得欣喜若狂，不能自己，這樣有可能會導致顧客反悔。

　　在成交後，店員對於顧客在百忙之中能抽出時間進行商談，應該表示謝意。表示感謝要真誠，同時也要把握一定的分寸，不必表現得感激涕零、刻骨銘心，否則會引起顧客的懷疑，以致造成顧客的反悔心理。

五、未成交時

　　如果沒有與顧客成交，店員難免會感到沮喪。但作為優秀的店員，必須具備積極樂觀的工作精神和屢敗屢戰的思想，竭力在與顧客道別中尋找可能帶來的成交希望。

　　在成交失利的情況下，店員仍然要保持堅定的信念與樂觀的態度。應當認識到，成交失利、暫時受挫是十分常見的現象，而且原因也很複雜。有些可能是店員的主觀因素造成的，有些可能來自店員之外的客觀環境與客觀條件。對於一時的成交失利，店員的自我反省固然重要，但絕不應因此而自暴自棄。在暫時的失敗面前，店員要及時總結經驗教訓，揚長避短，以旺盛不懈的鬥志和堅定樂觀的信念迎接新的顧客。

　　顧客有權決定是否購買，也有權選擇向誰購買。因此，在顧客決定不購買產品時店員仍要對顧客禮貌相待，不要責怪顧客，更不能對其出言不遜，而仍然要真誠地感謝顧客的光臨。也許顧客今天不買，以後會來購買，但店員如果對顧客出言不遜，則將永遠失去這個顧客。所以那種成交了就滿臉堆笑、不成交就對顧客怒目而視的做法是店員應該絕對避免的。

　　成交失敗後，店員可以向顧客詢問失敗的原因，學習競爭對手的成功經驗。如果店員能誠懇地向顧客提出這些問題，而且與該顧客之間建立了良好的人際關係，店員就可能會獲得有益的回饋信息，而這

些回饋信息對以後的成交將是無價之寶。

除了向顧客詢問成交失敗的原因外，店員更重要的是要對整個促銷過程進行自我反省，尋找失敗的原因。

歸納起來，無論是否成交，在結束與顧客的售賣時，店員都要遵循一些標準的做法。

2 商品的包裝檢查

收銀員在將商品裝袋之前，還要對顧客所購商品進行包裝檢查，把好最後一道關，保證賣給顧客的是足數優質的商品。

一、包裝檢查

商品包裝檢查的目的在於：
· 能夠發現可能造成損壞商品、傷害顧客、損害本公司利益的不當包裝，並提醒或幫助顧客正確處理；
· 能夠妥善解決因商品包裝不當出現的問題和糾紛。

商品包裝的檢查包括以下幾個方面的內容：

1. 檢查商品的數量是否正確

顧客送來將要結賬的商品，此時收銀員要看該商品的規格、重量是否符合標準，這一點特別重要，因為每天進貨量很大，檢查人員為了要趕快完成工作，時常會疏忽這一點，造成商品的價值與標示價格不符的情形。例如，顧客購買了一打的某種商品，就要檢驗顧客所拿商品是否足夠一打（十二個），如果不足應提醒顧客更換商品。

2.檢查商品和價格是否一致

能開包裝（商品包裝未封口，如牙膏）的商品或封口被開啓過的商品必須先打開包裝，並將實物與顯示幕的品名、規格進行認真核對。對於商品原包裝封口被破壞，即使已被重新封口的商品也要開包裝檢查，非原包裝封口的商品必須開包裝檢查，以免將價物不符的商品出售給顧客，或者防止某些顧客調換商品。

二、裝袋作業

一個常去超市買菜的客戶說，「這些收銀的年輕人一到忙的時候就只顧收錢了，把東西往旁邊一推，袋子一甩，不管了。」。裝袋是顧客自己的事嗎？難道收銀員就不需要掌握裝袋的技巧？

收銀員並不是收完顧客的錢，服務就結束了，為顧客裝好商品也是櫃台人員的責任。

1.正確選擇購物袋

購物袋的尺寸有大小之分，根據商品的多少來正確選擇大小合適的購物袋。究竟用一個大的購物袋還是用兩個小的購物袋，由商品的類別和承重來決定。

2.將商品分類裝袋

商品分類是非常重要的。不同性質的商品必須分開入袋，例如生鮮與乾貨類，食品與衛生用品，以及生食與熟食。正確的分類裝袋，不僅提高服務水準，提升產品的價值感，增加顧客滿意度，也表現了對顧客的尊重和體貼。

裝袋後要達到易提、穩定、承重合適。掌握正確的裝袋技巧，做到又快又好，既避免重覆裝袋，又達到充分使用購物袋的目的。

三、商品裝入袋中的細節工作

　　店員要為顧客的商品裝袋,這時應根據顧客的購買量來選擇袋子的大小,不同性質的商品分開入袋,並掌握正確的裝袋順序:重、大、底部平穩的東西先放於袋底,具體要注意以下技巧:

　　1.商品分類後,確定購物袋的數量和尺寸以及混裝方法。

　　2.考慮商品的易碎程度,易碎商品(速食麵、膨化食品、薯片)能分開裝最好,不能分開的則放在購物袋的最上方。

　　3.考慮商品的強度,將飲料類、罐裝類、酒類商品放在購物袋的底部,起到支撐的作用。

　　4.考慮商品的輕重,重的商品放底部,輕的商品放上面。

　　5.考慮商品的總重量不能超出購物袋的極限,商品的總體積不能超出購物袋,如果讓客人感覺不方便提取或有可能超重,最好分開裝或多套一個購物袋。

　　6.質地比較硬的和重的商品應該墊底。

　　7.正方形或長方形的商品應放入袋子的兩側,起支撐作用。

　　8.瓶裝及罐裝的商品放在中間。

　　9.容易碰損、破碎、較輕、較小的商品應置於上方。

　　10.容易溢出或味道較強烈的商品,應先用其他購物袋裝好,再放入大的購物袋內。

　　11.玻璃器皿、碗碟要用紙包裝後再裝袋,刀具等銳器要用保護套包裝後再裝袋。

　　12.對體積過大包裝袋裝不下的商品,要用繩子捆好,方便顧客提拿。

　　13.要知道每個便攜袋的最大承載量,商品不能高過袋口,以便顧客能輕鬆攜帶。

　　14.商場在促銷活動中所發的廣告頁或贈品要確認已放入包裝袋

中。

15. 禮貌地拒絕不購物而索要購物袋的顧客。

16. 入袋前應將不同客人的商品分清楚，避免將不是一個顧客的商品放入同一個袋中的現象。

17. 易碎商品、冷凍食品要提醒顧客輕拿慢放。

18. 在顧客離開時，提醒顧客帶走包裝好的購物袋，以免遺忘在收銀台。

19. 裝完袋以後，要用禮貌用語對顧客說：「歡迎您再來」。

3　店員的天職是銷售

既然你必須成交，那是你的工作，你也許會思考如何才能贏得成交的機會。

設想聚會上有位男士看到一位極有魅力的女士，他想認識她，就朝她走過去。他說：「我想聚會一會兒就要結束了，你願意去別的地方喝一杯嗎？」她的回答是：「不。」幾次失敗之後，他便開始覺得今天碰見的女人們真是反覆無常。

一位男士看到一位令他心儀的女士，決定要認識她。他先是和她建立了眼神交流，然後走過去打招呼。他選擇了簡單而真誠的問候語：「嗨，認識一下吧。你喜歡這次聚會嗎？」她回答：「是的。」他繼續問了幾個問題，例如「你叫什麼名字」之類。他和她聊起天來。他對她這個人很感興趣，但他並沒有說「我來做個自我介紹，我叫麥克」。事情進展得很順利，他們喝了一杯，有說有笑。她覺得輕鬆自在，就告訴他她在那裏工作，有什麼愛好。對他而言，這一切似乎有些神奇。這場雞尾酒會在晚上8點左右

就結束了。時間還很早。現在是關鍵時刻：他花了一個半小時吸引一位富有魅力的女士，而她就要走了。她告訴他，和他聊天很愉快，並拿起了外衣和錢包。他說了「再見」，然後她離開了。

　　你有何感想？為什麼他不邀請她出去喝杯咖啡，或要她的電話號碼，或做其他類似的事呢？也許是他不想過於急迫？

　　這兩個場景都是銷售過程的開頭部份的絕好例子。在第二個場景中，這位男士在開場、探詢和演示中都做得很好。但是，沒有成交，因為他沒有採取行動。

4　進行附加銷售

　　所謂附加推銷，是指顧客已經購買商品後，店員通過適當的方法，激發顧客的購買慾望，使其購買更多的商品。

　　通常情況下，顧客在做出購買決定時，往往會對此次購買很興奮，所以，店員應抓住顧客購買商品之後愉快心情的大好時機。

　　例如，「這款服裝，如果配上一個時裝腰帶會更漂亮，恰巧這幾款腰帶正在打折，您不看看嗎」、「您是第一次買健身衣嗎？噢，那您應該配一套運動內衣，這樣穿出來的效果會更好。」

　　這種建議與詢問，不僅能增加銷售的數量，還增強了店員與顧客之間的感情聯絡，讓顧客覺得這個店員是真正在關心他，若下次再需要什麼，顧客首先想到的還是來這家店，找這位店員。

　　店員在進行附加銷售時，應站到顧客的立場上，替顧客著想，真正瞭解顧客的需求，這樣附加銷售才能取得成功。在推薦之前，店員首先要問問自己：「我若是購買了這件商品，還需要其他什麼附屬品呢」、「用多少才足夠用呢」、「值不值得購買呢」等涉及顧客切身利益

的問題。

在進行附加推銷時，店員還應考慮以下兩個問題。1．選擇推薦的最佳時機店員應該在結束了第一次銷售之後，再向顧客建議購買其他商品。當顧客還在考慮是否購買第一件商品時，一定不要向他建議再購買新的商品。

店員應該從顧客的角度考慮，推薦的商品必須是能夠使顧客獲益的。這就要求店員在第一次銷售商品期間，仔細傾聽顧客的意見，把握顧客的心理，這樣才能很容易地向顧客推薦能滿足他們需要的商品，而不是簡單地為增加銷售量而推薦商品。

例如，一位顧客買了一件新襯衣，在進行附加推銷時，店員可以對顧客說：「最近我們新進了一批領帶，您看這一種和您的襯衣相配嗎？」

每位顧客都有潛在的消費需求，這些需求如果被完全開發出來，顧客將會購買更多的附加產品。店員應主動把握機會，激發顧客的購買潛能。

1. 量大優惠

告訴顧客，如果多買一些，可以給予某種優惠，如價格折扣、提供新的服務專案等。

「小姐，如果您只買剛才看中的那一件，我們就是全價銷售；如果您現在再挑選一件的話，兩件商品都打 9 折，您再看看有沒有合適的吧？」

2. 建議購買相關或互補商品

許多商品具有相關性或互補性，顧客購買一種商品，要充分發揮其功能，客觀上還需要其他互補商品，店員可以把顧客需要的這些商品一同出售。

「小姐，數碼相機本身自帶的存儲卡容量非常小，只能存儲幾十張照片，肯定不夠用。我建議您再增加一個 1GB 的存儲卡，這樣至少能存 2000 張照片，家庭旅遊時足夠用了。」

3.建議顧客購買輔助商品

建議顧客購買能保護所購商品經久耐用、發揮功能、保證其不受損失等的輔助商品，如出售電腦時出售配件、保養品等。

「這麼好的一台冷氣機，您應該配一件保護罩，加上它，可能起到很好的養護作用。」

4.建議購買足夠量的商品

有時顧客也拿不定主意該買多少，店員可以告訴顧客在這種情況下一般買多少才合適，這也是在幫助顧客。因為，如果顧客買的少，不夠用，就有可能誤事，反而麻煩和造成損失。

「先生，這種 5 升裝的牆面漆，一般 80 多平米的房子用 3 桶就夠了，您就都買齊了吧！」

5.建議購買新商品

當店鋪(商場)有新商品上架，並且這種新商品可以更好地滿足顧客的需要時，店員就要不失時機地向顧客推薦新商品。

「先生，您剛才買的皮鞋是上班時穿的，而我們這款新的運動鞋，可以在您運動或休閒時穿，我拿一雙給您試試吧？」

6.推薦暢銷品

當顧客購買商品後，店員可以繼續向其推薦一些暢銷的商品。

「先生，這是今年我們銷售最好的一款西服套裝，設計時尚，大方得體，最適合您這種辦公室白領了！您試試吧？」

7.推薦優惠產品

當有促銷活動時，店員應該主動靈活地向顧客推薦優惠的產品。對顧客來說，不是每樣商品的優惠資訊都一清二楚。通過店員的口頭推薦，顧客的購買意願通常都會相當高。

「先生，我們這邊還有 5 折的，因為秋季就要到了，所以我們才打折銷售，您再選一條吧！」

5　額外推銷的五大說話技巧

下面五個步驟是試探成交並確保你賣出額外商品的方法，這些步驟很容易學，還能讓你在成交時獲得樂趣。

第１步：您是否覺得……

「您是否覺得……」以這一句式開頭能確保你以問句的形式提出試探成交。與急切地要求不同，這種試探成交的方式以一種謙遜的措辭開頭，聽起來像是一個友好的發現式提問。

第２步：增強效果的形容詞

「……極其般配的……」在尚未介紹附加產品時絕對不要提到這個詞，這樣它才會起作用。發揮創造性，用語言畫一張圖。把附加產品描述成能為主要產品錦上添花的物品，它是實用、特別或者必不可少的，而且正好屬於你的顧客所說的需求範圍。請你比較下面兩種說法：「您需要什麼甜點嗎？」以及「我們有一些熱蘋果派，絕對美味。」仔細體會它們的不同之處。

第３步：附加產品

「……領帶和手帕……」假設你在探詢中得知，顧客前來購買西裝是為了一次重要面試，於是你仔細挑選了一些飾品，建議他作為附加產品一同購買。你沒有推薦任何老套的領帶和手帕，而是為他提供了與那件上好的西裝相配的精緻飾品。

第４步：假設擁有

「……您的新西裝……」加上「您」或「您的」這個詞，透過讓顧客自動擁有產品把顧客與主要產品聯繫起來，也給顧客提供了機會，看一看附加產品是如何給「他們的」新買的產品錦上添花的。

第 5 步：必須擁有

「……組成完美的搭配」這個片語能促使顧客感到附加產品對於主要產品而言是必不可少的。如果說這些飾品能和西裝一起「組成完美的搭配」，那就暗示著，儘管這件西裝穿在顧客身上既帥氣又好看，但是如果沒有這些飾品，他的形象仍然是不完整的。這會讓你的顧客感到他「必須擁有」這些附加產品。

這種技巧與「您還要點什麼？」或者「您願意買條新領帶嗎？」之類的問法有天壤之別。那些老掉牙的句式可以退休了。你不必因為顧客的反應而尷尬，顧客也不再會因為陳詞濫調而昏昏欲睡了。試探成交是一種如此簡單有效的方法，它幾乎不需要培訓，可有趣的是使用這種方法的人少之又少。

獲得更多試探成交的經驗以後，你也許希望向顧客推薦某些與主要產品毫無關係的附加產品。也許是在探詢過程中，顧客說的某些話把你的思路引向了另一個完全不同的方向。在推銷不相關的附加產品之前，要讓已售出的主要產品從顧客面前消失。

告訴顧客你要「把這個放在收銀台上」，然後把主要產品移出視野之外。顧客允許你這樣做後，他就進一步確認了購買主要產品的決心，這也意味著他認可了你達成交易的假定。一旦主要產品從視野中消失，你就可以將注意力集中於附加產品，而不必擔心顧客會覺得過度購買。如果主要產品體積太大難以搬到收銀台，那就拿掉產品標籤或價籤，在訂貨單上寫下 SKU（最小銷售單位），諸如此類的事情也能達到效果。

在將試探成交融入你的專業表演並將之轉化為你自己的風格之前，你可以考慮先推銷一些便宜的附加商品，然後再逐步嘗試價格更高的商品。你可以從推薦小件的商品開始，即使不能成功，你也不會冒很大的風險，自信心也不會受到打擊。

「您是否覺得這種特殊配方的鞋油有助於保護您的新鞋？」

「您是否覺得一個顏色協調的床罩能夠襯托您的被子並營造出

您想要的效果？」

　　熟練之後，你會發現附加產品不一定非得比主要商品便宜。人們不會總是把不同類別的商品「混搭」起來購買。例如，對很多顧客來說，買服裝和買鞋子各有各的預算。顧客購買珠寶，這和他們想要放在餐具櫃裏的水晶餐具也沒有任何關係。但是，這兩個例子中的無關商品都可能在同一家商店裏找到。

　　當你的技巧提高後，你也許想要嘗試推銷一些和主要商品無關的附加商品，甚至是和你在探詢中的發現毫無關係的商品。不斷提高的能力和隨之而來的自信會幫助你「知道」，對於來到你店裏的每一位顧客，應該推薦那一種附加產品。現在看來，這也許是遙不可及的目標，但當你能夠向一位購買手錶的顧客推銷一件禮品的時候，這就幾乎變成了一種直覺。要是你從來沒能在賣出一個 15 美元的撐腳架之後，再附加賣出一輛 3000 美元的自行車的話，那你就感受不到勝利的喜悅！

　　無論附加商品是否需要主要商品的存在，記住，是你在掌控局面。你主導了銷售過程，讓顧客決定購買主要商品。你成功完成了試探成交，所以顧客同意考慮購買附加商品。你沒有理由不繼續附加銷售第 3 件，第 4 件，甚至第 5 件商品。

　　儘管試探成交無法讓每個顧客每次都購買附加商品，但它仍然是用以銷售主要商品的最簡單、最容易的方法。如果你說：「您是否覺得一個設計獨特的球拍罩可以保護您的新網球拍？」顧客回答：「不，我只要網球拍。」你達成交易了。

　　如果顧客說「是的，我想看一看那個球拍罩」，那麼你就快賣出一件附加產品了。如果顧客既要了網球拍也買了球拍罩，那你為什麼不說：「您是否覺得這套和您十分相稱的網球服會讓您在使用新球拍時更像一個職業球手？」

　　展示，展示，再展示，直到顧客說不！

第十六章

與客戶做永遠的朋友

1 維護老客戶比贏得新客戶更超值

　　所謂「新客戶」，是指那些得知消息並初次來購買產品的消費者；所謂「老客戶」，是指那些已經購買過產品，使用後感到滿意，沒有抱怨和不滿，並願意繼續購買產品的消費者。新老客戶具有不同的特點，很多店員總是十分注重新客戶的發掘，但是卻忽略了老客戶的維護，其實二者都很重要，但對於店員來說，老客戶比新客戶又具有很多優勢。

　　相比而言，新客戶的發掘和培養是需要做很多的售前工作的，例如，展開市場調查，瞭解客戶需求，分析特定人群，進行廣告宣傳，組織促銷活動等，透過這些工作來發現、瞭解、吸引客戶，而這些環節是需要花費大量的財力、物力和人力的，這就無形中增加了產品的成本，減少了盈利，而對於原有的老客戶來說，則不需要這些花費。

　　而且，留住老客戶就等於擁有了一批無形的資產，而且它還會增值。一般來說，發展一位新客戶往往需要付出很多時間和精力，而鞏

固一位老客戶，促使其再次消費，則可以節約很多時間，大大降低銷售成本。而且，老客戶維護得好，還大大有利於發展新客戶。因為這裏有一個客戶的口碑效應，一個滿意的客戶往往會引發 8 筆潛在的交易。所以，店員絕對不可以忽視老客戶對產品的宣傳作用，要將這種積極作用很好地發揮出來，獲取更多的客戶比率。

在實際的銷售活動中，很多店員只是注重吸引新客戶，而將老客戶拋至腦後，將銷售的重心放在售前和售中，而售後工作卻做得不好，致使很多問題不能及時地得到解決，導致現有客戶大量流失。一邊在發展新客戶，一邊在流失老客戶，形成了一個「漏斗」，使資源、機會、利益全部都損失掉了，雖然花費了時間和精力，卻不能取得好的成績。根本的方法就是「補漏」，新客戶的開發固然很重要，但是對老客戶的維護，防止其流失，更加不可輕視。店員應該透過各種有效的方法去維護並鞏固自己的老客戶。

1. 為老客戶提供更多的實惠和服務

要想留住老客戶，使其多次惠顧，不僅需要與客戶保持良好的、和睦的關係還應該給老客戶提供更多的優惠措施和個性化服務，如數量折扣、贈送禮品、長期賒銷、提供系統化的解決方案等。這樣不僅能夠讓客戶得到實惠，還體現了店員對客戶的用心和照顧，幫助客戶解決了實際的問題，而且，更加贏得了客戶的關注和支援。這種關係建立起來之後，就利於店員在更廣的範圍內向客戶進行推銷。店員不僅僅停留在向客戶銷售產品層面上，要主動為他們量身定做一套適合的系統化解決方案，促使客戶在更廣的範圍內進行選購，創造和推動新的需求，增強客戶的購買力。

2. 建立客戶數據庫，做好情感投資

店員不要把自己與客戶的關係僅僅看成是單純的買賣關係，而應該與客戶建立起更親密的人際交往，以便與客戶增進感情，進行更好的互動。所以，店員要善於與客戶進行感情交流，做好日常的拜訪、節假日的真誠問候、婚慶喜事的祝福、過生日時的祝賀等。一個電話，

一張賀卡，一束鮮花，都會使客戶深為感動，都會增加客戶對你的忠誠度。

3.與客戶進行深入溝通，接受意見和建議

店員不僅要與老客戶保持緊密的聯繫，還應該與其進行深入的溝通，除了及時地將一些銷售信息傳遞給客戶，讓客戶第一時間獲得資料外，店員還可以讓老客戶參與到你的行銷計劃和方案的制訂中來，不僅可以激發客戶參與的積極性，還可以透過傾聽客戶的意見和建議，從客戶的角度出發，制定出更加有效的措施和策略。

2 每個客戶身後都藏有 250 個潛在客戶

銷售中，店員需要把每個客戶當成是一個獨立的特殊的個體來對待，發現屬於他自己的獨特個性和需求，進而「對症下藥」，把最合適的商品提供給客戶。這是實現交易的最根本的方法。但是，有時候，店員則需要把客戶看成是一個群體來看待，而不是把客戶看成是孤立的個體，因為每一個客戶都有屬於自己的一個社交圈子，有自己的親人、鄰居、朋友、同事等，這就構成了一個群體。他的言行、觀點等就會影響到其週圍的人。所以，如果店員為這位客戶提供的服務很週到，客戶很滿意，他就會把這個信息傳遞給自己週圍的人，這些人受到建議，可能就會成為店員的新客戶，這對店員來說是十分有利的；但是，如果店員態度不好，得罪了一位客戶，那麼他也會把這個信息傳遞給其他人，店員就可能會因此而樹立起很多敵人，這對店員來說也是莫大的損失。

因此，美國著名推銷員喬·吉拉德在商戰中總結出了這樣一條定律：每一位與你做生意的客戶都代表著 250 名潛在客戶。如果你的服

務很出色，你的每位客戶就有可能推薦另外 250 人與你做生意；反之，如果你的服務拙劣，你就會因此而製造出 250 個敵人。這個定律給店員的啟示，就是必須認真對待身邊的每一個客戶，因為每一個客戶的身後都有一個相對穩定的、數量不小的群體。

　　所以，店員一定要把這個定律牢記在心，學會控制自己的情緒，不因為客戶的貧富去輕視客戶，不因為客戶的刁難去極力反駁，也不因為自己的心緒而怠慢客戶。因為，如果你因為一時失控而趕走一個客戶，就等於趕走了潛在的 250 個客戶。這不是簡單的數字遊戲，而是需要店員必須遵從的一個成功的秘訣。只有維護好每一個關顧的客戶，才可能獲得更大的收益，店員應該具有這種長遠的打算和考慮。

1. 給客戶留下最好的印象

　　第一印象在社會交往中起著十分重要的作用。所以，店員要盡力給客戶留下好印象，即使客戶不購買商品，也要讓客戶記住你，為以後需要的時候想起你。這就需要店員注意交際的禮儀，禮貌而不失分寸，讓客戶覺得你人不錯，願意和你接觸，這樣也算是一種成功。

2. 保持冷靜而和藹的態度

　　雖然「顧客就是上帝」的口號提得很響，但是很多店員卻並不「信教」，不把客戶當回事，一旦在購買中，客戶表現得過於挑剔，或者態度比較生硬，讓店員感到麻煩和反感，他就會失去耐心，情緒變得暴躁，說話充滿抱怨，甚至去諷刺客戶，而且有的急性子的店員還會大發雷霆，將客戶轟走。這對於店員是極為不力的，不僅丟掉了交易、丟掉了客戶，甚至會因此丟掉工作。在面對難纏的客戶時，店員要盡力地保持冷靜，要想辦法對客戶進行引導和安撫，即使是推託，也應該講究策略，不可意氣用事。

3. 不管客戶買不買，都要讓客戶滿意

　　很多店員總是認為，只有客戶前來消費，我才有必要為其服務，否則就是陌路人。其實，客戶今天不買，可能明天就會買，客戶本人不買，他的朋友可能會買，所以，店員應該把每個人都看成是即將成

交的客戶，並友好地去對待他，讓他們感到滿意，為以後的成交做好
鋪墊。

4.讓客戶做你免費的宣傳者

在客戶感到滿意的前提下，店員應該給客戶提出這樣的要求，請
客戶為自己做介紹和宣傳，以發掘出更多的潛在客戶。例如，店員可
以說：「先生一定要幫我做一下宣傳，這麼好的商品應該讓你們的親
戚朋友一起分享，希望您能給我推薦三位新客戶，我拭目以待哦。」

◀)) **3** 記住客戶的名字和相貌

銷售不是簡單地把自己的商品賣出去，而是透過賣商品來獲得客
戶的信任和支援。一個優秀的店員，總會透過一些細微的關懷和舉
動，來獲取客戶的心，使自己的產品和服務深入人心，從而實現銷量
的迅速提升。其中很重要的一點，就是記住每一個客戶，包括他的名
字和相貌。

每個人都希望自己在別人的心目中留有一定的位置，能夠被人記
得、想念或關懷，這是人們所共有的渴望，得到重視和尊重的心理需
求。一般來說，一個人的名字對他本人來說，有著特殊的意義，簡單
的幾個字可能是所有語言中最甜蜜、最重要的聲音。因此記住別人的
名字是對其最大的尊重。如果店員能夠把只見過一次的客戶的名字記
住，並在下次見面時，準確地叫出來，對於對方來說，一定是一個驚
喜，更是一種滿足，因為你讓他知道有人這樣在乎他，重視他，他會
很開心，對你也會產生好感和信任，從而樂於與你交往。

然而，在實際的銷售中，大部份店員並沒有把這當回事，從開始
的時候就不知道客戶的名字，也沒有記住客戶，那麼下次再見的時候

也沒有任何印象。其實，這對店員來說是一筆損失，因為如果你記住了自己的客戶，並能叫出他的名字，那麼客戶也就會記住你，並可能再次購買的你的東西。

記住對方的名字，並把它叫出來，等於給對方一個很巧妙的讚美。而若是把他的名字忘了或寫錯了，就會處於非常不利的地位。在銷售過程中，這一小小的問題，你做得好和做得不好，則會產生完全不同的結果。很多店員會為自己找藉口說，「我每天要接觸那麼多人，我怎麼記得住啊？」你沒有做到，但是用心的人做到了，你就落後了。

記住客戶的名字，與完全不記客戶名字的應對態度，會使銷售結果產生很大的不同。只有當店員為自己的銷售用心了，才會換回客戶的心。成功往往從記住一個名字開始。所以，店員需要認真地去關注這一點，善於利用客戶的名字讓感受到你對他的重視和關注，增進彼此的關係。

1. 在交易中，多次重覆客戶的名字

在銷售中，很多店員只是簡單地詢問客戶的貴姓，然後簡單地稱其為「吳先生」或者「劉小姐」，其實，如果稱呼其全名，給人的感覺是不一樣的，例如「吳先生」與「林偉先生」，後者更是特指，是一對一的服務，讓客戶感到自己是受重視的。而且，在交談中多次叫出對方的名字，更能引起對方的注意，適時地對客戶的名字進行讚美，則更容易使客戶感到愉悅。

2. 做出相關的記錄，為下次相見做準備

對客戶的資料進行記錄，包括名字和相貌，使自己能夠在下一次與客戶相見時，準確地叫出他的名字。雖然並不一定能夠見到該客戶，但是如果一旦見到，就會派上很大的用處，使客戶徹底被你征服。「您是上個月來過的李先生吧！那件西服合適吧？」「曉雲女士，真巧啊，沒想到在這裏能夠再次遇見您！」當客戶聽到這樣的話時，除了驚訝之外，則是無比的感動和溫暖，他（她）會回報給店員無盡的感激。

3.讓客戶知道你很喜歡他

情感的交流是需要表達的，如果一個小夥子喜歡一個姑娘，就應該勇敢地表達出來，如果不說，姑娘不知道，最後可能就會嫁給了別人。銷售也是結交朋友的一種途徑，遇到有緣人，就應該抓住機會，因此，店員要善於表達自己對客戶的好感，讓客戶知道你很喜歡他，很尊重他，很樂意與他交往，這樣才會感動到客戶，讓客戶接納你，成為客戶的朋友，建立起更加密切的關係。

4.關心客戶的一切

做好感情投資，不僅要關注客戶的購買需求，還應該關心客戶的生活需求，這就需要瞭解客戶的一切，店員就需要建立相應的客戶檔案，記下有關客戶的所有資料，包括他們的嗜好、學歷、職務、成就、年齡、文化背景、子女情況及其他任何與他們有關的事情，只有更多的瞭解客戶，才能使自己的感情投資有的放矢，在客戶最需要的時候，及時地、正確地送到，這樣才更有效。

心得欄

第十七章

處理顧客的抱怨

1 處理售貨衝突的原則

店員在和顧客打交道的過程中，有時會有衝突發生，找出產生衝突的原因，正確分析和解決這些衝突，對營業工作必有裨益。

店員在櫃台服務中，每天要接待各種各樣的顧客，往往會產生一些衝突，在處理這些衝突時必須遵循下列原則：

1. 誠懇原則

當衝突發生以後，店員必須認識到自身在銷售中的作用，不和顧客發生爭執，對屬於顧客的問題，不過多計較，誠懇地解釋，售貨中發生的衝突必然會大為減少。

(1)自我克制，在任何情況下都能穩住自己的情緒

顧客的不滿，常常不是針對店員個人，但店員卻是承受者。在這種情況下，最有效的防範措施就是店員能克制自己的情緒，那怕與事實有較大出入，即使道理在自己一方，也不要得理不讓人，不必去計較對方的態度和言辭，要保持鎮定，才能把主動權掌握在自己的手中。

(2)抓住時機，從正面積極引導

這是遵循主動原則的核心內容，即店員要及時使用最佳時機，主動地轉移有對立情緒的顧客的思路，才能創造條件將衝突朝緩解的有利方向轉化。

2.妥協原則

妥協原則即店員盡可能把顧客的意見包涵下來。銷售過程中，店員和顧客產生衝突的原因多種多樣，解決好這些衝突的方法也多種多樣。在解決衝突的過程中，要講究靈活性，儘量多做讓步，滿足顧客要求，針對不同顧客和問題，採取不同方法，爭取儘快解決。具體地講，遵循妥協原則就是要做到：

(1)不抱怨對方所表現的不信任感

由於店員主要關心的是銷售額，希望儘快把商品銷售出去。因此，顧客往往會懷疑店員的推銷。在這種情況下，店員要承認和理解顧客的異議，增強顧客的信任感，不要把顧客的不同意見，看成是不信任自己。

(2)不迫使顧客就範

對待出言不遜的顧客，店員的措辭應婉轉而嚴肅。

(3)不計較顧客提出的苛求

店員對顧客提出的種種要求，那怕是苛求，都應充分理解，只要是在力所能及的情況下就盡力滿足他們的願望，以消除顧客的顧慮。

3.善意原則

善意原則，即店員在銷售過程中要多考慮顧客的利益，以體貼、尊重顧客的氣度和言行，來防止矛盾的惡化，善意地為顧客著想，不與顧客頂嘴、意氣用事。店員遵循善意的原則必須做到：

(1)善於用顧客的眼光來看待事物和自己

店員要站在顧客的立場上，為顧客著想，並善意地分析對方的言行實質和環境，才能理解顧客的委屈和苦衷。尤其對於顧客的某些不客觀的態度或不道德的行為，更要作出善意的解釋，淡化顧客的不滿

心理，使顧客能在友好合作的氣氛下，與店員一起進入正常的解決過程。

(2)善於為顧客提供優質服務

店員要有效地與顧客接觸，積極為顧客提供方便，提醒顧客有關商品事項，以友好和睦的善意表現，來促使衝突的轉化。

4.分隔原則

分隔原則，即店員在處理售貨衝突時，理智地容忍顧客的偏激情緒，而及時脫離衝突現場的行為準則。這種原則一般在售貨衝突難以解決的情況下運用，首先指店員靈活地回避顧客的怒火和鋒芒，主動離開衝突現場，其次是指店員積極插手同事與顧客發生的衝突，幫助陷入困境的同事脫離現場。

(1)要有容忍的氣度

售貨衝突是由衝突雙方對立造成的，如果衝突的一方從對立中消失，另一方就會因失去對立面而在心理上獲得一種平衡。從而導致衝突向緩解方面轉化。所以，表面上看起來店員是忍氣吞聲、消極退讓，實質上體現了店員顧全大局的坦蕩胸懷和職業修養。

(2)要有整體觀念

店員要有強烈的整體意識，為商店的信譽著想，及時出面調解，讓陷入衝突漩渦的同事及早退出難堪的境地。這樣做能使原本激化的售貨衝突在外界的條件變化中得到緩解，從而儘早平息糾紛，以免長時間影響工作。

5.補救原則

「馬有失蹄，人有失言」。誰也無法保證自己從來不說錯話，店員也是如此，如果能及時地添上幾句話，和前面的失言連起來，形成一種新的解釋，就會達到更好的效果。

2 顧客抱怨的原因

　　智者千慮必有一失。對於顧客的抱怨，店員首先應當認識到這是不可避免的，重要的是盡可能地去減少顧客的抱怨和合理地處理顧客的抱怨，最終讓顧客滿意。如果能巧妙地化解顧客的抱怨，這些顧客很可能因此而成為商店的忠誠顧客，如果處理得不好，則也有可能會失去一個甚至是一批顧客。因此，關鍵在於見招拆招，化解顧客的抱怨。

　　對於告訴我們不滿或向我們抱怨的顧客，我們必須感激他們，因為若不是這些顧客講出來的話，恐怕很難發現一些店裏現存的缺點及有待改善、落人之後的地方。試想，如果顧客一句話也不說就改到別家去買東西的話，其結果又會如何呢？又假如顧客去向別人或附近的人大肆宣傳的話，其結果又將變成怎麼樣呢？相信答案是很明顯的。

　　因此，店員不要怕顧客的抱怨，而應該多學習如何化解顧客的抱怨。找到原因才能解決問題，店員首先應該瞭解顧客為什麼會產生抱怨。

　　顧客抱怨產生的原因主要有以下三個方面。

1. 商品方面的原因

(1)品質問題

　　商品在進貨時沒有嚴格把關，致使一些質量低劣的商品流進商場。當顧客買回去之後，使用商品時會出現問題，如旅遊鞋穿上不到半個月便開膠、開線或斷裂，打開瓷器包裝後發現有裂紋，罐裝食物過期、變質、有異味等，遇到這種情形，不可避免地會遭到顧客的抱怨，對於這些商品，商場應立即調整商品結構，將它剔除出商場，重新選擇優質同類商品，以免影響商場形象。

(2)價格過高

商場銷售的商品大部份為非獨家銷售的消費品，顧客對這些商品價格的敏感性都相當高。因此，在價格方面，絕大部份是顧客抱怨該超市某項商品的定價較商圈內其他競爭店的定價高，而要求改善。

(3)標識不符

商品標識不符主要表現為：說明書的內容與商品上的標識不一致；進口商品沒有中文標識；標識沒有生產廠家和生產日期；保質期模糊不清，已過保質期；生產廠地不一致；出廠日期超前；價格標籤模糊不清等。

(4)商品缺貨

有些熱銷商品或特價品賣完後，由於沒有及時補貨，使顧客空手而歸；促銷廣告中的特價品在貨架上數量有限，或者根本買不到等問題，都是造成顧客抱怨的原因。

2.服務方面的原因

服務是無形的，是有形物質商品的延伸，並且是商品價值必不可少的一部份。顧客對店員服務的抱怨主要是指服務態度不佳，例如店員顧此失彼，忙於補貨或其他事情，沒有理會顧客的詢問或回答時敷衍、不耐煩、出言不遜等，都會引起顧客的抱怨。

概括來說主要有以下幾種原因。

(1)店員服務態度不好

例如，店員不理會顧客的詢問要求，回答顧客的語氣不耐煩、敷衍，或是出言不遜。在崗期間聚眾聊天，言談粗魯，打鬧說笑等，這些都會讓顧客反感。

(2)服務方式不當

例如接待慢，弄錯順序，後到的反而先得到服務；不管顧客如何反感，喋喋不休地介紹某種商品，鼓動顧客購買；緊緊跟在顧客後面，把顧客當小偷一樣防範；不允許顧客用手觸摸商品；缺乏語言藝術，說話生硬刺人等等。

(3)收銀作業不當

收銀人員貨款登錄錯誤造成多收貨款、少找錢給顧客；包裝作業不當，致使商品損壞；入袋不完全，遺漏顧客的商品；或是等候結賬的時間過久等。

(4)現有服務作業不當

例如，超市提供寄物服務，卻讓顧客寄放的物品有遺失及調換的情形發生，抽獎及贈品等促銷作業不公平，填寫超市提供的顧客意見表卻未得到任何回應，或者顧客的抱怨未能得到妥善的處理等。

(5)取消原本提供的服務項目

例如，超市取消特價宣傳單的寄發、禮券的販售，或是中獎票據購物辦法等。

(6)服務項目不足

例如，要求提供送貨服務、提貨服務、換錢服務、洗手間外借，或其他各式的額外服務。

3.環境方面的原因

經營環境也是顧客產生抱怨的主要因素。光線柔和、格調高雅、整潔寬鬆的環境常使顧客流連忘返。顧客對經營環境的抱怨主要有以下因素。

(1)光線

商場中的光線太暗，使貨架和通道地面有陰影，顧客看不清商品的價簽；光線太強，使顧客得眼睛感到不適，這些都會引來他們的抱怨。

(2)衛生

如果商場衛生條件不佳，也會引起顧客的不滿。

(3)地面

商場的地面不能太滑，否則老年顧客以及兒童容易跌倒，從而引起顧客的抱怨。

(4)聲音

店員的大聲叫賣，商品卸貨時聲音過響，以及播放的背景音樂聲音太大或不悅耳等，都會引起顧客的反感和抱怨。

(5)氣溫

商場的溫度應該適宜，如果賣場的溫度過高或過低，都不利於顧客瀏覽和選購。氣候的變化是無常的，如果不及時地調整賣場的溫度，會影響顧客的購買情緒從而產生抱怨。

(6)鋪設

出入口台階設計不合理，賣場內的上下自動電梯安裝角度過陡，停車位太少，或停車區與人行通道劃分不合理，造成顧客出入不便等佈置不合理的情況都會引起顧客抱怨。

3 未雨綢繆，做好準備工作

店員在工作中總是會遭遇顧客的不滿，應該怎麼辦呢？

首先要做好態度上準備，正確認識、理解顧客的不滿，爾後才能逐層深入找到解決和減少顧客不滿的方法。

一般說來，顧客不滿的原因大致有以下幾種：

· 由於商品本身質量不好而引起的；
· 送貨送錯或送遲了，在運輸途中發生破損等因銷售制度不健全而引起的；
· 由於店員對商品的知識和技術掌握不夠而引起的；
· 店員對商品的有關常識向顧客說明得不夠而引起的；
· 店員服務禮貌不週，或說話不得體而引起的；
· 對顧客的不滿處理不當引起的。

顧客的不滿是一種客觀的存在，是難以根除的，但是通過店員和商店的努力可以把這種不滿減少到最少，可以讓顧客在購物過程中享受到滿意度更高的服務。首先，店員應當正確認識、對待顧客的不滿，做好心態上的準備，然後才能在實際服務的過程中解決顧客的不滿，提升服務質量。店員主要應作好如下的態度準備。

1.「良藥苦口利病」的道理

如果店員按照「良藥苦口利於病」的方向思考下去，就不難理解顧客的抱怨了，「抱怨」其實並不是討厭，不是顧客有意找荏，而是顧客從內心發出的重要資訊，是一筆來之不易的寶貴「財富」。有期望才會有抱怨，顧客對你提出抱怨說明他希望你改正錯誤，也認為你可以改正錯誤，完善服務。相反，如果顧客發現了問題，但是並不說給你，只是到別處去購買或者把他的感受告訴給他週圍的人，那樣的話店員和商場受到的損失更大，你失去的不只是一個顧客，而是一批顧客，並且還會繼續不斷地失去。因此要感謝顧客的不滿。

換個角度想，當顧客表示不滿的時候，店員據此可以反省自己的態度和服務方式，不但可以改進店員本身待人接物的技巧，也會使店員的心智更加成熟。以一顆寬容和感恩的心來對待顧客的不滿，你會發現不滿其實就是顧客開給你的一副良藥。

2.積極分析顧客不滿的原因

當顧客向店員表示不滿時，店員應當謙虛，以表示尊重顧客。在聽了顧客的意見之後應及時恰當地進行解釋。當你講解後，顧客也許會進一步提出新的反對意見，在這種情況下，店員也不應有任何不悅的表現，應該始終虛心地聽取顧客陳述反對意見，認真地分析顧客異議的原因與性質，並積極地尋找解決的方法，使顧客滿意。

顧客的反對意見千差萬別，同一問題也會有很多種意見。因此，店員必須善於觀察、善於判斷，通過顧客的言談舉止、動作表情，把握顧客的心理狀態、提出反對意見的動機根源，及時地找出處理顧客不滿的對策。有因必有果，有果必有因。顧客的不滿總是有一定原因

的，關鍵就在於找到這個原因，然後才可以化解。

3.以顧客為出發點看待不滿

如果店員能以顧客為出發點來看待不滿，就能更好地理解「不滿是金」這句話所蘊含的道理了。以顧客的身份試想一下，相同的情形發生在你身上，你會有何感想，你會有什麼反應，你期望商場能為你做些什麼，商場怎樣做才能讓你滿意，你怎樣才會慶倖自己提出了不滿，也對該店員的服務留下了好印象呢？

當然，有的顧客並不是提出不滿，而就是為了佔便宜，店員不能為了維護自己的利益，就一竿子打翻一船人，把所有的顧客都當成愛佔小便宜的人來看待。反過來，如果有人表示不滿時誇大其辭，企圖從中大撈一把，而你並沒有讓這位顧客感到難堪，就會給在場的其他顧客留下深刻的印象，也可能因而成為你的常客。

4.提前預測顧客的不滿

在顧客提出不滿之前，店員就應當提前預測顧客的不滿，並在推銷過程中和推銷完結之後及時總結顧客的不滿，找出不滿的原因和解決方案。根據顧客的類型、習慣、需求等情況提前預測顧客可能產生的不滿。在顧客開口之前，做好準備，想好應該如何應對顧客可能提出的不滿。平時店員還可以對遇到的不滿做出歸納、整理，總結顧客經常提出不滿的地方及解決方案，日積月累，應對顧客的不滿將會變得越來越輕鬆。

5.任何情況下都不要與顧客爭論

一位推銷專家曾說過這樣一句話，「長時間爭論一些無益的繁瑣小事對店員來說有百害而無一利。」顧客的購買決定是理智與情感綜合作用的結果。如果在和顧客接觸的過程中，店員把推銷變成與顧客之間的一場辯論賽，那麼推銷洽談不會取得任何進展，即使在爭吵中你擊敗了對方，也往往會失去成交的機會。如果冒犯了顧客，就不僅僅是失去一次成交的機會，而很有可能永遠失去這個顧客。因為顧客在爭論中輸給店員就等於失去了「面子」，就不會再有興趣購買該店

員的產品,這種爭論只會打消顧客的購買興趣,即使開始階段顧客曾有過強烈的購買慾望。所以無論在任何情況下都不要擺出一副「教師爺」的架勢去教訓顧客,不要企圖糾正顧客的某些偏見、癖好和看法。要知道,當某一個人不願意被別人說服的時候,是任何人都說服不了他的。

6.儘快解決顧客的不滿

當顧客對商品不滿時,所希望的是問題儘快得到解決。如果你的態度曖昧,含糊其辭,顧客的不滿就會越多,反而不利於維護良好的顧客關係。

店員服務的宗旨是顧客至上。作為店員要具有與不同形式的顧客溝通、協調的能力,處理顧客投訴的最終目標是讓顧客滿意。

4 處理顧客抱怨的步驟

優秀的店員應該能夠正確而理智地處理顧客的抱怨,並能把顧客的抱怨變成滿意。

1. 保持冷靜

當顧客對著店員表達其不滿與抱怨時,往往在言語與態度上帶有衝動的情緒,甚至有非理性行為的產生。在這種情況下,店員很容易被激怒而產生防衛性的行為與態度,甚至不願意面對及處理顧客的抱怨。事實上,這是一種最不好的處理方式,這樣只會導致彼此更多的情緒反應與緊張氣氛。其實顧客的抱怨只是針對商場本身或所購買的商品,而非針對個別的店員。因此,為了降低顧客氣憤的情緒,讓彼此可以客觀的面對問題,最好的處理方式是平心靜氣,用和善的態度請顧客說明事情的原委。

2.有效傾聽

只有傾聽顧客的抱怨才能真正瞭解問題所在,如果你不給他一個訴說的機會,只是在情緒上互相對峙,顧客的問題永遠不可能解決,你也會被此事糾纏不清。在顧客還沒有將事情全部述說完畢之前不要打斷對方,讓顧客把要說的話及要表達的情緒充分發洩,往往可以讓對方有一種較為放鬆的感覺,心情上也比較平靜。在傾聽時,店員應以專注的眼神及間歇的點頭來表示自己正在仔細傾聽,讓顧客覺得自己的意見受到重視。從傾聽中切實瞭解事情的每一個細節,用紙筆將問題的重點記錄下來,然後確認問題的癥結所在,為正確處理顧客的抱怨做好準備。

3.換位思考

在顧客訴說完之後,應該用換位思考的方式,站在顧客的立場上設想一下,如果面對顧客的情況會怎麼辦。做到真正瞭解顧客的需求,為顧客設想,並且讓顧客知道自己對整個事情的態度。

4.真誠道歉

面對顧客的抱怨,店員不應著急去查明責任在那一方,而應本著「顧客永遠是對的」的原則,為給顧客造成的不便真誠地向其道歉,並感謝他們發現並反饋了問題。道歉時的態度一定要誠懇,因為顧客能清楚地辨別真偽,誠心的道歉可以使顧客消氣。

5.落實賠償

告訴顧客本店會對他們有特殊的補償,不要把這些做法視為額外花費,而應視為對顧客的超值服務。

其實,抱怨並不可怕,可怕的是對抱怨的逃避,因此當顧客抱怨時,應該有針對性地解決問題,如果逃避問題,只把目光集中於一時一處或者得過且過,那只會增加顧客的抱怨。

處理抱怨時的注意事項如下:

(1)同顧客進行面對面的接觸是消除抱怨最有效的途徑。

(2)任何時候你都應當讓顧客有這樣一種感覺:你認真地對待他提

出的抱怨,並且對這些抱怨進行事實調查。要儘快地將調查結果告訴顧客,不要拖延。

⑶不要輕易責備顧客。即使顧客是錯的,他也會認為自己是正確的,因此顧客有時過激的話語也是可以理解的。

⑷不要輕易地對顧客言語的真實性下結論。

⑸不管顧客的抱怨是否有道理,在處理顧客的抱怨時,都要保持合作的態度。這樣做並不意味著你接受了顧客的抱怨,而是表示你的寬容。

⑹在決定接受顧客的索賠要求以前,最好先瞭解一下索賠金額。通過瞭解,你也許會發現賠償金額通常比想象的少得多。有些時候,對顧客的索賠要求只進行部份賠償,就會讓顧客感到滿意。對於不能接受的賠償要求,要婉轉、充分地說明自己的理由。

⑺要像推銷商品一樣耐心、細緻地向顧客說明自己的觀點和立場,給顧客一個滿意的答覆。

⑻不要向顧客做出一些不能兌現的保證,以免引起糾紛。

心得欄 _____

_____

_____

_____

_____

_____

臺灣的核心競爭力，就在這裏！

圖書出版目錄

下列圖書是由臺灣的憲業企管顧問（集團）公司所出版，自1993年秉持專業立場，特別注重實務應用，50餘位顧問師為企業界提供最專業的經營管理類圖書。

選購企管書，敬請認明品牌：**憲業企管公司**。

1. 傳播書香社會，直接向本出版社購買，一律9折優惠，郵遞費用由本公司負擔。服務電話(02) 27622241　(03) 9310960　　傳真(03) 9310961
2. 付款方式：請將書款轉帳到我公司下列的銀行帳戶。

　・銀行名稱：合作金庫銀行（敦南分行）　帳號：**5034-717-347447**
　　公司名稱：憲業企管顧問有限公司

　・郵局劃撥號碼：**18410591**　郵局劃撥戶名：憲業企管顧問公司

3. 圖書出版資料每週隨時更新，請見網站 www.bookstore99.com

～～～經營顧問叢書～～～

25	王永慶的經營管理	360 元		125	部門經營計劃工作	360 元
47	營業部門推銷技巧	390 元		129	邁克爾・波特的戰略智慧	360 元
52	堅持一定成功	360 元		130	如何制定企業經營戰略	360 元
56	對準目標	360 元		135	成敗關鍵的談判技巧	360 元
60	寶潔品牌操作手冊	360 元		137	生產部門、行銷部門績效考核手冊	360 元
72	傳銷致富	360 元				
78	財務經理手冊	360 元		139	行銷機能診斷	360 元
79	財務診斷技巧	360 元		140	企業如何節流	360 元
86	企劃管理制度化	360 元		141	責任	360 元
91	汽車販賣技巧大公開	360 元		142	企業接棒人	360 元
97	企業收款管理	360 元		144	企業的外包操作管理	360 元
100	幹部決定執行力	360 元		146	主管階層績效考核手冊	360 元
106	提升領導力培訓遊戲	360 元		147	六步打造績效考核體系	360 元
122	熱愛工作	360 元		148	六步打造培訓體系	360 元

149	展覽會行銷技巧	360 元	230	診斷改善你的企業	360 元
150	企業流程管理技巧	360 元	232	電子郵件成功技巧	360 元
152	向西點軍校學管理	360 元	234	銷售通路管理實務〈增訂二版〉	360 元
154	領導你的成功團隊	360 元	235	求職面試一定成功	360 元
155	頂尖傳銷術	360 元	236	客戶管理操作實務〈增訂二版〉	360 元
160	各部門編制預算工作	360 元	237	總經理如何領導成功團隊	360 元
163	只為成功找方法，不為失敗找藉口	360 元	238	總經理如何熟悉財務控制	360 元
167	網路商店管理手冊	360 元	239	總經理如何靈活調動資金	360 元
168	生氣不如爭氣	360 元	240	有趣的生活經濟學	360 元
170	模仿就能成功	350 元	241	業務員經營轄區市場（增訂二版）	360 元
176	每天進步一點點	350 元	242	搜索引擎行銷	360 元
181	速度是贏利關鍵	360 元	243	如何推動利潤中心制度（增訂二版）	360 元
183	如何識別人才	360 元	244	經營智慧	360 元
184	找方法解決問題	360 元	245	企業危機應對實戰技巧	360 元
185	不景氣時期，如何降低成本	360 元	246	行銷總監工作指引	360 元
186	營業管理疑難雜症與對策	360 元	247	行銷總監實戰案例	360 元
187	廠商掌握零售賣場的竅門	360 元	248	企業戰略執行手冊	360 元
188	推銷之神傳世技巧	360 元	249	大客戶搖錢樹	360 元
189	企業經營案例解析	360 元	250	企業經營計劃〈增訂二版〉	360 元
191	豐田汽車管理模式	360 元	252	營業管理實務（增訂二版）	360 元
192	企業執行力（技巧篇）	360 元	253	銷售部門績效考核量化指標	360 元
193	領導魅力	360 元	254	員工招聘操作手冊	360 元
198	銷售說服技巧	360 元	256	有效溝通技巧	360 元
199	促銷工具疑難雜症與對策	360 元	257	會議手冊	360 元
200	如何推動目標管理(第三版)	390 元	258	如何處理員工離職問題	360 元
201	網路行銷技巧	360 元	259	提高工作效率	360 元
204	客戶服務部工作流程	360 元	261	員工招聘性向測試方法	360 元
206	如何鞏固客戶（增訂二版）	360 元	262	解決問題	360 元
208	經濟大崩潰	360 元	263	微利時代制勝法寶	360 元
215	行銷計劃書的撰寫與執行	360 元	264	如何拿到 VC（風險投資）的錢	360 元
216	內部控制實務與案例	360 元	267	促銷管理實務〈增訂五版〉	360 元
217	透視財務分析內幕	360 元	268	顧客情報管理技巧	360 元
219	總經理如何管理公司	360 元	269	如何改善企業組織績效〈增訂二版〉	360 元
222	確保新產品銷售成功	360 元	270	低調才是大智慧	360 元
223	品牌成功關鍵步驟	360 元	272	主管必備的授權技巧	360 元
224	客戶服務部績效量化指標	360 元			
226	商業網站成功密碼	360 元			
228	經營分析	360 元			
229	產品經理手冊	360 元			

275	主管如何激勵部屬	360 元
276	輕鬆擁有幽默口才	360 元
277	各部門年度計劃工作（增訂二版）	360 元
278	面試主考官工作實務	360 元
279	總經理重點工作（增訂二版）	360 元
282	如何提高市場佔有率（增訂二版）	360 元
283	財務部流程規範化管理（增訂二版）	360 元
284	時間管理手冊	360 元
285	人事經理操作手冊（增訂二版）	360 元
286	贏得競爭優勢的模仿戰略	360 元
287	電話推銷培訓教材（增訂三版）	360 元
288	贏在細節管理（增訂二版）	360 元
289	企業識別系統 CIS（增訂二版）	360 元
290	部門主管手冊（增訂五版）	360 元
291	財務查帳技巧（增訂二版）	360 元
292	商業簡報技巧	360 元
293	業務員疑難雜症與對策（增訂二版）	360 元
294	內部控制規範手冊	360 元
295	哈佛領導力課程	360 元
296	如何診斷企業財務狀況	360 元
297	營業部轄區管理規範工具書	360 元
298	售後服務手冊	360 元
299	業績倍增的銷售技巧	400 元
300	行政部流程規範化管理（增訂二版）	400 元
301	如何撰寫商業計畫書	400 元
302	行銷部流程規範化管理（增訂二版）	400 元
303	人力資源部流程規範化管理（增訂四版）	420 元
304	生產部流程規範化管理（增訂二版）	400 元
305	績效考核手冊(增訂二版)	400 元
306	經銷商管理手冊(增訂四版)	420 元

307	招聘作業規範手冊	420 元
308	喬·吉拉德銷售智慧	400 元
309	商品鋪貨規範工具書	400 元
310	企業併購案例精華（增訂二版）	420 元
311	客戶抱怨手冊	400 元
312	如何撰寫職位說明書(增訂二版)	400 元
313	總務部門重點工作（增訂三版）	400 元
314	客戶拒絕就是銷售成功的開始	400 元
315	如何選人、育人、用人、留人、辭人	400 元
316	危機管理案例精華	400 元
317	節約的都是利潤	400 元
318	企業盈利模式	400 元
319	應收帳款的管理與催收	420 元
320	總經理手冊	420 元
321	新產品銷售一定成功	420 元
322	銷售獎勵辦法	420 元
323	財務主管工作手冊	420 元

《商店叢書》

18	店員推銷技巧	360 元
30	特許連鎖業經營技巧	360 元
35	商店標準操作流程	360 元
36	商店導購口才專業培訓	360 元
37	速食店操作手冊〈增訂二版〉	360 元
38	網路商店創業手冊〈增訂二版〉	360 元
40	商店診斷實務	360 元
41	店鋪商品管理手冊	360 元
42	店員操作手冊（增訂三版）	360 元
43	如何撰寫連鎖業營運手冊〈增訂二版〉	360 元
44	店長如何提升業績〈增訂二版〉	360 元
45	向肯德基學習連鎖經營〈增訂二版〉	360 元
47	賣場如何經營會員制俱樂部	360 元
48	賣場銷量神奇交叉分析	360 元

49	商場促銷法寶	360 元
53	餐飲業工作規範	360 元
54	有效的店員銷售技巧	360 元
55	如何開創連鎖體系〈增訂三版〉	360 元
56	開一家穩賺不賠的網路商店	360 元
57	連鎖業開店複製流程	360 元
58	商鋪業績提升技巧	360 元
59	店員工作規範（增訂二版）	400 元
60	連鎖業加盟合約	400 元
61	架設強大的連鎖總部	400 元
62	餐飲業經營技巧	400 元
63	連鎖店操作手冊（增訂五版）	420 元
64	賣場管理督導手冊	420 元
65	連鎖店督導師手冊（增訂二版〉	420 元
66	店長操作手冊（增訂六版）	420 元
67	店長數據化管理技巧	420 元
68	開店創業手冊〈增訂四版〉	420 元
69	連鎖業商品開發與物流配送	420 元
70	連鎖業加盟招商與培訓作法	420 元
71	金牌店員內部培訓手冊	420 元

《工廠叢書》

15	工廠設備維護手冊	380 元
16	品管圈活動指南	380 元
17	品管圈推動實務	380 元
20	如何推動提案制度	380 元
24	六西格瑪管理手冊	380 元
30	生產績效診斷與評估	380 元
32	如何藉助 IE 提升業績	380 元
35	目視管理案例大全	380 元
38	目視管理操作技巧(增訂二版)	380 元
46	降低生產成本	380 元
47	物流配送績效管理	380 元
51	透視流程改善技巧	380 元
55	企業標準化的創建與推動	380 元
56	精細化生產管理	380 元
57	品質管制手法〈增訂二版〉	380 元
58	如何改善生產績效〈增訂二版〉	380 元

68	打造一流的生產作業廠區	380 元
70	如何控制不良品〈增訂二版〉	380 元
71	全面消除生產浪費	380 元
72	現場工程改善應用手冊	380 元
75	生產計劃的規劃與執行	380 元
77	確保新產品開發成功（增訂四版）	380 元
79	6S 管理運作技巧	380 元
80	工廠管理標準作業流程〈增訂二版〉	380 元
83	品管部經理操作規範〈增訂二版〉	380 元
84	供應商管理手冊	380 元
85	採購管理工作細則〈增訂二版〉	380 元
87	物料管理控制實務〈增訂二版〉	380 元
88	豐田現場管理技巧	380 元
89	生產現場管理實戰案例〈增訂三版〉	380 元
90	如何推動 5S 管理（增訂五版）	420 元
92	生產主管操作手冊(增訂五版)	420 元
93	機器設備維護管理工具書	420 元
94	如何解決工廠問題	420 元
95	採購談判與議價技巧〈增訂二版〉	420 元
96	生產訂單運作方式與變更管理	420 元
97	商品管理流程控制(增訂四版)	420 元
98	採購管理實務〈增訂六版〉	420 元
99	如何管理倉庫〈增訂八版〉	420 元
100	部門績效考核的量化管理（增訂六版）	420 元
101	如何預防採購舞弊	420 元

《醫學保健叢書》

1	9 週加強免疫能力	320 元
3	如何克服失眠	320 元
4	美麗肌膚有妙方	320 元
5	減肥瘦身一定成功	360 元
6	輕鬆懷孕手冊	360 元
7	育兒保健手冊	360 元

8	輕鬆坐月子	360 元
11	排毒養生方法	360 元
13	排除體內毒素	360 元
14	排除便秘困擾	360 元
15	維生素保健全書	360 元
16	腎臟病患者的治療與保健	360 元
17	肝病患者的治療與保健	360 元
18	糖尿病患者的治療與保健	360 元
19	高血壓患者的治療與保健	360 元
22	給老爸老媽的保健全書	360 元
23	如何降低高血壓	360 元
24	如何治療糖尿病	360 元
25	如何降低膽固醇	360 元
26	人體器官使用說明書	360 元
27	這樣喝水最健康	360 元
28	輕鬆排毒方法	360 元
29	中醫養生手冊	360 元
30	孕婦手冊	360 元
31	育兒手冊	360 元
32	幾千年的中醫養生方法	360 元
34	糖尿病治療全書	360 元
35	活到 120 歲的飲食方法	360 元
36	7 天克服便秘	360 元
37	為長壽做準備	360 元
39	拒絕三高有方法	360 元
40	一定要懷孕	360 元
41	提高免疫力可抵抗癌症	360 元
42	生男生女有技巧〈增訂三版〉	360 元

《培訓叢書》

11	培訓師的現場培訓技巧	360 元
12	培訓師的演講技巧	360 元
15	戶外培訓活動實施技巧	360 元
17	針對部門主管的培訓遊戲	360 元
21	培訓部門經理操作手冊（增訂三版）	360 元
23	培訓部門流程規範化管理	360 元
24	領導技巧培訓遊戲	360 元
26	提升服務品質培訓遊戲	360 元
27	執行能力培訓遊戲	360 元
28	企業如何培訓內部講師	360 元

29	培訓師手冊（增訂五版）	420 元
30	團隊合作培訓遊戲(增訂三版)	420 元
31	激勵員工培訓遊戲	420 元
32	企業培訓活動的破冰遊戲（增訂二版）	420 元
33	解決問題能力培訓遊戲	420 元
34	情商管理培訓遊戲	420 元
35	企業培訓遊戲大全(增訂四版)	420 元
36	銷售部門培訓遊戲綜合本	420 元

《傳銷叢書》

4	傳銷致富	360 元
5	傳銷培訓課程	360 元
10	頂尖傳銷術	360 元
12	現在輪到你成功	350 元
13	鑽石傳銷商培訓手冊	350 元
14	傳銷皇帝的激勵技巧	360 元
15	傳銷皇帝的溝通技巧	360 元
19	傳銷分享會運作範例	360 元
20	傳銷成功技巧（增訂五版）	400 元
21	傳銷領袖（增訂二版）	400 元
22	傳銷話術	400 元
23	如何傳銷邀約	400 元

《幼兒培育叢書》

1	如何培育傑出子女	360 元
2	培育財富子女	360 元
3	如何激發孩子的學習潛能	360 元
4	鼓勵孩子	360 元
5	別溺愛孩子	360 元
6	孩子考第一名	360 元
7	父母要如何與孩子溝通	360 元
8	父母要如何培養孩子的好習慣	360 元
9	父母要如何激發孩子學習潛能	360 元
10	如何讓孩子變得堅強自信	360 元

《成功叢書》

1	猶太富翁經商智慧	360 元
2	致富鑽石法則	360 元
3	發現財富密碼	360 元

《企業傳記叢書》

1	零售巨人沃爾瑪	360 元
2	大型企業失敗啟示錄	360 元

3	企業併購始祖洛克菲勒	360 元
4	透視戴爾經營技巧	360 元
5	亞馬遜網路書店傳奇	360 元
6	動物智慧的企業競爭啟示	320 元
7	CEO 拯救企業	360 元
8	世界首富　宜家王國	360 元
9	航空巨人波音傳奇	360 元
10	傳媒併購大亨	360 元

《智慧叢書》

1	禪的智慧	360 元
2	生活禪	360 元
3	易經的智慧	360 元
4	禪的管理大智慧	360 元
5	改變命運的人生智慧	360 元
6	如何吸取中庸智慧	360 元
7	如何吸取老子智慧	360 元
8	如何吸取易經智慧	360 元
9	經濟大崩潰	360 元
10	有趣的生活經濟學	360 元
11	低調才是大智慧	360 元

《DIY 叢書》

1	居家節約竅門 DIY	360 元
2	愛護汽車 DIY	360 元
3	現代居家風水 DIY	360 元
4	居家收納整理 DIY	360 元
5	廚房竅門 DIY	360 元
6	家庭裝修 DIY	360 元
7	省油大作戰	360 元

《財務管理叢書》

1	如何編制部門年度預算	360 元
2	財務查帳技巧	360 元
3	財務經理手冊	360 元
4	財務診斷技巧	360 元
5	內部控制實務	360 元
6	財務管理制度化	360 元
8	財務部流程規範化管理	360 元
9	如何推動利潤中心制度	360 元

為方便讀者選購，本公司將一部分上述圖書又加以專門分類如下：

《主管叢書》

1	部門主管手冊（增訂五版）	360 元
2	總經理手冊	420 元
4	生產主管操作手冊（增訂五版）	420 元
5	店長操作手冊（增訂六版）	420 元
6	財務經理手冊	360 元
7	人事經理操作手冊	360 元
8	行銷總監工作指引	360 元
9	行銷總監實戰案例	360 元

《總經理叢書》

1	總經理如何經營公司(增訂二版)	360 元
2	總經理如何管理公司	360 元
3	總經理如何領導成功團隊	360 元
4	總經理如何熟悉財務控制	360 元
5	總經理如何靈活調動資金	360 元
6	總經理手冊	420 元

《人事管理叢書》

1	人事經理操作手冊	360 元
2	員工招聘操作手冊	360 元
3	員工招聘性向測試方法	360 元
5	總務部門重點工作（增訂三版）	400 元
6	如何識別人才	360 元
7	如何處理員工離職問題	360 元
8	人力資源部流程規範化管理（增訂四版）	420 元
9	面試主考官工作實務	360 元
10	主管如何激勵部屬	360 元
11	主管必備的授權技巧	360 元
12	部門主管手冊（增訂五版）	360 元

《理財叢書》

1	巴菲特股票投資忠告	360 元
2	受益一生的投資理財	360 元
3	終身理財計劃	360 元
4	如何投資黃金	360 元
5	巴菲特投資必贏技巧	360 元
6	投資基金賺錢方法	360 元
7	索羅斯的基金投資必贏忠告	360 元

8	巴菲特為何投資比亞迪	360 元

《網路行銷叢書》

1	網路商店創業手冊〈增訂二版〉	360 元
2	網路商店管理手冊	360 元
3	網路行銷技巧	360 元
4	商業網站成功密碼	360 元
5	電子郵件成功技巧	360 元

6	搜索引擎行銷	360 元

《企業計劃叢書》

1	企業經營計劃〈增訂二版〉	360 元
2	各部門年度計劃工作	360 元
3	各部門編制預算工作	360 元
4	經營分析	360 元
5	企業戰略執行手冊	360 元

請保留此圖書目錄：

　　　未來在長遠的工作上，此圖書目錄

可能會對您有幫助！！

使用培訓、提升企業競爭力是萬無一失、事半功倍的方法。其效果更具有超大的「投資報酬力」！

好消息

最 暢 銷 的 商 店 叢 書

名稱	特價	名稱	特價
4 餐飲業操作手冊	390 元	35 商店標準操作流程	360 元
5 店員販賣技巧	360 元	36 商店導購口才專業培訓	360 元
10 賣場管理	360 元	37 速食店操作手冊〈增訂二版〉	360 元
12 餐飲業標準化手冊	360 元	38 網路商店創業手冊〈增訂二版〉	360 元
13 服飾店經營技巧	360 元	39 店長操作手冊（增訂四版）	360 元
18 店員推銷技巧	360 元	40 商店診斷實務	360 元
19 小本開店術	360 元	41 店鋪商品管理手冊	360 元
20 365 天賣場節慶促銷	360 元	42 店員操作手冊（增訂三版）	360 元
29 店員工作規範	360 元	43 如何撰寫連鎖業營運手冊〈增訂二版〉	360 元
30 特許連鎖業經營技巧	360 元	44 店長如何提升業績〈增訂二版〉	360 元
32 連鎖店操作手冊（增訂三版）	360 元	45 向肯德基學習連鎖經營〈增訂二版〉	360 元
33 開店創業手冊〈增訂二版〉	360 元	46 連鎖店督導師手冊	360 元
34 如何開創連鎖體系〈增訂二版〉	360 元	47 賣場如何經營會員制俱樂部	360 元

上述各書均有在書店陳列販賣，若書店賣完而來不及由庫存書補充上架，請讀者直接向店員詢問、購買，最快速、方便！**購買方法如下：**

銀行名稱：合作金庫銀行 敦南分行（代碼：006）

帳號：5034-717-347-447

公司名稱：憲業企管顧問有限公司

郵局劃撥帳號：18410591

使用培訓、提升企業競爭力是萬無一
失、事半功倍的方法。其效果更具有超大的
「投資報酬力」！

好消息

最 暢 銷 的 工 廠 叢 書

名稱	特價	名稱	特價
5 品質管理標準流程	380 元	50 品管部經理操作規範	380 元
9 ISO 9000 管理實戰案例	380 元	51 透視流程改善技巧	380 元
10 生產管理制度化	360 元	55 企業標準化的創建與推動	380 元
11 ISO 認證必備手冊	380 元	56 精細化生產管理	380 元
12 生產設備管理	380 元	57 品質管制手法〈增訂二版〉	380 元
13 品管員操作手冊	380 元	58 如何改善生產績效〈增訂二版〉	380 元
15 工廠設備維護手冊	380 元	60 工廠管理標準作業流程	380 元
16 品管圈活動指南	380 元	62 採購管理工作細則	380 元
17 品管圈推動實務	380 元	63 生產主管操作手冊（增訂四版）	380 元
20 如何推動提案制度	380 元	64 生產現場管理實戰案例〈增訂二版〉	380 元
24 六西格瑪管理手冊	380 元	65 如何推動 5S 管理（增訂四版）	380 元
30 生產績效診斷與評估	380 元	67 生產訂單管理步驟〈增訂二版〉	380 元
32 如何藉助 IE 提升業績	380 元	68 打造一流的生產作業廠區	380 元
35 目視管理案例大全	380 元	70 如何控制不良品〈增訂二版〉	380 元
38 目視管理操作技巧（增訂二版）	380 元	71 全面消除生產浪費	380 元
40 商品管理流程控制（增訂二版）	380 元	72 現場工程改善應用手冊	380 元
42 物料管理控制實務	380 元	73 部門績效考核的量化管理（增訂四版）	380 元
46 降低生產成本	380 元	74 採購管理實務〈增訂四版〉	380 元
47 物流配送績效管理	380 元	75 生產計劃的規劃與執行	380 元
49 6S 管理必備手冊	380 元	76 如何管理倉庫（增訂六版）	380 元

上述各書均有在書店陳列販賣，若書店賣完而來不及由庫存書補充上架，請讀者

直接向店員詢問、購買，最快速、方便！購買方法如下：

銀行名稱：合作金庫銀行　敦南分行(代碼：006)

帳號：5034-717-347-447

公司名稱：憲業企管顧問有限公司

郵局劃撥帳號：18410591

使用培訓、提升企業競爭力是萬無一失、事半功倍的方法。其效果更具有超大的「投資報酬力」！

好消息

最暢銷的培訓叢書

名稱	特價	名稱	特價
4 領導人才培訓遊戲	360 元	17 針對部門主管的培訓遊戲	360 元
8 提升領導力培訓遊戲	360 元	18 培訓師手冊	360 元
11 培訓師的現場培訓技巧	360 元	19 企業培訓遊戲大全(增訂二版)	360 元
12 培訓師的演講技巧	360 元	20 銷售部門培訓遊戲	360 元
14 解決問題能力的培訓技巧	360 元	21 培訓部門經理操作手冊(增訂三版)	360 元
15 戶外培訓活動實施技巧	360 元	22 企業培訓活動的破冰遊戲	360 元
16 提升團隊精神的培訓遊戲	360 元	23 培訓部門流程規範化管理	360 元

上述各書均有在書店陳列販賣，若書店賣完而來不及由庫存書補充上架，請讀者直接向店員詢問、購買，最快速、方便！購買方法如下：

銀行名稱：合作金庫銀行 敦南分行(代碼：006)

帳號：5034-717-347-447

公司名稱：憲業企管顧問有限公司

郵局劃撥帳號：18410591

在海外出差的·········
臺灣上班族

　　愈來愈多的台灣上班族，到海外工作（或海外出差），對工作的努力與敬業，是台灣上班族的核心競爭力；一個明顯的例子，返台休假期間，台灣上班族都會抽空再買書，設法充實自身專業能力。

　　[憲業企管顧問公司]以專業立場,為企業界提供專業咨詢,並提供最專業的各種經營管理類圖書。

　　85%的台灣上班族都曾經有過購買（或閱讀）[憲業企管顧問公司]所出版的各種企管圖書。

　　建議你：工作之餘要多看書，加強競爭力。

建立企業圖書館

當市場競爭激烈時：

培訓員工，強化員工競爭力
是企業最佳對策

「人才」是企業最大的財富。如何提升人才，是企業永續經營、戰勝對手的核心競爭力。積極培訓公司內部員工，是經濟不景氣時期的最佳戰略，而最快速的具體作法，就是「建立企業內部圖書館，鼓勵員工多閱讀、多進修專業書藉」

建議您：請一次購足本公司所出版各種經營管理類圖書，作為貴公司內部員工培訓圖書。使用率高的（例如「贏在細節管理」），準備 3 本；使用率低的（例如「工廠設備維護手冊」），只買 1 本。

商店叢書 ⑦1　　　　　　　　　　售價：420 元

金牌店員內部培訓手冊

西元二○一七年二月　　　　　　　　初版一刷

編輯指導：黃憲仁

編著：陳宇梓

策劃：麥可國際出版有限公司（新加坡）

編輯：蕭玲

校對：劉飛娟

發行人：黃憲仁

發行所：憲業企管顧問有限公司

電話：（02）2762-2241　　（03）9310960　　0930872873

電子郵件聯絡信箱：huang2838@yahoo.com.tw

銀行 ATM 轉帳：合作金庫銀行　　帳號：5034-717-347447

郵政劃撥：18410591　　憲業企管顧問有限公司

江祖平律師顧問：紙品書、數位書著作權與版權均歸本公司所有

登記證：行政業新聞局版台業字第 6380 號

本公司徵求海外版權出版代理商（0930872873）

本圖書是由憲業企管顧問（集團）公司所出版，以專業立場，為企業界提供最專業的各種經營管理類圖書。

圖書編號 ISBN：978-986-369-054-2